Geschichte der

PHYSIK

*Von den Naturphilosophen bis zum
großen Rätsel der Dunklen Materie*

tosa

Geschichte der

PHYSIK

Anne
Rooney

Von den Naturphilosophen bis zum
großen Rätsel der Dunklen Materie

*Für meinen Vater, Ron Rooney, der mir die
Naturwissenschaften nahegebracht hat.*

Danksagung

Mein besonderer Dank gilt Dr. Adrian Cuthbert
für sein Fachwissen in Physik, Mary Hoffman,
Shah Hussain, Sue Frew und Jacqui McCary für
ihre Unterstützung sowie meinem Lektor Nigel
Matheson für seine Geduld.

Erstveröffentlichung unter dem Titel:
„The Story of Physics"
© Arcturus Holdings Limited, 2015

Genehmigte Lizenzausgabe
tosa GmbH
Industriestraße 19
64407 Fränkisch-Crumbach 2016
www.tosa-verlag.de

ISBN 978-3-86313-223-1

Übersetzung: Elisabeth Liebl

Inhalt

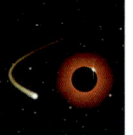

Das Buch der **NATUR**

„Wir können das Buch des Universums nicht verstehen, solange wir nicht seine Sprache erlernt und uns mit den Buchstaben vertraut gemacht haben, in denen es geschrieben ist. Diese Sprache ist die Sprache der Mathematik und ihre Buchstaben sind Kreise, Dreiecke und andere geometrische Figuren, ohne die es dem Menschen unmöglich ist, auch nur ein einziges Wort davon zu verstehen. Ohne sie aber irren wir wie in einem lichtlosen Labyrinth herum."

Galileo Galilei, *Il Saggiatore*, Kap. 6 (1623)

Die Physik ist die Wissenschaft, die allen anderen zugrunde liegt, das Instrument, mit dessen Hilfe wir die Wirklichkeit erkunden. Sie versucht herauszufinden, wie das Universum funktioniert, von den großen Galaxien bis zu den kleinsten subatomaren Teilchen. Viele physikalische Entdeckungen haben den Fortschritt des Menschen erst möglich gemacht. Das vorliegende Buch zeichnet den Weg nach, auf dem der Mensch versuchte, das Buch der Natur zu entziffern, indem er sich der Sprache der Mathematik bediente, wie der Renaissancewissenschaftler Galileo Galilei (1564–1642) dies beschrieb. Es zeigt aber auch, wie vieles wir noch nicht wissen, denn mit all unseren physikalischen Erkenntnissen können wir bislang nur etwa 4 Prozent des Universums erklären. Die anderen 96 Prozent aber bleiben im Dunkeln.

Der Andromedanebel ist die Galaxie, die unserer Milchstraße am nächsten ist. Die Physik erforscht auch Beginn und voraussichtliches Ende des Universums.

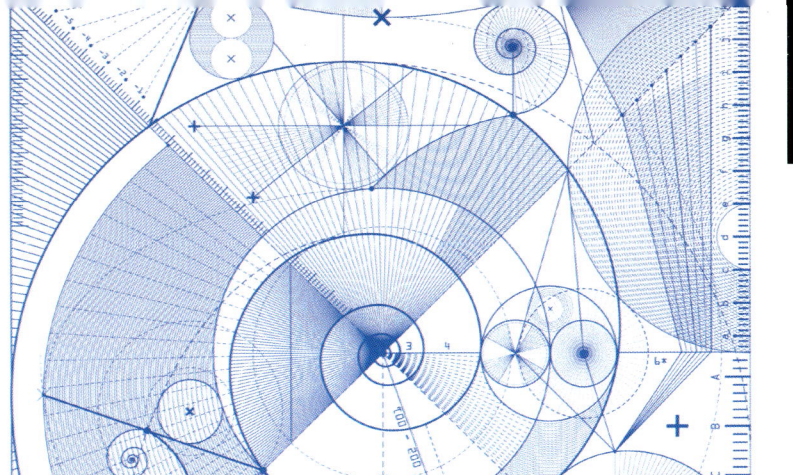

Die Muster, Formen und Zahlen, die die Natur strukturieren, sind Forschungsgegenstand der Physik.

Die Geburt der Physik

Bevor es zur Entwicklung der experimentellen Wissenschaft kam, versuchten die frühen Wissenschaftler – oder Naturphilosophen, wie man sie damals nannte – ihre Beobachtungen mithilfe der Vernunft zu erklären. Da die Himmelskörper über den Himmel zu wandern scheinen, schloss man, dass die Erde der Mittelpunkt der Welt sei und alles sich um sie drehe.

Die wenigen Forscher, die anderer Auffassung waren, mussten schon gute Argumente vorbringen, blieben aber trotzdem gut 2000 Jahre lang in der Minderzahl und wurden verlacht bzw. sogar verfolgt.

Viele Formen des Glaubens und Aberglaubens haben ihre Wurzeln in Naturbeobachtungen. So folgerte man zum Beispiel, die Sonne werde von einem Wagen gezogen, weil sie täglich über den Himmel zog. Die Wissenschaft allerdings versucht, Gründe für beobachtete Phänomene zu finden. Die alten Griechen waren

THALES VON MILET (CA. 624 – 546 V. CHR.)

Der erste namentlich bekannte Naturwissenschaftler und Philosoph lebte vor etwa 2500 Jahren auf dem Gebiet der heutigen Türkei. Thales hatte in Ägypten studiert und soll die Mathematik und die Astronomie in Griechenland eingeführt haben. Er gilt als einer der sieben Weisen des alten Griechenlands und scheint die Philosophen Pythagoras und Anaximander unterrichtet zu haben. Thales ging davon aus, dass die beobachtbaren Phänomene keine übernatürlichen, sondern ganz konkrete Ursachen hatten. Diese versuchte er zu finden. Leider ist uns keine seiner Schriften überliefert, daher ist Thales' Beitrag zur abendländischen Wissenschaftsgeschichte schwer zu fassen.

das erste Volk, das versuchte, statt mystischer Erklärungsmodelle rationale Argumente zu finden. Der erste Mensch, der die Natur ohne Rückgriff auf die Religion zu erklären versuchte, könnte der Mathematiker Thales gewesen sein. Der erste Wissenschaftler in unserem Sinne aber war vermutlich Aristoteles (384–322 v. Chr.), der die objektive Beobachtung an erste Stelle setzte. Aristoteles ging davon aus, dass wir den Gesetzen, welche die dingliche Welt beherrschten, durch genaues Beobachten und Messen auf die Spur kommen können. Aristoteles war Schüler des Platon (ca. 428–347 v. Chr.). Dieser war ein Anhänger der deduktiven Methode (siehe ▸▸Kasten). In seinen Augen musste der Mensch nur seiner Vernunft folgen, wenn er die Geheimnisse des Universums enträtseln wollte. Aristoteles hingegen pflegte die induktive Methode, also die auf Logik basierende, möglichst genaue Beobachtung der Welt. Damit legte er den Grundstein für die wissenschaftliche Methode.

Obwohl Aristoteles selbst keine Experimente machte, trat er doch dafür ein, dass der Naturforscher zunächst alles lesen sollte, was zu seinem Thema bereits geschrieben worden war. (Was man in heutigen wissenschaftlichen Begriffen „Literaturrecherche" nennen würde.) Dann sollte der Forscher

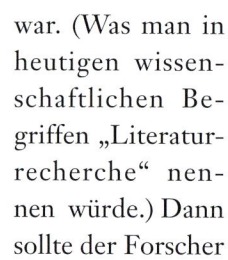

Eine mittelalterliche Darstellung des Thales

DEDUKTIVE UND INDUKTIVE METHODE

Die deduktive Methode, wie Plato sie lehrte, geht sozusagen von oben nach unten vor. Der Wissenschaftler oder Philosoph stellt eine Theorie auf, entwickelt eine Hypothese, mit der er seine Theorie prüfen kann und macht sich dann an die Beobachtung. Diese erlaubt ihm, seine Hypothese zu bestätigen oder zu verwerfen. Die induktive Methode hingegen arbeitet von unten nach oben: zuerst die Beobachtung, dann die Suche nach Mustern, schließlich eine Hypothese, um diese Muster zu erklären. Aus dieser Hypothese wird dann eine allgemeine Theorie abgeleitet. Aristoteles arbeitete mit der induktiven Methode. Der große Naturforscher Isaac Newton (1642–1726) erkannte, dass beide Methoden im wissenschaftlichen Denken ihren Platz haben.

durch Beobachtung und Messungen zu Daten kommen, die er dann mit Hilfe der Vernunft zu erklären versucht.

Die Griechen waren auch die Ersten, die die Wissenschaften in verschiedene Disziplinen unterteilten. Die berühmte Bibliothek von Alexandria erstellte den ersten, auf diese Weise gegliederten Bibliothekskatalog und erleichterte damit die von Aristoteles für unabdingbar gehaltene Literaturrecherche.

Vom Empirismus zum Experiment

Am Ende des hellenistischen Zeitalters (der Blütezeit der klassisch-griechischen Kultur) geriet die wissenschaftliche Methodik der alten Griechen in Vergessenheit, bis die arabischen Wissenschaftler etwa 700 n. Chr. sie wieder belebten.

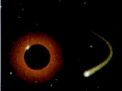

> *„Ich würde lieber die wahre Ursache eines Tatbestandes herausfinden, als König der Perser zu werden."*
>
> Demokrit (ca. 460 – 370 v. Chr.), Naturphilosoph

Der brillante Abu Ali al-Hasan ibn al-Haytham, latinisiert Alhazen (965 – 1040), entwickelte eine Methode, die unserer heutigen schon stark ähnelt. Er begann mit einer Darlegung des Problems, dann überprüfte er seine Hypothese durch das Experiment. Aus der Interpretation der gewonnenen Daten wurden dann Schlussfolgerungen gezogen. Seine skeptische Haltung zeigte sich schon darin, dass er ein rigoros kontrolliertes System für Messung und Forschung forderte. Und noch ein großer Wissenschaftler arabischer Herkunft blies ins selbe Horn: Abu Rayhan al-Biruni (973 – 1048). Er wies darauf hin, dass so manche Schlussfolgerung falsch ausfiel, weil die Instrumente fehlerhaft oder die Beobachter voreingenommen waren. Daher empfahl er, dass Experimente wiederholbar sein müssten. Erst die durch Wiederholung bestätigten Resultate konnten Anspruch auf Glaubwürdigkeit erheben. Der Arzt Al-Rahwi (851 – 934) führte dann endgültig das Konzept der Begutachtung durch Kollegen ein. Seiner Ansicht nach sollten Ärzte ihre Methode eingehend dokumentieren, damit sie von anderen Ärzten angewandt werden konnte. Der eigentliche Grund für diese Empfehlung war aber, dass er seine Kollegen vor Verurteilungen wegen Kurpfuscherei schützen wollte. Geber (Abu Musa Jabir, 721 – 815) war der Erste, der in seiner Disziplin, der Alchemie, kontrollierte Experimente einführte. Avicenna (Ibn Sina, ca. 980 – 1037) trat dafür ein, die Deduktion auf Induktion und Experiment zu gründen. Im Allgemeinen vertrat die arabische Wissenschaft die Idee des Konsens. Abweichenden Ideen sprach man schnell die Existenzberechtigung ab.

Doch der Islam entwickelte sich bald auf eine Weise, die die arabische Wissenschaft behinderte. Die Welt zu erforschen galt bald als ketzerisch, weil der Forscher ja schließlich versuche, Gott auf die Schliche zu kommen oder gar seine göttlichen Geheimnisse zu eigenen

DIE WISSENSCHAFTLICHE METHODE

Die wissenschaftliche Methode, nach der wir heute verfahren, geht in bestimmten Schritten vor:

- Darlegung eines Problems oder einer Frage. Diese Frage wird solange in kleinere Schritte zerlegt, bis man an einem Punkt ist, an dem ein Experiment Aufschluss geben kann.
- Aufstellung einer Hypothese.
- Konzeption eines Experiments zur Überprüfung der Hypothese. Das Experiment muss ein fairer Test sein mit kontrollierten Variablen (die gleich bleiben) und einer unabhängigen Variable (die Bedingung, die verändert wird).
- Durchführung des Experiments, exakte Aufzeichnung der Beobachtungen und Messergebnisse.
- Analyse der Daten.
- Ziehen von Schlussfolgerungen, die man den Kollegen zur Begutachtung vorlegt (*Peer Review*, auch Kreuzgutachten).

Zwecken zu nutzen. Daher konnte ein gläubiger (oder vorsichtiger) Muslim sehr bald nur noch wenig erkunden. Doch der Funke zur Forschung der islamischen Naturphilosophen sprang auf die mittelalterlichen Gelehrten des christlichen Europa über.

Im frühen Mittelalter wurden sowohl die Werke des Aristoteles als auch die der arabischen Naturkundler ins Lateinische übersetzt. Die Forscher des 12. Jahrhunderts nahmen den grundlegenden Kanon wissenschaftlichen Arbeitens bald auf, wagten aber noch nicht, die Autorität der Klassiker infrage zu stellen. Erst der englische Franziskanerpater Roger Bacon (ca. 1220 – ca. 1292) schrieb gegen die unhinterfragte Übernahme der „Alten" an, wie man die Autoritäten der Antike damals nannte, und empfahl die Überprüfung überkommener Ideen. Roger Bacon griff vor allem Aristoteles an, dessen Ideen in vielerlei Hinsicht als „Evangelium" galten. Aristoteles wäre sicher begeistert gewesen, hätte er seine Schriften auf dem Prüfstand der Empirie gesehen. In seiner eigenen wissenschaftlichen Vorgehensweise stellte Bacon zuerst aufgrund von Beobachtungen eine Hypothese auf und führte dann ein Experiment durch, um diese zu überprüfen. Bacon wiederholte seine Experimente, um seine Resultate auf eine sichere Basis zu stellen. Gleichzeitig dokumentierte er sein Vorgehen genau, damit andere Wissenschaftler seine Ergebnisse nachvollziehen konnten. Das Experiment nannte er ein „Sticheln an der Natur". Er sagte: „Wir lernen mehr, indem wir geschickt an der Natur sticheln als durch geduldige Beobachtung."

Bacon starb 1626, angeblich an den Folgen eines Experiments zum „Tiefkühlen" von Hühnern:

„Als [Sir Francis Bacon] mit Dr. Witherborne [ein befreundeter Arzt] eine Kutschfahrt nach Highgate machte, lag Schnee. Da kam mein Herr auf die Idee, dass Fleisch sich möglicherweise in Schnee ebenso aufbewahren ließe, als wenn man es in Salz einlegt. Und die beiden beschlossen, sofort ein Experiment zu wagen. Sie stiegen aus der Kutsche und gingen in das Haus einer armen Frau am Fuße des Highgate Hill. Dort kauften sie eine Henne und baten die Frau, sie auszunehmen. Dann stopften sie den Körper des Tieres mit Schnee aus. Mein Herr half auch mit. Dadurch aber wurde ihm immer kälter. Bald war er ausgesprochen krank. Er hatte sich eine so schwere Erkältung geholt, dass er zwei oder drei Tage später, wie Mr. Hobbes mir sagte, einen Erstickungsanfall erlitt und starb."

John Aubrey, *Brief Lives*

Sein Namensvetter, der englische Anwalt und Philosoph Francis Bacon (1561 – 1626), schlug einen neuen wissenschaftlichen Ansatz vor, den er 1621 in seiner Schrift *Novum Organon Scientiarum (Neues Organon)* vorstellte. Er ging davon aus, dass die Ergebnisse von Experimenten helfen konnten, sich zwischen zwei konkurrierenden Theorien für die richtige zu entscheiden. Das Experiment war für ihn der Schlüssel zur Wahrheit. Wissenschaftliches Denken solle zunächst nach der induktiven Methode vorgehen. Danach solle in einem Prozess der Beobachtung, des Experimentierens, der Analyse und der induktiven Schlussfolgerung der Wahrheit auf den Grund gegangen werden. Dieser

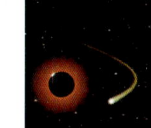

Methodenkanon gilt als die Geburt der modernen Wissenschaft. Doch zuallererst, so Bacon, müsse der Forscher seinen Geist von „Idolen" und überkommenen Ideen freimachen, um den Weg der wissenschaftlichen Forschung überhaupt unvoreingenommen beschreiten zu können.

Die wissenschaftliche Revolution

Obwohl Bacon diese Methode als Erster in dieser Form schriftlich niederlegte, hatte schon Galileo Galilei eine ähnliche Vorgehensweise befolgt. Galilei war ein Vorkämpfer induktiven Denkens, denn seiner Ansicht nach konnten empirische Beobachtungen einer komplexen Welt nie den Reinheitsgrad einer Theorie erreichen. In keinem Experiment der Welt könne man alle Eventualitäten berücksichtigen. Seine Experimente mit der Schwerkraft, so meinte er, könnten niemals unbeeinflusst von Luftwiderstand oder Reibung durchgeführt werden. Standardisierte Methoden und Messungen allerdings erlaubten die mehrmalige Durchführung eines Experiments durch verschiedene Forscher. Dies könne durchaus zu einer Ergebnisreihe führen, aus der sich allgemeine Erkenntnisse erzielen ließen. Galilei war von seiner wissenschaftlichen Methodik so überzeugt, dass er sich 1611 auf eine öffentliche Demonstration einließ, um einen schwelenden Streit zu entscheiden. Galilei und ein rivalisierender Professor aus Pisa konnten sich nicht einig werden, ob die Form eines Objekts aus demselben Material (also auch von derselben Dichte) Einfluss darauf hatte, ob und wie das Objekt auf Wasser schwamm. Galilei forderte den Rivalen zu einer öffentlichen Demonstration auf und schwor, er werde sich dem Resultat des Experiments beugen. Leider tauchte der Gegner niemals auf.

Forschungsgesellschaften

Das wachsende Interesse an der Wissenschaft führte im Europa des 17. Jahrhunderts zur Gründung zahlreicher Forschungsgesellschaften. Dort diskutierte man lebhaft über wissenschaftliche Entdeckungen, Experimente und neueste Entwicklungen. Die erste dieser Gesellschaften war die *Accademia dei Lincei* (Akademie der Luchse), die von Federico Cesi, einem reichen Florentiner, ins Leben gerufen wurde. Cesi glaubte schon als Achtzehnjähriger, dass Forscher die Natur direkt studieren sollten, statt Aristoteles zu lesen. Die ersten Mitglieder der Akademie lebten in Cesis Haus, wo ihnen ein Labor und eine umfangreiche Bibliothek zur Verfügung standen. Berühmte Mitglieder waren der holländische Arzt Johannes Eck (1579–1630), der italienische Naturwissenschaftler Giambattista della Porta (ca. 1535–1615) und natürlich Galilei. In ihrer Blütezeit hatte die Akademie zweiunddreißig Mitglieder in ganz Europa. Die Akademie betrachtete es als ihr Ziel, „Wissen zu erwerben und Weisheit zu entwickeln … und beides friedlich unter den

„Galilei war vielleicht mehr als jeder andere Geburtshelfer der modernen Wissenschaft."
Stephen Hawking, britischer Astrophysiker, 2009

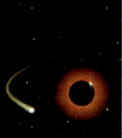

ROBERT HOOKE
1635 – 1703

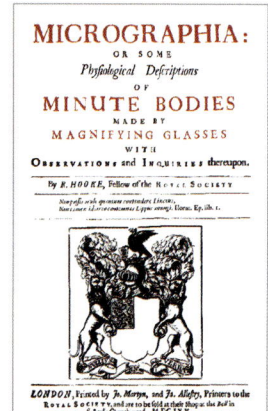

MICROGRAPHIA:
OR SOME
Physiological Descriptions
OF
MINUTE BODIES
MADE BY
MAGNIFYING GLASSES
WITH
OBSERVATIONS and INQUIRIES thereupon.

By R. HOOKE, Fellow of the ROYAL SOCIETY.

LONDON, Printed by Jo. Martyn, and Ja. Allestry, Printers to the
ROYAL SOCIETY, and are to be sold at their Shop at the Bell in
S. Paul's Church-yard. M DC LX V.

◄ Es ist kein zeit-
genössisches Porträt
von Robert Hooke
überliefert. Zwar
scheint die Royal
Society 1710 eines
besessen zu haben,
doch das wurde
angeblich von Isaac
Newton zerstört.

▶ Robert Hookes Mi-
crographia enthüllte
zum ersten Mal
überhaupt die Details
des Mikrokosmos.

Menschen zu verbreiten … ohne jeman-
dem Schaden zuzufügen." Trotzdem wurde die Gruppe schwarzmagischer Prak-
tiken, der Ketzerei und skandalöser Le-
bensführung angeklagt.

Die *Accademia dei Lincei* war ein priva-
tes Unternehmen und als Cesi 1630 starb,
hörte sie bald zu existieren auf. Ihr folgte die *Accademia del Cimento* (Akademie
des Experiments) in Florenz, die 1657 von
zwei Galilei-Schülern gegründet wurde:
Evangelista Torricelli (1608 –
1647) und Vincenzo Vi-
viani (1622 – 1703). Sie
schloss bereits nach zehn
Jahren Tätigkeit 1667.
Zu etwa jener Zeit verla-
gerte sich das Zentrum
wissenschaftlicher Ent-
wicklung von Italien
nach Belgien, Frank-
reich, Deutschland,
Großbritannien und
den Niederlanden.

*Robert Boyle
als junger
Mann*

Die bedeutendste aller wissenschaftlichen Gesellschaften aber ist zweifelsohne
die *Royal Society of London*. Offiziell wurde sie 1660 gegründet, doch ihre Wurzeln
liegen in einer Gruppe von Wissenschaftlern, die sich schon ab circa 1640 zu infor-
mellen Diskussionen in London traf. Zu
ihren zwölf Gründungsmitgliedern gehörten der englische Architekt Sir Christopher Wren (1632 – 1723) und der irische
Chemiker Robert Boyle (1627 – 1691). In
Wrens Eröffnungsrede sprach dieser von
einem „Kolleg für die Förderung experimentellen Lernens auf den Gebieten der
Physik und Mathematik". Die Gesellschaft
wollte sich wöchentlich treffen, um Zeuge
von Experimenten zu werden und wissenschaftliche Erkenntnisse zu diskutieren.
Robert Hooke (1635 – 1703) war als erster Kurator für die Experimente zuständig. Zu Beginn hatte die Gesellschaft keinen Namen. Erst 1661 taucht sie als „Royal
Society" erstmals schriftlich auf. In der
Second Royal Charter von 1663 wird sie bezeichnet als „*The Royal Society of London for
Improving Natural Knowledge*" (Königliche
Gesellschaft zur Förderung des Wissens um
die Natur). Damit aber war sie gleichzeitig

Foucaults Pendel im Pantheon in Paris: ein schlagender Beweis, dass die Erde sich um ihre eigene Achse dreht.

die erste „königliche" Gesellschaft dieses Typs. 1661 erwarb man eine Bibliothek und richtete später ein Museum für wissenschaftliche Artefakte ein. Noch heute besitzt die Gesellschaft Hookes mikroskopischen Präparate. Nach 1662 erhielt die Gesellschaft die königliche Erlaubnis, Bücher herauszugeben. Eine der ersten Publikationen waren eben die *Micrographia*. 1665 veröffentlichte die Gesellschaft zum ersten Mal die *Philosophical Transactions*, die heute zu den ältesten wissenschaftlichen Zeitschriften überhaupt gehören.

1666 folgte der *Royal Society* die *Académie des Sciences* in Paris. Die Mitglieder der französischen *Académie* aber mussten nicht unbedingt Wissenschaftler sein. Irgendwann einmal war sogar Napoleon Bonaparte Präsident. Bald trugen bedeutende wissenschaftliche Entdeckungen zum Nationalstolz bei und man begann, mit anderen Ländern zu rivalisieren, was vor allem für das Frankreich Napoleons galt.

Das beste wissenschaftliche Instrument: das Gehirn

Ohne einen Funken Ausrüstung und ohne das geringste Experiment entwickelte Aristoteles Modelle für die Natur der Materie und das Verhalten von Körpern unter verschiedenen Bedingungen, die auf dem aufbauten, was man zu jener Zeit wusste. Anfang des 20. Jahrhunderts revolutionierte der Physiker Albert Einstein (1879–1955) die Physik und das wissenschaftliche Weltbild nur mit Stift und Papier. Wie Aristoteles ging er von Beobachtungen des Universums aus und entwickelte daraus Theorien. Er beschäftigte sich mit Dingen, die zu jener Zeit weder durch Messungen noch durch Experimente bestätigt oder widerlegt werden konnten.

Anders als Aristoteles aber folgte Einstein einem Modell, das Newton schon 1687 propagiert hatte: Er bediente sich der Mathematik, um seine Idee zu stützen, und zeigte, dass sein System mit dem, was man bereits wusste, funktionierte. Daher werden heute neue physikalische Modelle häufig mathematisch geprüft. In diesem Sinne sind moderne Physiker gegenüber früheren Generationen im Vorteil. Sie haben Computer, die sie in die Lage versetzen, Unmengen von Rechenoperationen durchzuführen, für die man früher mehrere Lebenszeiten gebraucht hätte.

Doch hinter all den Entwicklungen der Wissenschaft steht stets die Genialität und Neugier des menschlichen Geistes, die beide den Fortschritt antreiben – in heutigen Universitäten ebenso wie in den Wandelgängen des alten Griechenlands.

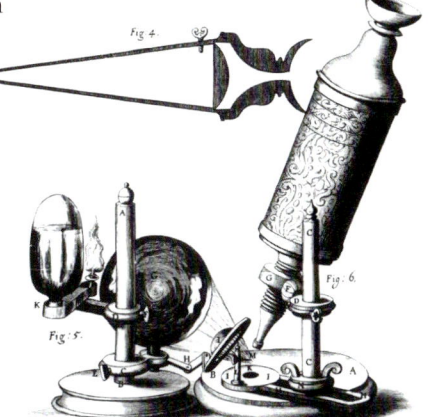

Robert Hookes Mikroskop

KAPITEL 1

GEIST
über Materie

Wenn wir den Blick auf einen festen Körper richten, ist es kaum vorstellbar, dass er in Wirklichkeit aus vielen kleinen Teilchen besteht und aus sehr viel leerem Raum. Noch seltsamer wird es, wenn wir uns klarmachen, dass die Teilchen selbst sehr viel leeren Raum umfassen. Die Vorstellung, dass Materie kein Kontinuum ist und in erster Linie aus leerem Raum besteht – womit man die moderne Atomtheorie kurz zusammenfassen könnte –, kam zum ersten Mal vor etwa 2500 Jahren auf. Trotzdem wird die Atomtheorie in dieser Form erst seit etwa hundert Jahren vom Großteil der Wissenschaftler akzeptiert. Vorher wurde die heute gültige Vorstellung immer wieder als völlig unwahrscheinlich verworfen.

Ceres und die vier Elemente
von Jan Brueghel dem Älteren
(1568–1625)

Der erste Physiker?

Die Ursprünge der „Naturphilosophie", die im Wesentlichen das umfasst, was wir heute „Naturwissenschaft" nennen, liegen im alten Griechenland. Der erste Forscher, den man als Physiker bezeichnen könnte, war Anaxagoras, der im 5. Jahrhundert v. Chr. lebte. Als die Logik als Disziplin noch in den Kinderschuhen steckte, versuchte er bereits, seine Naturbeobachtungen in eine logische Ordnung zu bringen, die es ermöglichen sollte, die Welt besser zu verstehen. Anaxagoras bemühte sich um ein Verständnis der Welt, in dem Aberglauben und Gottes Wille keine Rolle spielen. Er suchte die Erklärung für die Beschaffenheit der Welt allein in der Vernunft. Da Anaxagoras sich auf beobachtbare Objekte beschränkte, legte er den Grundstein für die Physik als Wissenschaft von der sichtbaren konkreten Welt. Dieses Modell sollte fast 2500 Jahre lang gültig bleiben.

> „Aus nichts kann nichts entstehen."
>
> König Lear, I, 1

Die Samen der Materie

Für Anaxagoras war die wesentliche Triebkraft der Natur der Wandel. Er sah, dass alle Dinge sich ständig in etwas anderes verwandelten. Die Materie, so meinte er, könne nicht aus dem Nichts entstehen. Gleichermaßen höre sie nicht einfach auf zu existieren. Diese Vorstellung teilte er mit Thales von Milet und Parmenides (ca. 515 bis 455 v. Chr.). Der französische Chemiker Antoine Lavoisier (1743 – 1794) griff diese Idee wieder auf und formulierte den Massenerhaltungssatz (*siehe* ▸▸ Seite 30). Außerdem stellte Anaxagoras die These auf, dass alle Materie aus denselben grundlegenden Bestandteilen gebildet sei – Eigenschaften und „Samen" bestimmter Substanzen. Diese Eigenschaften traten immer paarweise auf, als Pole eines Zustands: zum Beispiel heiß – kalt,

In Anaxagoras Weltbild hat der Dachs Eigenschaften wie Fell, Blut und Knochen und ist vom nous *(Geist) belebt. Ein unbelebtes Objekt wie die Gitarre kann dieselben Eigenschaften besitzen, aber keinen* nous.

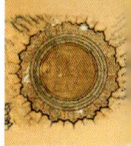

ANAXAGORAS (CA. 500 – 430 V. CHR.)

Anaxagoras wurde an der ionischen Küste geboren, in der heutigen Türkei also. Im Alter von zwanzig Jahren kam er nach Athen, wo er bald Zugang zu den höchsten intellektuellen Kreisen erhielt. Er wurde Lehrer und Freund des Perikles, der zur Blütezeit Athens (454 – 431 v. Chr.) über die Stadt herrschte. Anaxagoras lehrte und verfasste einen Traktat über die Naturphilosophie, den selbst der griechische Philosoph Sokrates (469 – 399 v. Chr.) für lesenswert hielt. Sein Ruhm beruhte auf seiner intellektuellen Leidenschaft und seiner Verachtung für alle fleischlichen und sozialen Freuden, für die er bald genauso berühmt war wie für sein Denken.

Anaxagoras war der Philosophie so treu ergeben, dass er letztlich völlig verarmte. Obwohl er damals Athens führender Philosoph war, verließ er die Stadt nach dreißig Jahren. Von seinem späteren Leben ist nicht viel bekannt. Er starb in Lampsakos an der Dardanellenküste mit etwa siebzig Jahren im Exil. Seine Lehren allerdings überlebten ihn.

---

dunkel – hell, süß – sauer. Jede Eigenschaft war in der Welt im selben Maß vorhanden wie ihr Gegenteil. Die Samen aber seien aus organischer Materie wie Blut, Fleisch, Rinde, Fell.

Anaxagoras war der Ansicht, dass jedes noch so kleine bisschen Materie sämtliche Eigenschaften (oder Materialien) in sich enthielt. Das bedeutete, dass die Materie unendlich teilbar sein musste. Die dominierenden Eigenschaften liegen auf der Hand und verleihen dem Objekt seine beobachtbaren Qualitäten, die anderen aber seien alle latent vorhanden. Ein Baum hat zwar mehr Rinde als Fell, nur ist von Letzterem nicht genug da, um als „fellig" in Erscheinung zu treten. Dies erklärt, wieso jede Substanz aus anderen entstehen kann. Schließlich müssen die Eigenschaften (oder Materialien) nur anders vermengt werden, um ein neues Ding zu werden.

— Der Geist belebt die Materie —

Noch einen Bestandteil hatte Anaxagoras, den er der Mischung zufügen konnte, nämlich den Geist, den die Griechen *nous* nannten. Anaxagoras glaubte allerdings, der Geist sei nur in belebten Objekten (solchen mit Bewusstsein) vorhanden. Doch er hatte auch noch eine andere Rolle zu spielen: Zu Beginn aller Zeiten war die Materie noch nicht in unterschiedliche Substanzen geschieden, sondern nichts weiter als ein homogener Haufen Partikel. Der Geist war es dann, der sie in die einzelnen Materialien (oder Eigenschaften) schied. Das allerdings klingt dann doch nach göttlicher

Schöpfung, obwohl Anaxagoras die Welt ja ohne Rückgriff auf solche Elemente erklären wollte. Sein „Geist" war aber kein intelligenter Schöpfer, sondern vielmehr ein Element, das die physikalischen Kräfte in Bewegung versetzte, sodass diese aus der Materie Körper wie die Erde und die Sonne bilden konnten. Wie genau Anaxagoras dabei die Rolle des Geistes sah, ist uns leider nicht bekannt, da seine Schriften nicht vollständig überliefert sind. Platon allerdings schreibt, dass Sokrates eine Ausgabe von Anaxagoras Werken erwarb, weil er darin eine natürliche Erklärung für die bei der Weltenschöpfung wirkende Intelligenz zu finden hoffte. Platon meint aber, Sokrates sei von der Idee enttäuscht gewesen.

— Alles im Wandel

Anaxagoras glaubte, dass Materie weder geschaffen noch zerstört werden könne. Seiner Ansicht nach wandelt sich um uns herum nur stets die Zusammensetzung

Wenn ein Baum brennt, wandeln sich seine Bestandteile auf drastische Weise um.

der Dinge. Wenn ein Baum gefällt und aus dem Holz ein Boot gebaut wird, wird die Materie gleichsam neu arrangiert, ist jedoch immer noch vom selben Typ und derselben Quantität wie vorher. (Beim Boot müsste man die Sägespäne hinzuzählen.) Bei anderen Wandlungsvorgängen kommt es zu drastischeren Umgestaltungen. Ein brennender Baum wird zu Asche, Wasserdampf und Rauch – die dem Holz nicht mehr zu ähneln scheinen. Doch da in jedem Ding sämtliche Qualitäten angelegt sind, liegt auch in jedem Objekt das Potenzial für den vollkommenen Wandel. Aus diesem Grund kann eine Pflanze aus der Erde hervorwachsen – durch Umarrangieren ihrer Bestandteile.

Anaxagoras war klar, dass dies nur funktionieren konnte, wenn die Bestandteile der Materie (Samen) unendlich klein waren, sonst wäre der Wandel, den wir täglich vor Augen haben, gar nicht möglich. Doch gerade diese Grundvoraussetzung brachte das Modell bald in Schwierigkeiten.

— Unteilbare Bestandteile

Der Begriff „Atom" kommt vom griechischen *atomos*, was „unteilbar" heißt. Die Idee, dass die Materie aus winzigen, unteilbaren Partikeln besteht, kam im 5. Jahrhundert v. Chr. auf. Verantwortlich dafür sind Leukipp und sein Schüler Demokrit. Über Demokrit (ca. 460 – 370 v. Chr.) wissen wir ein wenig mehr als über seinen Lehrer. Der griechische Philosoph Epikur (341 – 270 v. Chr.) zweifelte sogar daran, dass Leukipp je existierte. Welcher Teil der Atomtheorie auf ihn zurückgeht, lässt sich nicht feststellen. Beide gingen jedenfalls davon aus, dass alle Materie im Universum aus kleinsten

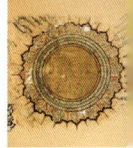

unteilbaren Einheiten besteht, die in einem leeren Raum schweben. Die Atome einer bestimmten Substanz haben alle dieselbe Form und Größe und bestehen aus demselben Material.

Wenn Atome kleine, homogene (homoiomere) Einheiten sind, dann stellt sich natürlich eine Frage: Warum können sie nicht weiter geteilt werden? Falls Demokrit darauf eine Antwort hatte, so ist sie uns nicht überliefert. Eine Möglichkeit wäre: weil Atome als homogene Einheiten keinen leeren Raum im Innern haben. Denn größere Materie-Einheiten verfügen eben über diesen leeren Raum, dies ist der eigentliche Grund für ihre Teilbarkeit.

Doch ein Materiemodell aus unendlich kleinen Partikeln bietet noch ein weiteres grundlegendes Paradox. Anaxagoras meinte mit „unendlich klein", dass die Partikel kleiner seien als auch die kleinste vorstellbare Maßeinheit, aber größer als Null. Aber er glaubte auch, dass jede noch so kleine „Portion" Materie unendlich viele Partikel enthalten müsse, da sie ja jeden Materietyp beinhaltete. Wenn Atome oder Samen aber keinerlei räumliche Ausdehnung besitzen, dann kann selbst eine unendliche Anzahl von ihnen kein „Stück" Materie mit einer bestimmten Ausdehnung hervorbringen. Dieses Dilemma stellte für die griechischen Denker nach Anaxagoras ein echtes Problem dar und führte die Atomtheorie in jenen begrifflichen Morast, aus dem sie sich fast 2000 Jahre lang nicht befreien konnte.

Dinge und Nicht-Dinge

Bis zu diesem Punkt hört sich der Demokritsche Atomismus an wie der von Anaxagoras, doch es gab dabei einen großen Unterschied: Bei Anaxagoras schweben die Partikel in der Luft oder im *aither* (*siehe*  Seite 22). Bei Demokrit existieren sie im leeren Raum. Er (oder sein Lehrer Leukipp) war der Erste, der die Leere in die Atomtheorie einführte, denn nur so wurde Bewegung möglich. In einem Universum, das vollkommen von Materie ausgefüllt ist, wäre jedes bisschen Raum besetzt. Wenn etwas sich bewegt, füllt es einen leeren Raum aus und hinterlässt seinerseits einen solchen. Frühe Denker hatten die Idee von der Leere (dem, was nicht ist) bestritten. Demokrit aber rief hier den gesunden Menschenverstand zu Hilfe. Wir sehen ja, dass Dinge sich bewegen.

HOMOIOMERIEN

Anaxagoras und die griechischen Denker nach ihm unterschieden zwischen homoiomeren (homogenen) Substanzen und solchen, die es nicht sind. Eine homoiomere Substanz ist eine, bei der alle Teile genauso sind wie das Ganze. Ein Goldklumpen wäre homoiomer, weil selbst der kleinste Bestandteil noch die Eigenschaften von Gold aufweist. Ein Schiff oder Baum wäre nicht homoiomer, weil beide in Bestandteile zerlegt werden können, die andere Eigenschaften besitzen. Durch die Brille der Moderne betrachtet könnte man dies als Unterscheidung zwischen den reinen chemischen Elementen und zusammengesetzten Stoffen auffassen.

ARISTOTELES (384 – 322 V. CHR.)

Aristoteles kam in Stageira in Mazedonien als Sohn des Hofarztes zur Welt, wurde aber schon in jungen Jahren Waise. Mit achtzehn Jahren ging er nach Athen, um in Platons Akademie zu studieren, was ihm das Orakel von Delphi geraten hatte. Er wurde Platons bester und berühmtester Schüler. 342 v. Chr.

ging Aristoteles nach Mazedonien zurück, weil er den jungen Alexander unterrichten sollte, den Sohn König Philipps II., der später Alexander der Große werden sollte. Aristoteles setzte sich mit den Lehren sämtlicher griechischer Philosophen auseinander und überprüfte sie auf ihre Gültigkeit. Er verfasste Abhandlungen zu allen möglichen Themen, auch zur Physik. Seine Lehren wurden durch die arabischen Philosophen bewahrt und erlebten in lateinischer Übersetzung im Europa das 12. und 13. Jahrhunderts eine unglaubliche Renaissance. Seine wissenschaftlichen Ideen beherrschten die westliche Wissenschaft bis weit ins 18. Jahrhundert hinein.

Damit aber machte er die Leere zum etablierten Konzept. Wir können auch sehen, dass das Universum aus vielen verschiedenen Dingen besteht (es besitzt Vielfalt). Gäbe es keinen leeren Raum, wäre die Materie ein Kontinuum und besäße diese Vielfalt nicht. Vielfalt und Wandel erfordern zwingend die Leerheit.

Atome und Elemente

Für uns Heutige sind Atome und Elemente in einem Atommodell vereint. Elemente sind reine chemische Stoffe, die aus identischen Atomen bestehen. Wasserstoff besteht nur aus Wasserstoffatomen. Verbindungen hingegen bestehen aus mehreren Elementen. Kohlendioxid zum Beispiel

besteht aus Kohlenstoff und Sauerstoff. In früheren Atomtheorien allerdings war das nicht so.

Vier oder fünf Elemente

Empedokles (ca. 490 bis 430 v. Chr.) lehrte, dass alles im Universum aus vier „Wurzeln" (Urstoffen) bestünde: Erde, Luft, Wasser und Feuer. Dieses Modell wurde von Aristoteles später aufgenommen und verfeinert. Platon war es, der den Urstoffen den Namen „Elemente" gab. Jedes Element wird charakterisiert durch zwei Eigenschaften aus den natürlichen Gegensatzpaaren der Qualitäten: heiß und kalt, feucht und trocken. So sei die Erde kalt und trocken, das Wasser kalt und feucht. Feuer hingegen ist heiß und trocken. Diese Eigenschaften wurden zur

Grundlage der antiken Medizin, als der Arzt Hippokrates (ca. 460–377 v. Chr.) darauf seine Lehre von den vier Säften gründete. Diese medizinische Lehre dauerte fort bis ins 19. Jahrhundert.

Die Elementetheorie ordnete jeder Art von Materie ein eigenes Reich zu, das den Weltaufbau bestimmte. Die Erde nahm dabei die niedrigste Position ein, das Feuer die höchste. Wasser und Luft waren dazwischen angeordnet. Diese Anordnung erklärte u. a. die Bewegungen in der beobachtbaren Welt: Schwere Objekte fallen nach unten, weil die Erde ihr eigentliches Element ist. Rauch hingegen besteht aus Feuer und Luft, daher steigt er nach oben. Sobald ein Element in seinem Reich angekommen ist, stellt es die Bewegung ein, wenn es nicht von außen bewegt wird.

Zu den vier Elementen kommt noch ein fünftes, der „Äther" oder die *quinta*

Das leuchtende Metall Kupfer besteht aus Kupferatomen. Die blauen Kristalle der Verbindung Kupfersulfat aber bestehen aus Kupfer, Schwefel und Sauerstoff.

essentia. Der Äther (griech. *aither*) verschwand nie ganz aus dem naturwissenschaftlichen Weltbild, obwohl er mal mehr, mal weniger geschätzt wurde (siehe ▸▸ Seite 22).

Obwohl Demokrits Atommodell unserem heutigen Verständnis nach wesentlich wirklichkeitsnäher ist, hatte das Vier-Elemente-Weltbild von Empedokles, Platon und Aristoteles lange Zeit großen Erfolg. Nach der Renaissance des klassisch-griechischen Denkens in Arabien und dem „Export" nach Europa blieb dieses Weltbild für fast 2000 Jahre gültig.

Und wieder: der Wandel

Parmenides' Atommodell konnte das Phänomen des Wandels nicht erklären, die Modelle der Atomisten brauchten dazu das Konzept der Leere. Aristoteles hingegen erklärte den Wandel als Transformation von Zuständen. Er kannte den Zustand von „Akt" und „Potenz" – auch hier geht es letztlich um Erhaltung der Masse. Wenn ein Stein zu einer Statue wurde, hörte er auf, Stein zu sein. Wenn

Allegorische Darstellung der vier Elemente in einem Manuskript aus dem 12. Jahrhundert

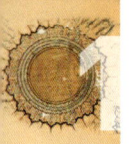

DER ÄTHER: 2500 JAHRE UND IMMER NOCH KEIN BEWEIS

Der Äther oder die Quintessenz tritt uns im griechischen Denken zunächst einmal als fünftes Element entgegen. Er ist das Element des Himmels und hat an der irdischen Materie keinerlei Anteil. Der Äther galt als Reich der Götter und daher als ewig und unwandelbar. Er sollte aus Kreisen bestehen, denn der Kreis galt als die vollkommene Form. Dichteunterschiede im Äther seien der Grund für die verschiedene Form der Himmelskörper. Der große französische Philosoph René Descartes (1596 – 1650) erklärte die Tatsache, dass wir sehen können, mit dem Druck, den der Äther auf das Auge ausübe. Im 19. Jahrhundert griff der schottische Wissenschaftler James Clerk Maxwell (1831 – 1879) auf den Äther zurück, um die Bewegung des Lichts und der elektromagnetischen Strahlung zu erläutern.

Der holländische Arzt Hendrik Lorentz (1853 – 1928) arbeitete von 1892 – 1906 an einer Theorie von einem abstrakten elektromagnetischen Medium (Äther), die er aber verwarf, als Albert Einstein 1905 seine Spezielle Relativitätstheorie veröffentlichte.

In jüngster Zeit aber haben die Astrophysiker den Äther wiederbelebt, weil sie nach einer Erklärung für jene physikalischen Phänomene im Kosmos suchen, die wir heute als „Dunkle Materie" bezeichnen.

ein Junge zum Mann wurde, war er kein Kind mehr. Alles Wandelbare hat also das Potenzial, etwas anderes zu sein. Im Wandel wird dieses Potenzial verwirklicht. Damit aber geht es gleichzeitig verloren, weil es „aktualisiert" wurde.

— Atomtheorien im alten Indien —

Die Griechen waren keineswegs die Einzigen, die Atomtheorien aufstellten. Auch indische Philosophen gingen davon aus, dass die Materie aus kleinsten Einheiten aufgebaut sei. Wer zuerst auf die Idee kam, ist heute nicht mehr zweifelsfrei festzustellen, auch weil sich ein Austausch zwischen indischen und griechischen Denkern nicht ausschließen lässt. Der indische Philosoph Kanada (Kashyapa) hat entweder im 6. oder im 2. Jahrhundert v. Chr. gelebt. Darüber sind die Historiker sich nicht einig. Sollte er früher gelebt haben, ist Kanadas Atomtheorie zweifelsfrei die ältere und hat die griechischen Theoretiker unter Umständen beeinflusst.

Kanada postuliert fünf verschiedene Atomtypen, einen für jedes der fünf Elemente, die man in Indien für die wesentlichen Bestandteile der Materie hielt – Feuer, Wasser, Erde, Luft und Äther (ähnlich dem Modell des Aristoteles). Kleinste Teilchen – oder *parmanu* – sind gestaltlos, punktförmig und nicht-räumlich. Sie ziehen sich wechselseitig an und gruppieren sich so zu großen Einheiten wie den Doppelteilchen – *dwinuka* –, welche die Eigenschaften beider Einheiten besitzen. Diese können sich dann zu dreiteiligen Verbindungen zusammenschließen, die als kleinste sichtbare Einheiten gelten, als *anu* oder Atome. Die verschiedenen Eigenschaften der Materie erklären sich aus den Kombinationen und Proportionen der fünf Typen von *parmanu*. In Kanadas Atomtheorie, die von der Vaisheshika-Schule weiterentwickelt wurde, gab es 24 mögliche grundlegende Eigenschaften. Chemisch und physikalisch verändern sich die Stoffe, wenn die

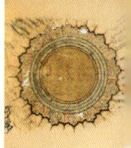

KANADA (KASHYAPA)

Der indische Philosoph Kanada kam im indischen Gujarat zur Welt. Der Überlieferung zufolge war sein Name ursprünglich Kashyapa, der Weise Muni Somasharma gab ihm aber als kleinem Jungen den Namen Kanada (von *kana*, Getreide), weil er sich leidenschaftlich für die kleinsten Dinge interessierte. Er machte alchemistische Studien (*siehe* ▸▸ Seite 26)

und entwickelte eine Atomtheorie, auf die er angeblich kam, als er sein Essen in immer kleinere Stücke zu zerkrümeln suchte. Irgendwann wurde ihm klar, dass es Teilchen gab, die sich nicht mehr zerteilen ließen. Dadurch kam er auf die Idee von den unteilbaren Atomen. Kanadas Theorie kommt den Vorstellungen der heutigen Elementarteilchenphysik am nächsten.

parmanu anders kombiniert werden. Anders als die griechischen Philosophen aber glaubte Kanada, dass Atome durchaus aus dem Nichts entstehen oder zu existieren aufhören konnten. Sie konnten nur nicht durch stoffliche Mittel zerstört werden.

Die Atomtheorie der Jain-Philosophie geht auf das 1. Jahrhundert v. Chr. zurück, ist möglicherweise aber auch älter. Dabei gilt die gesamte Welt – die Seelen ausgenommen – als Zusammensetzung von Atomen. Jedes Atom hat danach nur einen Geschmack, einen Geruch, eine Farbe, aber zwei mögliche Tast-Eigenschaften. Diese Atome sind ständig in Bewegung, wobei sie die Gerade bevorzugen. Wenn sie von anderen Atomen angezogen werden, können sie allerdings

Al-Ghazali war ein Ascharit – diese Sekte glaubte, dass der Mensch den Geheimnissen der Welt nicht ohne göttliche Eingebung auf die Spur kommen könne.

auch Kurven beschreiben. Man kannte sogar das Konzept einer polaren Ladung. Je nachdem, ob die Partikel raue oder glatte Oberflächen hatten, konnten sie Bindungen eingehen. Die Atome schlossen sich zusammen und brachten so die sechs „Aggregate" hervor: Erde, Wasser, Schatten, Sinnesobjekte, karmische Objekte und unbrauchbare Objekte. Wie Atome sich verhielten, wurde in umfassenden Theoriemodellen erklärt.

— Atomtheorien im Islam —

Ob die Inder oder die Griechen nun als Erste die Atomtheorie ersonnen haben – von den islamischen Gelehrten wurden beide aufgenommen. Die Lehren der alten Griechen überlebten im oströmischen Reich von Byzanz, wo sie von arabischen Gelehrten übersetzt und kommentiert wurden. Die islamische Welt entwickelte zwei grundlegende Formen der Atomtheorie, die eine nach dem indischen Denken, die andere in der Nachfolge von Aristoteles. Der erfolgreichste Ansatz stammt von dem ascharitischen Gelehrten Al-Ghazali (1058 – 1111). Für ihn waren Atome die einzigen Bestandteile der

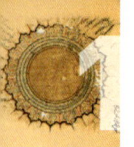
Materie, die unveränderlich waren. Alles andere habe keinen Bestand und sei deshalb „akzidentell". Alles Akzidentelle sei nicht in der Lage, etwas anderes zu bedingen – außer der Wahrnehmung.

Einige Jahre später wies der in Spanien geborene islamische Philosoph Averroes (Ibn Ruschd, 1126–1198) diese Theorie aber zurück und entwickelte stattdessen das aristotelische Modell weiter. Averroes hatte großen Einfluss auf christliche und jüdische Gelehrte.

Die Werke arabischer Wissenschaftler wurden im frühen Mittelalter ins Lateinische übersetzt, wodurch das Gedankengut des klassischen Griechenland seinen Weg zurück ins europäische Denken fand. Wo immer Aristoteles' Lehren nicht direkt der Bibel oder christlicher Theologie widersprachen, übernahm sie selbst die Kirche. So wurden sie zur Grundlage der wissenschaftlichen und philosophischen Auseinandersetzung mit der Welt. Erst in der Renaissance stellten die Gelehrten Europas das überkommene Wissen der „Alten", wie man die Autoritäten der Antike bezeichnete, wieder infrage.

Von den Atomen zu den Korpuskeln ...

Im 13. Jahrhundert verbreiteten sich dann die Schriften eines Alchemisten, den man heute als „Pseudo-Geber" bezeichnet. Das ihm zugeschriebene Textkorpus führt eine neue Materietheorie ein, bei der „Korpuskeln", winzige Teilchen, eine entscheidende Rolle spielen. (Die Texte

wurden fälschlich einem arabischen Weisen aus dem 8. Jahrhundert mit Namen Jabir ibn Hayyan zugeschrieben, dessen latinisierter Name „Geber" war. Vermutlich wollten die Autoren ihren Schriften so mehr Autorität verleihen.) Der Pseudo-Geber stellt die Theorie auf, dass alle Materie innere und äußere Korpuskeln habe. Alles Metallische sollte aus Quecksilber- und Schwefelkorpuskeln mit unterschiedlichem Mischungsverhältnis bestehen. Daraus leitete er seine alchemistischen Theorien ab (*siehe* ▸▸ Seite 26). Denn in den Augen eines Alchemisten hieß das, dass jedes Metall das Potenzial habe, zu Gold umgewandelt zu werden. Dazu war nur eine kleine Neuanordnung vonnöten.

Ähnlich war die Auffassung des Nicholas d'Autrécourt (ca. 1298–1369). Autrécourt mischte sich in die Debatte um die Teilbarkeit eines Kontinuums ein, die damals in Paris, dem Mittelpunkt der intellektuellen Welt, leidenschaftlich geführt wurde. Der Streit fußt auf Aristoteles' Behauptung, ein Kontinuum könne nicht aus unteilbaren Einheiten bestehen. Er

Eine imaginäre Diskussion zwischen dem Aristoteliker Averroes (links) und dem Neuplatoniker Porphyrios, der 800 Jahre vor Averroes Geburt starb.

glaubte, dass Materie, Raum und Zeit aus Atomen, Punkten und Augenblicken bestünden und sämtliche Veränderungen auf den Wandel in der Zusammensetzung dieser Teilchen zurückgingen. Da Autrécourts Ansichten im Widerspruch zur Kirche standen, unterzog man sein Werk einem langwierigen Prozess (von 1340 – 1346) und zwang ihn dann zum Widerruf. Für ihn war Bewegung dem sich bewegenden Objekt eigen. (Die Bewegung geht auf die Bewegung der Teilchen zurück.) Auch sein Bild von der Zeit, die er als atomistische Abfolge einzelner Augenblicke sah, wurde erst sehr viel später wieder aufgenommen.

Eine Sonderform des frühen Atomismus wurde von dem irischen Chemiker Robert Boyle vertreten, dessen Meinung sich auch der französische Philosoph Pierre Gassendi (1592 – 1655) und Isaac Newton anschlossen. Dieser „Korpuskularismus" unterschied sich von atomistischen Vorstellungen dadurch, dass die Korpuskeln nicht notwendigerweise unteilbar sein mussten. Alchemisten (unter ihnen auch Newton) benutzten die Vorstellung von der Teilbarkeit der Korpuskeln, um zu erklären, wie Quecksilber sich zwischen die Korpuskeln anderer Metalle schieben konnte und so ihre mögliche Umwandlung zu Gold bewirkte. Die Korpuskularisten gingen davon aus, dass unsere Weltwahrnehmung und unsere Erfahrungen Ergebnis des Einwirkens der Korpuskeln auf unsere Sinnesorgane sei.

... und zurück zu den Atomen

Die Atomtheorie kam erst wieder zu Ehren, als Pierre Gassendi die neue Welt, in der alles, was geschah, auf die Bewegungen winziger Teilchen zurückgeführt wurde,

Pierre Gassendi war ein Vertreter der Korpuskeltheorie.

einer skeptischen Überprüfung unterzog. Gassendi nahm alle denkenden Wesen von seiner Theorie aus, doch in anderer Hinsicht war seine 1649 veröffentlichte These erstaunlich akkurat. Er glaubte, dass die Eigenschaften der Materie aus der Form der Atome entstanden und dass Atome sich zu Molekülen zusammenschließen konnten. Außerdem ging er davon aus, dass Atome in einem leeren Raum existierten – sodass der Großteil der Materie eigentlich Nicht-Materie war. Leider fand Gassendis Weltbild nicht die Verbreitung, die ihm zugestanden hätte. Descartes besaß damals mehr Einfluss, er ging davon aus, dass es keine Leere geben konnte. In einer Hinsicht waren sich die beiden allerdings einig: Sie glaubten beide, die Welt sei mechanistisch und werde von den Naturgesetzen gesteuert.

Robert Boyle veröffentlichte einige Jahre nach Gassendis Tod seine Schrift *Der skeptische Chemiker* (1661), in der er ein ganz aus Atomen und Molekülen bestehendes Weltbild zeichnete, nach dem die Welt in steter Bewegung ist. Seiner Ansicht nach waren alle Phänomene Ergebnis der Zusammenstöße zwischen den bewegten Atomen. Er rief die Chemiker auf, sich dem Studium der Elemente zu widmen, denn seiner Ansicht nach gab es weit mehr als die von Aristoteles propagierten vier.

25

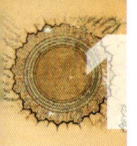

— Das Zeitalter der Vernunft —

Das „Zeitalter der Vernunft" oder die Aufklärung begann etwa um 1600. Das Denken war seit der Renaissance von erstarktem Vertrauen in die menschlichen Fähigkeiten geprägt, während das Mittelalter den unverbesserlichen Sünder in den Mittelpunkt seines Weltbilds gestellt hatte. Nun aber wurden die menschlichen Errungenschaften gefeiert. Die Aufklärung war geprägt von Neuerungen in Wissenschaft, Technik, Philosophie, Kunst und politischem Denken.

Die Philosophie jener Zeit wird meist in zwei Lager unterteilt: das rationalistische und das empiristische. Die Rationalisten gingen davon aus, dass nur die Vernunft den Weg zur Wahrheit weisen könne. Die Empiriker hingegen setzten zuallererst auf die Beobachtung der Welt. Damit setzt sich im Grunde eine alte Trennlinie aus der griechischen Philosophie fort: die zwischen dem Rationalisten Platon und dem Empiriker Aristoteles. Die empiristische Sicht führte zur Entwicklung von Experimenten und zur Beobachtung als vorrangigem wissenschaftlichem Instrument. Die Rationalisten hingegen setzten zuvörderst auf mathematische oder philosophische Herangehensweisen. Letztlich lassen sich auch beide Ansätze nicht trennen, denn die Resultate rationaler Schlussfolgerungen müssen stets durch empirische Methoden überprüft werden. Erst zusammen bilden sie die Grundfesten der wissenschaftlichen Methode. Eben diese entwickelte sich in der Aufklärung. Und sie sollte die Welt verändern.

ALCHEMIE

Das bekannteste Ziel der Alchemisten war die Umwandlung unedler Metalle in Gold durch Transmutation. Und natürlich die Herstellung des Lebenselixiers. Der bekannte „Stein der Weisen" war dafür eine notwendige Voraussetzung. Er sollte den Transmutationsprozess ermöglichen. Alchemie wurde in der ein oder anderen Form praktiziert im alten Ägypten, in Mesopotamien, im antiken Griechenland, in China und in der islamischen Welt. Auch im europäischen Mittelalter sowie in der Renaissance gehörte Alchemie zu den beliebten Geheimwissenschaften. Sie ist irgendwo zwischen moderner Chemie und Pharmakologie angesiedelt. Aus der

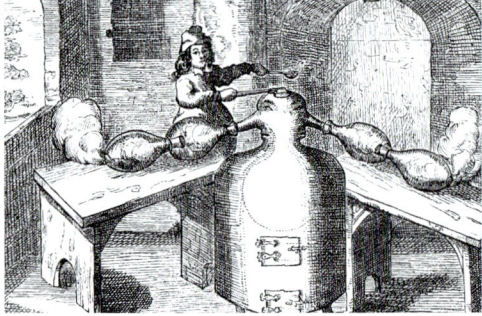

Ein Alchemist im Labor am Destillierapparat

chinesischen Alchemie entstand das umfangreiche Heilmittelrepertoire der traditionellen chinesischen Medizin. Die Transmutationsversuche begannen meist mit Blei, aber man konnte auch andere unedle Metalle verwenden. Natürlich hat keine Transmutation jemals konkrete Ergebnisse gebracht.

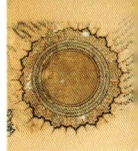

DIE ENTDECKUNG DES NICHTS

Der deutsche Wissenschaftler Otto von Guericke (1602–1686) erfand – oder entdeckte – buchstäblich das Nichts. Er bewies, dass es so etwas wie ein Vakuum gab, was frühere Wissenschaftler abgelehnt hatten. Nach einigen Experimenten mit Blasebälgen und einer Luftpumpe inszenierte er 1654 eine spektakuläre Demonstration vor Kaiser Ferdinand III. Er baute die sogenannten „Magdeburger Halbkugeln". Dabei legte er zwei Halbkugeln so aneinander, dass sie eine Kugel bildeten, und pumpte die Luft daraus ab. In der Folge konnten nicht einmal sechzehn kräftige Pferde die Halbkugeln wieder auseinanderreißen. Damit war gleichzeitig der Luftdruck bewiesen.

Robert Boyle 1689, also zwei Jahre vor seinem Tod, als er bereits schwer krank war

Die Geburt der Festkörperphysik

Die Theorie, dass Materie aus allerkleinsten Teilchen besteht, wirft natürlich eine Menge Fragen auf: Welche Form haben diese? Wie verbinden sie sich zu Materie? Wie reagieren und interagieren sie miteinander?

Wie kommt es zu äußeren Veränderungen (Schmelzen, Gefrieren, Übergang in den gasförmigen Zustand)? Die Physiker des 17. Jahrhunderts stellten dazu verschiedene Thesen auf, indem sie das Verhalten der Stoffe studierten. Mitunter führte das zu recht bizarren Schlüssen.

Descartes zum Beispiel beobachtete die Herstellung eines schmiedeeisernen

„[Robert Boyle] ist ein sehr großer Mann (von etwa 1,80 Meter) und hält sich sehr gerade. Der maßvolle, tugendhafte Mann lebt sparsam: Er ist Junggeselle, hält eine Kutsche und lebt mit seiner Schwester, Lady Ranelagh. Seine größte Freude ist die Chemie. Er hat im Haus seiner Schwester ein ausgezeichnetes Labor und mehrere Diener (oder Lehrlinge), die ihm helfen. Klugen Männern gegenüber erweist er sich als großzügig. Chemiker aus anderen Ländern durften sich schon mehrfach dieser Gabe erfreuen, weil er keine Kosten scheut, um einer neuen Entdeckung habhaft zu werden. So ließ er auf eigene Kosten das Neue Testament ins Arabische übersetzen, um es in den muslimischen Ländern zu verbreiten. Er stand nicht nur in England in hohem Ansehen, sondern auch im Ausland. Wenn Fremde kamen, sah man gerne ‚auf einen Besuch‘ bei ihm vorbei."

John Aubrey, *Brief Lives*

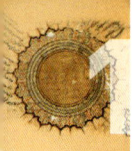

„Es gibt also Kräfte in der Natur, die in der Lage sind, durch sehr starke Anziehung die Teilchen eines Körpers zusammen-zuhalten. Und es ist die Aufgabe der experimentellen Naturphilosophie, sie offenzulegen. Vermutlich halten die kleinsten Teilchen am stärksten zusam-men und bilden größere Teilchen von schwächerer Anziehung, die sich wieder zu größeren Teilchen von noch schwä-cherem Zusammenhalt finden. Das geht so über mehrere Abfolgen weiter, bis es schließlich in den großen Teilchen endet, von denen das chemische Verhalten oder die Farbe natürlicher Körper abhängen. Diese zusammen erst formen Körper einer wahrnehmbaren Größe. Ist der Körper kompakt und biegt sich oder gibt auf Druck nach, ohne dass seine Teile auseinanderstreben, dann ist er hart und elastisch und kehrt nach Verformung ohne Ausübung weiterer Kräfte in seine Form zurück, allein durch die wechselseitige Anziehung seiner Teile. Wenn die Teilchen übereinander hinweggleiten, dann ist der Körper weich und knetbar. Sind die Teilchen so beschaffen, dass sie durch Hitze angeregt werden können und ist die Hitze groß genug, um sie in der Anregung zu halten, dann ist der Körper flüssig …"
Isaac Newton, Anmerkungen zur zwei-ten Ausgabe von *Opticks*, London 1718

Gegenstandes und schloss daraus, dass die Eisenteilchen in Körnerform vorliegen mussten und dass der Zusammenhalt in-nerhalb der Körner größer sei als der zwi-schen ihnen. Dass diese „Körnchen" in Wirklichkeit kristalline Strukturen wa-ren, entging ihm jedoch. Mikroskope hät-ten darüber Aufschluss geben können, doch sie fanden erst in der zweiten Hälfte des 17. Jahrhunderts weitere Verbreitung und selbst dann wurden sie eher für biolo-gische Studien eingesetzt. Und die Form von Atomen oder Molekülen hätten die Mikroskope jener Zeit ohnehin nicht ent-hüllen können.

Der Kartesianer Jacques Rohault (1618–1672) stellte 1671 die These auf, dass elastisches Material aus extrem komple-xen Teilchen bestehe, die ineinander ver-flochten seien. Spröde Materialien hinge-gen bestünden aus einfach strukturierten Teilchen, die nur an wenigen Punkten miteinander in Kontakt stünden. 1722 kam der französische Denker René An-toine Ferchault de Réaumur (1683–1757) dahinter, dass Stahl keineswegs beson-ders reines Eisen ist, sondern Eisen, dem „Schwefel und Salze" hinzugefügt worden ist. Seine Härte komme daher, dass diese Partikel sich zwischen die Eisenschichten einlagerten.

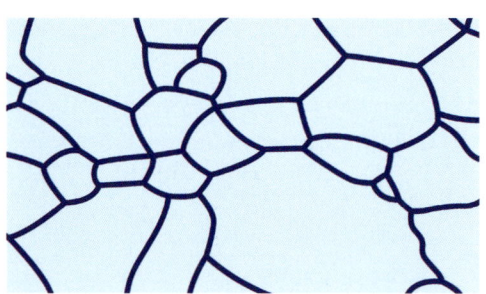

Über die Mikrostruktur von Stahl konnten die Wissenschaftler des 17. Jahrhunderts nur Vermutungen anstellen. Elektronenmikroskope standen ihnen noch nicht zur Verfügung.

Andere Physiker brachten ebenfalls Theorien für die Beschaffenheit bestimmter Stoffe hervor. Nicolas Hartsoeker (1656–1725) zum Beispiel behauptete 1696, dass Luft aus hohlen Bällen bestehe, die wie Drahtringe angeordnet seien. Quecksilberchlorid sei ein Quecksilberball, in dem Nadeln aus Salzen und Kupfervitriol steckten. Eisenpartikel hingegen sollten Zähne haben, die sich ineinander verbissen, da es beim Erkalten sehr hart wird. Im heißen Zustand hingegen sei es bearbeitbar, so Hartsoeker, weil die Partikel voneinander losließen und so übereinander gleiten könnten. Die Struktur der Materie zu erkunden war das große wissenschaftliche Spiel jener Zeit. Hartsoeker forderte seine Leser gar auf, es ihm gleichzutun: „Ich möchte den geneigten Leser nicht des Vergnügens berauben, sich selbst auf die Suche nach den Prinzipien zu machen, die ich oben dargelegt habe."

Zeitgenössische Darstellung der Eisenschmelze, wie sie Descartes bekannt gewesen sein muss.

— Atome und Elemente ——

Robert Boyle hatte ganz recht, als er die Chemiker der Welt aufforderte, weiter nach Elementen zu forschen, da es mehr gebe als vier. Doch es sollte noch lange

> „Seele der Welt, inspiriert durch Dich fanden die einzelnen Samen der Materie sich.
> Gebunden hast Du die Atome verstreut' wie es das Gesetz der Proportionen gebeut.
> Damit aus tausend Teilen uns nun ein Ganzes erfreut."
> Nicholas Brady, *Ode an die Heilige Cäcilie*, ca. 1691

dauern, bis das Periodensystem der Elemente aufgestellt wurde. Antoine Lavoisier veröffentlichte die erste Abhandlung über moderne Chemie im Jahr 1789 und führte dort 33 Elemente auf – Stoffe also, die nicht in andere Stoffe zerlegt werden konnten. Lavoisier zählte zu seinen Elementen auch das Licht und die Wärme. Denn die Wärme, so meinte er, sei ein Fluidum, das durch seine Bewegung Hitze und Kälte hervorruft (*siehe* ▸ Seite 89). Andererseits glaubte Lavoisier nicht, dass seine Elementetafel vollständig sei. Außerdem ordnete er sie nicht in ein Periodensystem ein. Das tat erst der russische Chemiker Dimitri Mendelejew (1834–1907), der diese Arbeit 1869 abschloss. Das Periodensystem ist für die Physik deshalb so wichtig, weil es die Elemente nach ihren chemischen Eigenschaften ordnet, vor

ANTOINE-LAURENT DE LAVOISIER (1743–1794)

Antoine Lavoisier (wie er nach der Französischen Revolution genannt wurde, als Adelstitel nicht gern gesehen waren) war der Sohn eines reichen Juristen und hatte ursprünglich im Eigenstudium ebenfalls die Rechte studiert. Erst später wandte er sich den Naturwissenschaften zu, zuerst der Geologie, später der Chemie. Er richtete sich ein eigenes Laboratorium ein und bald wurde sein Haus Treffpunkt für Freidenker und Wissenschaftler.

Lavoisier wird als Vater der modernen Chemie bezeichnet. Seine Leistungen sind mehr als beeindruckend: Er hat die Elemente systematisiert, die Rolle des Sauerstoffs bei der Verbrennung und Atmung richtig erkannt und festgestellt, dass beide Prozesse chemisch ähnlich sind. Damit war die brandheiße Theorie vom Phlogiston als hypothetischem „Brennstoff" vom Tisch (*siehe* ▸▸ Seite 86).

Politisch stand Lavoisier auf Seiten der Liberalen. Er unterstützte die Ideale der

Antoine Lavoisier, der erste wahre Chemiker

französischen Revolution und setzte sich für eine Wirtschaftsreform ein, die die Lebensbedingungen der armen Bevölkerung verbessern sollte. Außerdem bemühte er sich um eine Verbesserung der Zustände in Krankenhäusern und Gefängnissen. Dennoch starb er 1794, auf dem Höhepunkt des Terrors, unter der Guillotine. Überliefert ist, dass er um Aufschub der Hinrichtung bat, damit er ein bestimmtes Experiment zu Ende führen könne, doch man antwortete ihm, die Republik brauche keine Wissenschaftler. Außerdem soll er einen seiner Diener gebeten haben, doch nachzuzählen, wie oft sein vom Körper getrennter Kopf noch blinzelte – doch dies gehört vermutlich in den Bereich der Legende.

allem nach ihrer Valenz, also ihren Bindungseigenschaften.

Als Empirist behauptete Lavoisier von sich, er habe „versucht, durch Verknüpfung von Fakten zur Wahrheit zu gelangen, dabei den Gebrauch der Vernunft weitmöglichst einzuschränken, da diese häufig ein unzuverlässiges Instrument ist, das uns täuscht. Mein Ziel war es, die Flamme der Beobachtung und des Experiments hochzuhalten." Ein weiterer wichtiger Beitrag zur Geschichte der Naturwissenschaften war seine Formulierung des Massen-

erhaltungssatzes: die Erkenntnis, dass bei einer chemischen Reaktion Masse nie zu- oder abnimmt. Trotz seiner Elementetafel aber glaubte Lavoisier nicht an die Existenz von Atomen, die er philosophisch für unmöglich hielt.

Alles in Proportion

Atome sind schon mal ein guter Anfang, doch um von der Existenz von Atomen auf den Aufbau der Materie zu kommen, die von größerer Vielfalt ist als die Elemente Lavoisiers, braucht es Theorien über den

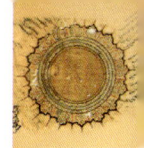

Zusammenhalt der Atome untereinander. Genau damit beschäftigten sich nun die neueren Atomtheorien. Isaac Newton beschrieb zum Beispiel „Wirkkräfte der Natur", die Atome zusammenhalten konnten.

Der erste Schritt zur Aufdeckung der Bindungen war die Feststellung, in welchem Verhältnis die einzelnen Stoffe in Verbindungen zueinander standen. Der französische Chemiker Joseph Proust (1754–1826) jedenfalls ging davon aus, dass die einzelnen Elemente in den Stoffen immer in einem bestimmten Verhältnis zueinander stünden. Dies leitete er aus Experimenten ab, die er zwischen 1798 und 1804 als Direktor der Königlichen Laboratorien in Madrid durchführte. Das von ihm formulierte Gesetz der konstanten Proportionen besagt, dass die Elemente in einer chemischen Verbindung immer im selben Massenverhältnis zueinander stehen.

Einige Jahre, nachdem Lavoisier der Guillotine zum Opfer gefallen war, entwickelte der englische Chemiker John Dalton (1766–1844) diese Idee weiter und legte damit den Grundstein für die moderne Atomtheorie. 1803 entwickelte er seine Ideen, die er 1808 in *A New System of Chemical Philosophy* veröffentlichte:

- Alle Elemente bestehen aus Atomen.
- Alle Atome eines bestimmten Elements sind gleich aufgebaut.
- Atome eines Elements unterscheiden sich von denen eines anderen Elements durch ihr Atomgewicht.
- Atome können durch chemische Prozesse nicht geschaffen, zerstört oder geteilt werden.

> *„Es dauert nur einen Moment, einen Kopf abzuschlagen, doch ein Jahrhundert, bis es einen solchen wie ihn wieder gibt."*
> Der Mathematiker Joseph-Louis Lagrange über die Hinrichtung von Lavoisier, 1794

- Atome eines Elements können sich mit Atomen anderer Elemente verbinden und eine chemische Verbindung erzeugen. Eine bestimmte Verbindung enthält immer dieselben Elemente im selben Masseverhältnis.

Dalton formulierte außerdem das Gesetz der multiplen Proportionen. Statt nur Verbindungen aus zwei Elementen zu untersuchen, erforschte er Elemente, die verschiedene Verbindungen eingehen können. So entdeckte er, dass die Massenverhältnisse der Elemente in allen chemischen Verbindungen ganzzahlig sind. Kohlenstoff und Sauerstoff können

Otto von Guericke mit seinen Halbkugeln, die die Existenz des Vakuums und des Luftdrucks bewiesen

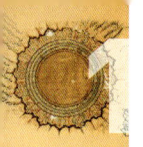

zum Beispiel Kohlenmonoxid (CO) oder Kohlendioxid (CO_2) bilden. Anhand des Atomgewichts findet man heraus, dass das Verhältnis der beiden Stoffe in Kohlenmonoxid 12:16 ist, in Kohlendioxid 12:32. Daher steht der Sauerstoff in Kohlenmonoxid zu dem in Kohlendioxid in einem Verhältnis von 1:2.

Aus dem Verhältnis der Massenanteile konnte man schließlich auf das Atomgewicht schließen. Dalton berechnete das Atomgewicht anhand der Masse jedes Elements in einer Verbindung. Seine Basiseinheit war dabei der Wasserstoff, dem er das Gewicht 1 zuwies. Allerdings folgerte er fälschlich, dass die Elemente in einfachen Verbindungen immer im Verhältnis 1:1 stünden. Wasser kategorisierte er daher als HO und nicht als H_2O. Aus diesem Grund wiesen seine Berechnungen der Atomgewichte einige entscheidende Fehler auf. Auch kam Dalton nicht dahinter, dass manche Elemente immer diatomisch sind – zum Beispiel der Sauerstoff, der grundsätzlich als O_2 vorliegt. Diese grundlegenden Irrtümer wurden 1811 korrigiert, als der italienische Chemiker Amedeo Avogadro (1776–1856) feststellte, dass gleiche Volumina verschiedener Gase bei gleicher Temperatur und gleichem Druck dieselbe Anzahl von Teilchen enthalten. Diese Teilchenzahl lässt sich mit der Avogadro-Konstante angeben: $6,0221415 \times 10^{23}$ mol^{-1}. Da zwei Mol Wasserstoff mit einem Mol Sauerstoff sich zu 1 Mol Wasser verbinden, berechnete Avogadro, dass die Stoffe im Verhältnis 2:1 stehen müssten. Avogadro, dessen voller Name Lorenzo Romano Amedeo Carlo Bernadette Avogadro di Quaregna e Cerreto ist, gilt heute als der Vater der Atom- und Molekulartheorie.

Atome – Märchen oder Wirklichkeit?

Daltons Werk wirkt aus der Rückschau durchaus einleuchtend, die Wissenschaftler seiner Zeit aber ließen sich nicht so schnell überzeugen, und so bleiben die Physiker weiterhin in zwei Lager gespalten: die einen glaubten an die Existenz von Atomen, die anderen hielten sie für ein Hirngespinst. Glücklicherweise stieg mit der Erfindung der Dampfmaschine auch das Interesse an der Thermodynamik und am Verhalten von Gasen. Damit verbunden waren Forschungsarbeiten zu den Eigenschaften der Atome. Denn das Verhalten von heißen Gasen, das die Thermodynamik studiert, konnte sich unter Umständen mit Hilfe der Atomtheorie erklären lassen.

Den ersten sichtbaren Beweis, dass die Stoffe aus kleinsten Teilchen bestehen, erbrachte 1827 der schottische Botaniker Robert Brown (1773–1858), auch wenn er seine Befunde zunächst nicht in dieser Form interpretierte. Während er winzige Pollenkörner in Wasser unter dem Mikroskop untersuchte, bemerkte er, dass diese sich ständig bewegten, als würde etwas an sie anstoßen. Dasselbe geschah mit Pollenkörnern, die gut 100 Jahre alt waren. Damit war zunächst der Beweis erbracht, dass für die Bewegung nicht die „Lebenskraft" des frischen Pollens verantwortlich war. Brown konnte seine Beobachtung nicht erklären, daher interessierte sich zunächst niemand für die nach ihm benannte „Brownsche Bewegung". 1877 schrieb J. Desaulx: „Meiner Ansicht nach ist das Phänomen das Resultat thermischer Molekularbewegungen in der flüssigen Umgebung (der Partikel)." Der französische Physiker Louis Georges Gouy (1854–1926)

ATOME: EINE SACHE AUF LEBEN UND TOD

Im 19. Jahrhundert wurde lebhaft darüber gestritten, ob Atome existierten oder nicht. Manche Physiker nahmen an, dass Atome nur ein nützliches theoretisches Konstrukt seien, es sie in Wirklichkeit aber nicht gäbe. Daraufhin machte sich der hypersensible österreichische Physiker und leidenschaftliche Atomverfechter Ludwig Boltzmann (1844–1906) daran, den Streitereien philosophisch ein Ende zu bereiten. Er übernahm von dem deutschen Physiker Heinrich Hertz (1857–1894) den Begriff des „Bildes". Nach seiner Ansicht sollten Atomisten das Atom als real betrachten, während Anti-Atomisten damit umgehen sollten wie mit den Darstellungen auf einem Bild.

Doch damit war nun keine der beiden Seiten zufrieden. Boltzmann entwickelte sich als Verfechter der Atomtheorie immer mehr zum Philosophen. Bei einer Physiker-Konferenz 1904 in St. Louis war er als Verfechter der Atomtheorie nicht einmal eingeladen. 1905 begann er einen Briefwechsel mit dem deutschen Philosophen Franz Brentano (1838–1917), der beweisen sollte, dass die Philosophie in der Physik nichts zu suchen hatte. (Eine Meinung, die der britische Astrophysiker Stephen Hawking im Übrigen teilt.) Die Enttäuschung über die mehrheitliche Ablehnung der Atomtheorie seitens der Physiker führte 1906 möglicherweise zu seinem Selbstmord.

Ludwig Boltzmann

fand 1889 heraus, dass die Bewegung umso intensiver war, je kleiner die Teilchen waren. Das passte zur Hypothese von Desaulx. Der österreichische Geophysiker Felix Maria Exner (1876–1930) führte 1900 unter genauer Feststellung von Teilchengröße und Temperatur Messungen durch. Daraus konstruierte Einstein 1905 ein mathematisches Modell, das die Brownsche Bewegung erklärte. Einstein war sicher, dass die Bewegung auf die Moleküle zurückging, und gelangte so zur ersten Schätzung über die mögliche Größe von Molekülen. Diese Theorie wurde 1908 von dem französischen Physiker Jean Perrin (1870–1942) bestätigt, der mit Einsteins Modell die Größe des Wassermoleküls feststellte. Dies war der erste experimentelle Beweis für die Existenz von Molekülen, für den Perrin 1926 den Nobelpreis für Physik erhielt. Nun konnte die Existenz von Atomen und Molekülen nicht mehr geleugnet werden.

— Sind Atome teilbar? —

Wenn wir uns Demokrits Definition zu eigen machen, derzufolge Atome „unteilbar" sind, dann sind das, was wir als Atome kennen, streng genommen keine „Atome". Denn während Einstein und Perrin sich noch bemühten, die Existenz des Atoms zu beweisen, tauchten bereits erste Belege für die Existenz kleinerer – subatomarer – Teilchen auf. 1897 entdeckte der britische Physiker J. J. Thomson das Elektron und damit war die Unteilbarkeit des Atoms infrage gestellt. Es durfte sich tatsächlich nur wenige Jahre seines Ruhms als kleinster Baustein der Materie erfreuen. Doch bevor wir uns nun dem Aufbau von Atomen zuwenden, wollen wir noch andere Phänomene untersuchen, die scheinbar ebenfalls nicht aus „Bausteinen" bestehen: Licht, Kräfte, Felder und Energie.

KAPITEL 2

OPTIK – DAS LICHT
an der Arbeit

Der Mensch nutzt das Licht von Sonne, Mond und Sternen. Er nutzt das offene Feuer und erfand später die Lampen. Das Licht ist so wesentlich für unser Dasein, dass sich damit häufig religiöse, ja abergläubische Vorstellungen verbinden, weil es als lebensspendende, schöpferische Kraft gilt. Licht hat also in unserer Geschichte stets eine bedeutende Rolle gespielt. Die Menschen haben es als Gottheit betrachtet, als Element, als Teilchen, als Welle und schließlich als Zwittergeschöpf aus beidem. Da das Licht und der Sehsinn eng zusammenhängen, hat man in der Optik lange Zeit beides studiert. Erst vor etwa 100 Jahren entdeckte die Wissenschaft, dass sichtbares Licht nur ein kleiner Ausschnitt aus dem gesamten Spektrum der elektromagnetischen Strahlung ist.

Die Entdeckung, dass weißes Licht sich in verschiedene Spektralfarben zerlegen lässt, war ein Durchbruch in der Optik.

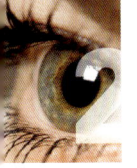

Ein erster Blick

Die Ersten, die sich über die Natur des Lichts Gedanken machten, waren die Inder im 5. und 6. Jahrhundert v. Chr. In der Samkhya-Schule galt Licht als eines der fünf feinstofflichen Elemente, aus denen die grobstofflichen Elemente bestehen. In der Vaisheshika-Schule, die die Existenz kleinster Teilchen bejahte, galt Licht als Strom sich schnell bewegender Feueratome – womit wir beim Vorläufer der modernen Photonen wären. Das *Vishnu Purana*, ein hinduistischer Text aus dem 1. Jahrhundert v.Chr., spricht vom Sonnenlicht als „den sieben Strahlen der Sonne".

Doch Licht und Sehvermögen waren für die antiken Gelehrten eins. Pythagoras meinte im 6. Jahrhundert v. Chr., dass Lichtstrahlen wie Fühler vom Auge ausgingen. Wenn diese ein Objekt berührten, könnten wir dieses sehen. Man nennt diese Vorstellung das „Emissionsmodell". Platon glaubte ebenfalls, dass Sehen durch vom Auge ausgehende Sehstrahlen ermöglicht werde. Empedokles im 5.Jahrhundert v.Chr. sprach vom „Feuer, das aus den Augen scheine". Doch die Vorstellung von der Fackel in unseren Augen erklärte nicht, warum wir auch im Dunkeln sehen

> „Licht und Hitze von der Sonne bestehen aus winzigen Atomen, die, wenn sie losgelassen werden, ohne Zeitverlust direkt durch den Luftraum schießen, und zwar in der Richtung, in die sie beim Loslassen gelenkt werden."
> Lukrez, *De rerum natura*, 55 n. Chr.

Titelseite von De rerum natura *(Über die Natur) von Lukrez*

konnten. Also kam Empedokles auf die Idee, dass die Augenstrahlen auf irgendeine Weise mit Licht aus einer anderen Quelle wie der Sonne oder einer Öllampe interagierten.

Das früheste überlieferte Werk über die Optik stammt von dem griechischen Denker Euklid (330 – 270 v. Chr.), der auch das Emissionsmodell vertrat. Euklid ist uns zwar besser bekannt als Mathematiker, doch er studierte auch optische Geometrie und beschäftigte sich mit der Perspektive. Er setzte die Größe

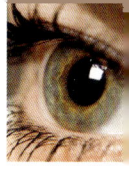

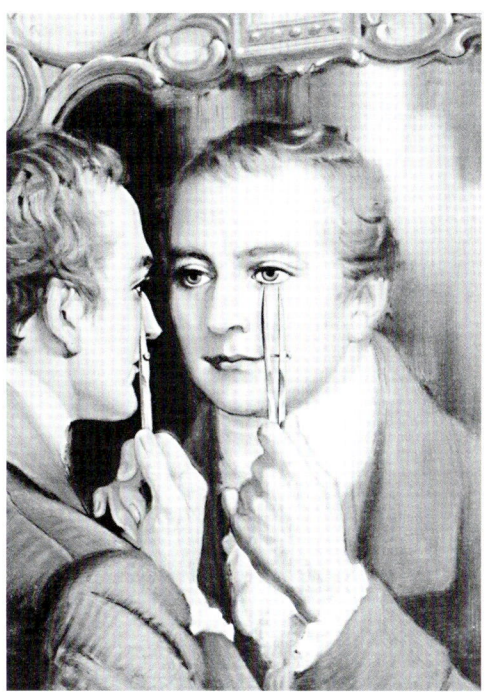

Der Einfallswinkel ist gleich dem Austrittswinkel. Thomas Youngs Spiegelbild erscheint so weit von der Spiegeloberfläche entfernt wie er vom Spiegel.

Spiel mit Licht

Als das klassische Griechenland seinen kulturellen Einfluss verlor, gerieten auch die ersten Ansätze naturwissenschaftlicher Forschung in Vergessenheit. Die wenigen bedeutenden griechischen Denker zogen nach Alexandria ins römische Ägypten. Dort führte der griechische Astronom Claudius Ptolemäus (ca. 90–168) Experimente mit Licht durch. Er fand heraus, dass Lichtstrahlen in einem bestimmten Winkel gebrochen werden, wenn sie in ein dichteres Medium eintreten (zum Beispiel beim Übergang von Luft in Wasser).

Obwohl auch Ptolemäus ein Anhänger des Emissionsmodells war, nahm er doch an, dass der Sehstrahl sich genauso verhielt wie ein normaler Lichtstrahl, der zum Auge unterwegs ist. Auf diese Weise wurden erstmalig beide Theorien verknüpft. Doch es sollte noch viele Jahrhunderte dauern, bis die Wissenschaft dahinterkam, dass das Auge beim Sehen nicht aktiv nach außen „greift" oder „strahlt". Dieser

eines wahrgenommenen Objekts zu seiner Entfernung vom Auge in Beziehung und stellte das Reflexionsgesetz auf: Wenn Licht auf einer Fläche reflektiert wird, entspricht der Einfallswinkel dem Reflexionswinkel, sodass das reflektierte Bild so weit hinter dem Spiegel zu sein scheint, wie das Objekt vor ihm steht.

Etwa 300 Jahre später belegte ein anderer kreativer Mathematiker namens Heron von Alexandria (ca. 10–70 n. Chr.), dass Licht immer den kürzestmöglichen Weg nimmt, wenn es durch ein und dasselbe Medium geht. Das Licht, das von flachen Spiegeln reflektiert wird, macht da keine Ausnahme. Auch er bewies, dass der Einfallswinkel stets gleich dem Austrittswinkel ist.

Euklid, der griechische Mathematiker

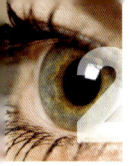

Die Lichtbrechung ist dafür verantwortlich, dass ein Objekt, das halb im Wasser steht, an der Wasseroberfläche als geknickt erscheint.

> „Der Sucher nach Wahrheit ist nicht der, der die Schriften der Altvorderen studiert und sein Vertrauen in sie setzt. Nur der wird die Wahrheit finden, der seinem Glauben misstraut und infrage stellt, was sie sagen, um sich dann selbst dem Zweifel zu stellen und Beweise zu liefern."
>
> Ibn al-Haytham

Schritt wurde erst 1025 von dem arabischen Gelehrten Abu Ali al-Hasan ibn al-Haytham vollzogen, den man in Europa als Alhazen kennt. Sein Werk wurde unter dem Titel *De aspectibus* (Über die Perspektive) ins Lateinische übersetzt und beeinflusste das Denken über Optik im mittelalterlichen Europa.

Ibn al-Haytham

Al-Haytham baute auf die Arbeit von al-Kindi (ca. 800 – 870) auf und ging davon aus, dass die Strahlen, die uns Licht und Farbe kommunizieren, aus der äußeren Welt ins Auge gelangten. Er beschrieb die Struktur des Auges, die Funktionsweise von Linsen und baute Parabolspiegel. Außerdem stellte er Lesesteine aus Glas her und gilt damit als Erfinder der Lupe. Al-Haytham ging davon aus, dass die Lichtgeschwindigkeit begrenzt sein musste. Erst ein anderer arabischer Gelehrter, Abu Rayhan al-Biruni (973 – 1048) entdeckte, dass das Licht sehr viel schneller ist als der Schall.

Al-Haythams Arbeit wurde weitergeführt von Qutb al-Din al-Shirazi (1236 – 1311) und seinem Schüler Kamal al-Din al-Farisi (1267 – 1319). Die beiden erklärten die Entstehung des Regenbogens durch die Aufspaltung des Sonnenlichts in seine Spektralstrahlen. Etwa um dieselbe Zeit konnte der deutsche Professor Dietrich von Freiberg (1250 – 1310) zeigen, dass ein Sonnenstrahl, wenn er durch ein mit Wasser gefülltes Kugelglas gelenkt wird, zweimal gebrochen wird und einen Regenbogen bildet – beim Eintritt ins und beim Austritt aus dem Wasser. Er gab den Winkel des Regenbogens korrekt mit 42 Grad an. Den Grund für den zweiten „Regenbogen" aber fand er nicht. Dies blieb René Descartes vorbehalten, der entdeckte, dass das Wasser in der Flasche den Lichtstrahl noch einmal bricht.

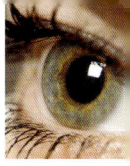

Das Licht Gottes

Die Schriften der arabischen Forscher wurden ins Lateinische übersetzt und von europäischen Wissenschaftlern aufgenommen. Dazu gehörte zum Beispiel Richard Grosseteste (ca. 1175–1253) und später Roger Bacon (ca. 1214–1294). Zu einer Zeit, als die Autorität Platons allmählich gebrochen wurde, führte Grosseteste erste eigene Versuche durch. Da er Bischof war, nahm er Gottes Erschaffung des Lichts in der Genesis zum Ausgangspunkt: „Und es werde Licht." Er sah die Schöpfung als physikalischen Prozess, bei dem Lichtkreise sich ausdehnten und zusammenzogen. Licht sei, so meinte er, selbsterzeugend,

Ein Regenbogen entsteht durch Lichtbrechung und -reflexion in winzigen Wassertröpfchen.

IBN AL-HAYTHAM (965–1040)

Ibn al-Haytham kam in Basra zur Welt, das damals zum persischen Reich gehörte. Er studierte Theologie und versuchte, die Differenzen zwischen den Sunna- und Schia-Schulen des Islam beizulegen. Da ihm dies nicht gelang, wandte

Eine Camera obscura

er sich enttäuscht der Mathematik und Optik zu. Seine optischen Forschungsarbeiten führte er in den zehn Jahren durch, als er in Kairo im Gefängnis saß. Man hatte ihn für verrückt erklärt. Vermutlich hatte er seine Geistesstörung vorgetäuscht, nachdem eines seiner Projekte, den Nil zu stauen, fehlgeschlagen war. Um seine These, wonach Licht in Luft nicht gebrochen werde, zu belegen, baute er die erste *Camera obscura* – mit der man Objekte nachzeichnen konnte. Er war der festen Überzeugung, dass wissenschaftliche Theorien durch Experimente bestätigt werden müssten, und machte sich daher auch um die wissenschaftliche Methode verdient.

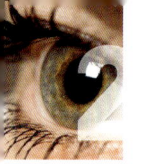

da jeder Lichtpunkt einen Schein werfe. Seine eher metaphysische Arbeit ist originell, weil er als erster westlicher Denker mehrdimensionale Unendlichkeit für vorstellbar hält: „Die Summe aller Zahlen, ob gerade oder ungerade, ist unendlich. Daher ist sie größer als die Summe aller geraden Zahlen, obwohl auch diese unendlich ist. Denn sie übersteigt diese unendliche Zahl um die Summe aller ungeraden Zahlen."

Roger Bacon, der von der Universität von Oxford nach Paris ging, studierte zwischen 1247 und 1267 den Großteil der griechischen und arabischen Arbeiten über Optik, bevor er sein eigenes Werk dazu verfasste. Er entwickelte ein Forschungsprogramm, das wissenschaftliche Ansätze enthielt, die zu jener Zeit nicht an der Universität gelehrt wurden. Auch experimentell trug er einiges zur Entwicklung der Optik bei. Bacon war der Auffassung, dass Wissen die Theologie stützen könne, doch die Autorität der römisch-katholischen Kirche behinderte die wissenschaftliche Entwicklung viele Jahrhunderte lang, denn wer in seiner Weltsicht vom Wortlaut der Bibel abwich, galt als Ketzer.

ARISTOTELES – VEREHRT UND VERTEUFELT

Die Kirche war zunächst gar nicht begeistert, dass Europa den großen Forscher in lateinischer Übersetzung wiederentdeckte. Aristoteles' *Libri naturales* (Bücher von der Natur) wurden 1210 von der Universität von Paris verdammt und 1215 sowie 1231 erneut auf den Index der verbotenen Schriften gesetzt. Trotzdem war ab 1230 der Großteil der aristotelischen Werke in Latein verfügbar. Da gab die einflussreiche Universität von Paris schließlich ihren Widerstand auf. 1255 galt Aristoteles wieder als Autorität, die zu studieren war. Roger Bacon, der zu jener Zeit an der Universität von Paris tätig war, erlebte mit, wie die Pariser Studenten sich auf das Werk des großen Griechen stürzten.

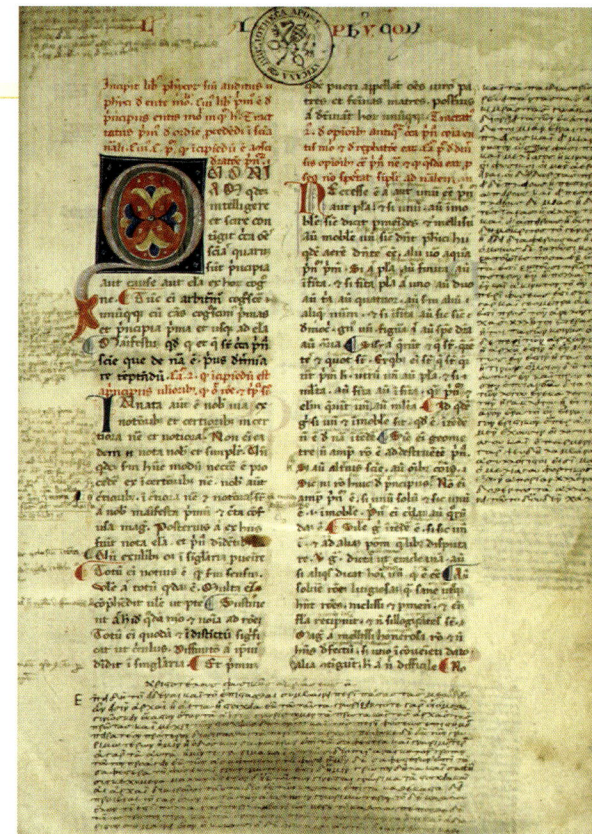

Mittelalterliche Abschrift von Aristoteles' Physica

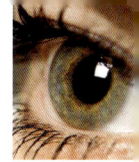

Aus dem Dunkel ans Licht

Erst in der Renaissance entstanden in Europa wieder bahnbrechende Arbeiten zur Optik. Hier stoßen wir auf Namen wie Nikolaus Kopernikus (1473–1543), Galileo Galilei (1564–1642), Johannes Kepler (1571–1630) und Isaac Newton (1642–1727). Diese klugen Köpfe widerlegten das aristotelische Modell des Universums, das die Erde als Mittelpunkt des Alls sah. Gleichzeitig erforschten sie die Grundlagen der Mechanik und der Optik, die für Jahrhunderte das Fundament der Physik bilden sollten. Kepler und Newton waren vermutlich die bedeutendsten Wissenschaftler jener Zeit.

Kepler war ein deutscher Mathematiker und Astronom, der glaubte, Gott habe das Universum nach einem intelligenten Plan geschaffen und es sei Aufgabe des Menschen, diesen durch Beobachtung und Vernunft zu entziffern. Kepler entwickelte eine Technik, mit der sich Lichtstrahlen genau verfolgen ließen. Aus seinen Studien folgerte er, dass das menschliche Auge sein Abbild von der Welt durch Brechung der Lichtstrahlen gewinnt, die auf die Pupille auftreffen. Das Bild werde sodann auf die Netzhaut projiziert. Somit hatte er auch eine Erklärung dafür gefunden, wie Lupen bzw. Brillen funktionieren, die man zwar seit mehr als 300 Jahren verwendete, doch ohne eine Erklärung für ihre Wirkung zu haben. Als nach 1608 das Fernrohr in Gebrauch kam, erläuterte er mit seiner Strahlentheorie auch die Funktionsweise

Ungarische Briefmarken zu Ehren Keplers und seines Beitrags zur Astronomie

GALILEIS FERNROHR

Galilei war in Venedig, als er von der Entwicklung des Fernrohrs hörte. Ein durchreisender Holländer wollte das Instrument an den Senat der reichen Stadt verkaufen. Da er den Holländer unbedingt übertrumpfen wollte, baute Galilei innerhalb von 24 Stunden ein Fernrohr. Statt zwei konkaver Linsen, die ein auf dem Kopf stehendes Bild ergaben, verwendete er eine konkave und eine konvexe, die ein seiten- und kopfrichtiges Bild lieferten. Das überzeugte den Senat, das holländische Fernrohr nicht zu kaufen. Daraufhin baute Galilei ein noch besseres Instrument, das der Doge von Venedig erwarb. Zum Dank erhielt Galilei eine Professur an der renommierten Universität von Padua.

Galilei präsentiert dem Dogen Leonardo Donato 1609 das von ihm konstruierte Fernrohr.

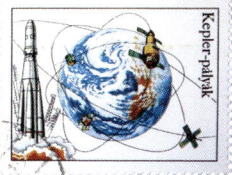

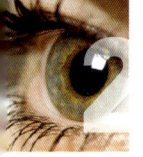
dieses Instruments. 1603 veröffentlichte Kepler seine Arbeiten zur Optik, fast vierzig Jahre, bevor Isaac Newton zur Welt kam. Obwohl das erste Fernrohr zur Beobachtung des Sternenhimmels etwa 1550 von Leonard Digges in England gebaut wurde (siehe Seite 159), geht das Verständnis seiner Funktion doch auf die Arbeit von Galileo Galilei zurück (*siehe* Seite 41).

Durch ein klares Glas

Optische Linsen brechen das Licht, daher gehören sie zu den wichtigsten optischen Instrumenten. Doch es gab sie schon, lange bevor man ihre Funktion erklären konnte. Das älteste gefundene Exemplar stammt aus Assyrien: die Nimrud-Linse ist etwa 3000 Jahre alt und besteht aus Bergkristall. Ähnliche Artefakte wurden

RENÉ DESCARTES

Descartes wurde in La Haye in Frankreich als Sohn eines lokalen Politikers geboren. Seine Mutter starb, als er erst ein Jahr alt war. Anfangs studierte er dem Wunsch seines Vaters folgend Rechtswissenschaften, doch schon bald wandte er sich der Mathematik, Philosophie und Naturwissenschaft zu. Sein Erbe ermöglichte ihm ausgiebige Studien, die ihn schließlich zum „Vater der modernen Wissenschaft" machten. Er entwickelte das kartesianische Koordinatensystem (*siehe* Seite 45), das der englische Philosoph John Stuart Mill (1806 – 1873) als größten Fortschritt in der Wissenschaft bezeichnete. Sein Beitrag zur Philosophie war ein zutiefst mechanistischer: Er sah das Universum als Maschine, die den physikalischen Naturgesetzen folgt.

Descartes liebte seine Bequem-

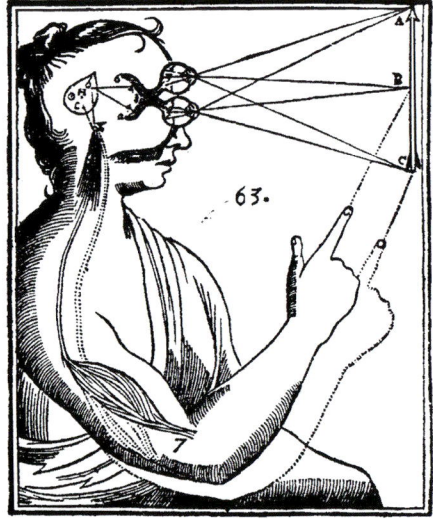

Descartes' Vorstellung vom Sehen: Lichtstrahlen treffen auf das Auge und werden in der Zirbeldrüse verarbeitet.

lichkeit und meinte, die besten Ideen kämen ihm morgens im Bett. Als Königin Christina von Schweden ihn als Hauslehrer an den Hof holte, bestand sie darauf, dass er seine Unterrichtsstunden um 5 Uhr morgens in der eiskalten Bibliothek hielt. Er holte sich eine Lungenentzündung und starb mit sechsundvierzig Jahren.

Die Nimrud-Linse, die in Kurdistan (im heutigen nördlichen Irak) entdeckt wurde

im antiken Babylonien, Ägypten und Griechenland verwendet. Man benutzte sie als Fernrohr oder bündelte damit die Sonnenstrahlen, um Brände zu legen. Die alten Griechen und Römer füllten gewölbte Gläser mit Wasser, um optische Linsen zu machen. Erst im Mittelalter wurde Glas entsprechend geschliffen.

Plinius der Ältere zum Beispiel berichtet, dass Nero die Spiele im Kolosseum durch einen geschliffenen Smaragd betrachtete. Ab dem 11. Jahrhundert gab es Lesesteine – konvex geschliffene Bergkristalle. 1280 gab es dann schon Brillen als Lesehilfen. Die Verfeinerung der Schleiftechniken führte zur Entwicklung des Mikroskops und des Fernrohrs im 16. und 17. Jahrhundert. Dadurch eröffneten sich der Wissenschaft ganz neue Welten, was wiederum zu einem Bedarf an Linsen von stetig ansteigender Qualität führte. Der holländische Mikroskop-Pionier Antonie van Leeuwenhoek zum Beispiel schliff seine Linsen selbst.

▬ Druck im Äther

Descartes beschrieb die Funktionsweise des Auges, wodurch auch weitere Verbesserungen an den Fernrohren und Mikroskopen möglich wurden. In anderer Hinsicht hingegen erwies der Neuerer sich als recht borniert. So konnte er mit dem Begriff der Leere überhaupt nichts anfangen. Der Philosoph Gassendi zum Beispiel, der annahm, dass Atome sich im leeren Raum bewegten, erklärte Licht als Strom von schnell fliegenden Partikeln. Da Descartes leeren Raum ablehnte, belebte er das Konzept des Äthers neu: Diesen sah er als eine Art Fluidum, das den Raum zwischen den Objekten füllt. Dieses Fluidum drücke auf die Augen, wodurch es zum Sehen komme. Die Sonne zum Beispiel drücke gegen das Fluidum, diese Bewegung setze sich ohne jede Verzögerung bis zum Auge fort, das dann die Sonne wahrnahm. Diese Theorie ist, wie wir heute wissen, falsch, doch sie schuf die Basis für die Arbeiten von Christiaan Huygens (*siehe* ▸▸ Seite 48) und Newton.

> „[Descartes] war zu klug, um sich mit einer Ehefrau zu belasten, doch da er natürlich die Wünsche und den Drang eines Mannes verspürte, hielt er sich eine hübsche, gesunde Frau, mit der er eine Handvoll Kinder hatte. Es ist schade, doch bei solch einem Vater sollten die Kinder besser erzogen werden. Er war so unglaublich gelehrt, dass Männer aus aller Welt zu ihm kamen, weil sie ihm ihre Instrumente zeigen wollten. (Damals waren Instrumente für die Mathematik ja noch von entscheidender Bedeutung.) Dann zog Descartes eine Schublade auf und zeigte ihnen einen Kompass, bei dem ein Zeiger abgebrochen war. Und als Lineal nahm er ein doppelt gefaltetes Blatt Papier."
>
> John Aubrey, *Brief Lives*

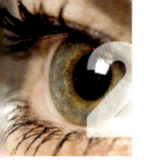

Isaac Newtons Werk revolutionierte unsere Vorstellung von Optik und Schwerkraft.

— Isaac Newton: der Herr des Lichts

Newton war vielleicht der größte Wissenschaftler, der je gelebt hat. Sein Werk blieb fast 400 Jahre lang die Basis für die moderne Physik. Am bekanntesten ist natürlich seine Entdeckung der Schwerkraft (_siehe_ ▸▸ Seite 74), doch auch in der Optik machte er bedeutende Entdeckungen.

Newton experimentierte mit Prismen und zerlegte weißes Licht in seine Spektralfarben, wobei es ihm gelang, aus den

„Ich nahm eine Ahle und steckte sie zwischen mein Auge und den Knochen. Dann trieb ich sie so weit nach hinten, wie ich konnte. Ich drückte mein Auge mit dem Ende der Ahle zusammen, um den Augapfel zu quetschen. Dabei erschienen mir mehrere weiße und farbige Kreise. Wenn ich mein Auge mit der Spitze der Ahle rieb, erschienen die Kreise greller, hielt ich die Ahle (und den Augapfel) hingegen still, erschienen die Kreise nur schwach und verschwanden manchmal ganz, bis ich die Ahle (und den Augapfel) wieder bewegte.

Machte ich das Experiment in einem hellen Raum, sodass Licht durch die Lider kam, selbst wenn ich die Augen geschlossen hielt, dann erschienen breite bläuliche Kreise ganz außen, darinnen aber ein weiterer Lichtfleck, dessen Farbe dem im Rest des Auges glich. Innerhalb dieses Flecks wiederum erschien ein weiterer blauer Punkt, vor allem wenn ich mit einer kleinen Ahle hart gegen den Augapfel drückte. Dann erschien um das Ganze ein leuchtender Kreis aus Licht."

Notizbuch von Isaac Newton,
CUL MS Add 3995

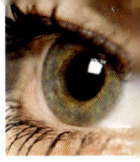

EINE FLIEGE MACHT GESCHICHTE

Descartes ersann das kartesianische Koordinatensystem, mit dessen Hilfe es möglich ist, die Lage eines Punktes festzulegen, indem man ihn an drei verschiedenen Achsen abträgt: x, y und z. Dieses System, so Descartes, sei ihm eingefallen, als im Bett lag und eine Fliege im Raum herumschwirren sah. Damals wurde ihm klar, dass er jede Position der Fliege bestimmen konnte, wenn er ihre Entfernung zu den zwei nächsten Wänden und entweder dem Boden oder der Decke angab. Damit waren die drei Dimensionen in ein Koordinatensystem gebannt. Daraus folgte, dass jede geometrische Form durch Zahlen (die Koordinaten) repräsentiert werden konnte. Eine Kurve wiederum konnte beschrieben werden, indem man eine Reihe von Punkten in dieses Koordinatensystem einzeichnete und die Beziehung der Punkte zueinander in einer Gleichung erfasste. Die Fliege machte also den algebraischen Ausdruck geometrischer Formen und umgekehrt möglich.

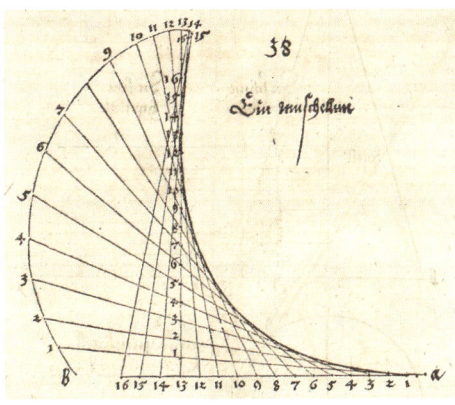

Die kartesianische Geometrie macht es möglich, eine Gleichung als Graphen darzustellen.

Bei schneller Rotation sind die einzelnen Farben der Newtonschen Farbscheibe nicht mehr zu unterscheiden und werden zu Weiß.

farbigen Strahlen wieder weißes Licht zu machen. So bewies er, dass das weiße Licht aus farbigem Licht bestand. Natürlich war dies keine neue Idee. Schon Aristoteles war davon ausgegangen, dass ein Regenbogen entstand, wenn Wolken das Licht zerlegten, eine Idee, die auch al-Haytham verfolgte. Zu Newtons Zeit aber hielt man Farbe für eine Art „Schatten" des Lichts. Descartes dachte, die Farbwirkung entstünde durch die Bewegung der Lichtpartikel. Newtons großer Rivale Robert Hooke glaubte, die Farbe würde dem Licht durch das Prisma hinzugefügt. Er versuchte ebenfalls, mit einem Prisma das Licht zu zerlegen, erhielt jedoch nur weiße Lichtstrahlen mit farbigen Streifen, da sein Prisma nicht gut genug geschliffen war.

Newton nahm die Optik ungeheuer ernst. Einmal soll er eine Ahle (eine

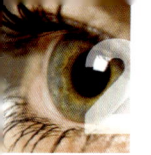

> *„Die Natur und ihre Gesetze lagen ver-*
> *borgen in tiefdunkler Nacht.*
> *Da sprach Gott: ‚Es werde Newton' –*
> *und hat uns Licht gebracht."*
>
> Alexander Pope, 1727

große Nadel) bis zum Anschlag in die Augenhöhle getrieben haben, ohne den Augapfel zu verletzen, weil er wissen wollte, wie die geänderte Form des Augapfels die Farbwahrnehmung beeinflusste. Durch seine Experimente wurde ihm klar, dass die Farbwirkung von Gegenständen davon abhängt, welche Spektralfarben reflektiert werden. Ein roter Mantel erscheint rot, weil er nur das rote Licht zurückwirft. Ein weißes Hemd hingegen reflektiert alle Spektralfarben. Darüber hinaus ordnete er den verschiedenen Farben des Lichts eigene Brechungseigenschaften zu.

Titelseite von Newtons Abhandlung über die Optik aus dem Jahr 1704

Hookes' *Micrographia*

Robert Hookes berühmtestes Werk sind die *Micrographia*, die er 1665 veröffentlichte. Sie zeigen sehr schön, dass die Entwicklung der Optik bald zu Fortschritten auf anderen Gebieten der Naturwissenschaften, vor allem in der Biologie und der Astronomie, führte. Hooke war zwar nicht der Erste, der mit dem

> *„Wenn ich weiter sehen konnte, so nur*
> *deshalb, weil ich auf den Schultern*
> *von Riesen stand."*
>
> Isaac Newton in einem öffentlichen Brief an seinen Rivalen Robert Hooke

Mikroskop forschte, doch er verbesserte sowohl das Mikroskop als auch das Fernrohr in technischer Hinsicht, sodass beide Geräte bald Usus wurden. Die *Micrographia* sind Zeichnungen von Objekten, organischen Materialien und Organismen unter dem Mikroskop. Die detaillierten Bilder – einige von ihnen wurden gar von Christopher Wren gezeichnet – machten die *Micrographia* zu einem der wichtigsten Bücher, die je veröffentlicht wurden.

Welle oder Teilchen?

Natürlich ist die Erkenntnis, dass weißes Licht aus verschiedenfarbigem Licht besteht, wichtig, doch wirft sie natürlich

unweigerlich die Frage
auf, woraus das farbi-
ge Licht dann besteht.
Schon in der altindischen
Literatur wurde die Frage
diskutiert, ob Licht nun
aus Teilchen bestehe oder
eine Art Welle sei. Der
Grieche Empedokles ver-
trat die Strahlentheorie,
der römische Naturfor-
scher Lukrez sprach von
kleinen Teilchen. Diese Debatte setzte sich über die Jahrhunderte hinweg fort. Hooke nahm eine
These Descartes' auf, nach der Licht eine Welle sei. Auch hier fand er in Newton

Illustration aus
Opticks, *die zeigt,
wie die Ahle die
Form des Augapfels
verändert*

einen Gegner, der von
Licht als „Korpuskeln"
sprach, wobei er sich auf
den Philosophen Gassendi
stützte. In Großbritannien
hatte Newton solchen Einfluss,
dass die Wellentheorie damit
auf Jahre hinaus diskreditiert war.
Da Newton ob seiner Arroganz in
Festlandeuropa deutlich weniger geschätzt wurde, wurde die Wellentheorie
dort weiter entwickelt. Newton war gegen die Wellentheorie, weil eine Longitudinalwelle (die in
Richtung ihrer Ausbrei-
tung schwingt) keine Po-
larisation aufweist.

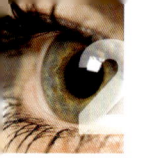

Die Transversalwelle (bei der die Schwingung im rechten Winkel zur Ausbreitungsrichtung verläuft) war damals noch nicht bekannt. Newton dachte auch,

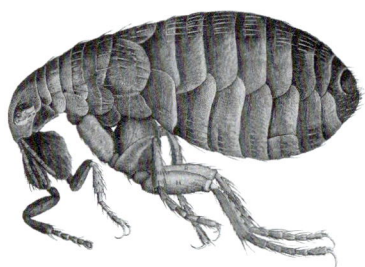

Zeichnung eines vergrößerten Flohs aus Hookes Micrographia

> „[Hooke] ist von höchstens mittlerer Statur, ein wenig gebeugter Gestalt und bleichem Antlitz. Er hat ein kleines Gesicht, aber einen großen Kopf, seine grauen Augen treten weit hervor, sein Blick ist stetig. Sein dünnes braunes Haar wellt sich stark. Er ist ein maßvoller Mensch, auch im Essen.
>
> So findig sein Kopf ist, so tugendhaft und gütig ist er. Da Sie nun wissen, dass er großen Einfallsreichtum besitzt, müsste Ihnen auch klar sein, dass sein Gedächtnis schlecht ist, denn die beiden sind wie zwei verbundene Eimer: Wo der eine voll ist, ist der andere meist leer. Sicher ist er der größte Experte für die Mechanik unserer Zeit. Dabei liebt er die Geometrie mehr als die Arithmetik. Er ist Junggeselle, und ich glaube, dass er niemals heiraten wird. Sein älterer Bruder hat eine hübsche Tochter hinterlassen, die Hooke beerben wird. Kurz gesagt (was ja das Wichtigste ist): Er ist ein Mensch von großer Sanftheit und Freundlichkeit.
>
> Mr. Robert Hooke hat die Pendeluhr erfunden, die so viel nützlicher ist als andere Uhren.
>
> Und er hat eine Rechenmaschine erfunden, die das Dividieren erleichtert oder das Finden des Divisors (Nenners)."
>
> John Aubrey, *Brief Lives*

dass der Äther das Licht trage, weil er davon ausging, dass es ein Medium brauche. Für seine Korpuskeltheorie war dies allerdings nicht zwingend nötig, da Teilchen sich auch im leeren Raum hätten ausbreiten können. Nichtsdestotrotz ging er davon aus, dass die Teilchen zwei Schwingungszustände kennen. Periodizität aber ist ein wesentlicher Pfeiler der Wellentheorie. Insofern könnte man sogar sagen, dass Newton die Quantenmechanik vorwegnahm (*siehe* ▸ Seite 116). Die Brechung des Lichts erklärte er zum Beispiel dadurch, dass die Lichtteilchen begrenzte Wellen erzeugten. Interessanterweise scheint auch er die Doppelnatur des Lichts erkannt zu haben, die die modernen Physiker beschäftigt.

Wellenfronten und Quanten

In Europa war es Christiaan Huygens (1629–1695), der die Wellenfronttheorie entwickelte. Seine Theorie des Lichts, die er 1678 vollendete, aber erst 1690 publizierte, beruhte auf seinen eigenen Experimenten. Wie Descartes, der im Elternhaus Huygens' ein regelmäßiger Gast war, hielt er Licht für eine Welle, die durch den Äther lief. Er sagte vorher, dass Licht in einem dichten Medium langsamer vorwärtskäme als in einem entsprechend dünneren. Damit sagte er gleichzeitig – anders

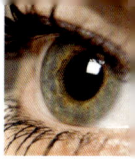

ROBERT HOOKE (1635 – 1703)

Hooke kam auf der Isle of Wight zur Welt, wo sein Vater Vikar in der Allerheiligenkirche von Freshwater war. Mit 13 Jahren, als sein Vater starb, kam Hooke an die Westminster School in London. Von dort aus ging er als Chorknabe ans Christ Church College in Oxford. Bald wurde er dort zum Assistenten des Chemikers Robert Boyle. 1660 ging er zurück nach London und wurde dort 1662 Gründungsmitglied der *Royal Society*. Als ihr erster Kurator war er beauftragt, jede Woche drei oder vier interessante Experimente durchzuführen. Er studierte intensiv die Welt durch die Linse seines Mikroskops und machte durch seine *Micrographia* (1665) erstmals deutlich, welche Wunder sich im Mikrokosmos verbergen. Er war es, der den Begriff der „Zelle" prägte. Als London 1666 beim Großen Brand halb zerstört war, gehörte Hooke zu den Männern, die den Wiederaufbau überwachten. Dieser Posten bescherte ihm ein enormes Einkommen. Außerdem baute er das *Bethlehem Royal Hospital* auf – die berühmt-berüchtigte Anstalt für Nervenkranke.

Als Erfinder war er ebenso rührig wie als Theoretiker. Er verbesserte die Luftpumpe, das Mikroskop, das Teleskop und das Barometer. Außerdem verwendete er als Erster Federn zum Bau von Uhren. Seine Ideen wurden häufig von anderen umgesetzt, sodass er selten den ihm zustehenden Ruhm erntete. 1679 schrieb er in einem Brief an Newton, dass die Schwerkraft vermutlich umgekehrt proportional zum Quadrat des Abstands vom Massezentrum sei. Dieses inverse Abstandsquadratgesetz wurde zum Grundpfeiler von Newtons Ideen, dieser aber verweigerte Hooke seinen Platz in der Geschichte.

Blick auf das verwüstete London nach dem Großen Brand von 1666

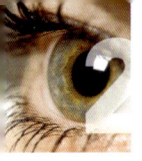

Huygens' Luft-Teleskop, bei dem die Objektivlinse und das Okular in ihren jeweiligen Rohren durch eine Saite miteinander verbunden sind

bewegten. Die Lichtwelle setze sich im dreidimensionalen Raum fort wie eine sphärische Welle. Am Rande einer erleuchteten Zone interferierten die kleineren Wellenformationen, sodass sie sich gegenseitig überlagerten. Stießen sie auf einen festen Körper, so würde ein Teil der kleineren Wellen verschluckt, während einige bestehen blieben und die komplexe Feinstruktur in der Dämmerzone zwischen Licht und Schatten schaffen. Die Wissenschaft ist sich bis heute nicht einig, ob Huygens einfach nur Glück hatte oder die richtigen Antworten aus den falschen Gründen fand.

Im Laufe des 19. Jahrhunderts arbeiteten Wissenschaftler in Europa an der Theorie, dass Licht eine Transversalwelle sei (die im rechten Winkel zur Ausbreitungsrichtung schwingt wie eine Schlange, die sich über den Boden windet). 1817 stellte der französische Physiker Augustin-Jean Fresnel (1788–1827) seine Wellentheorie des Lichts an der Académie des Sciences vor. 1821 konnte er zeigen, dass sich die Polarisation nur erklären ließ, wenn Licht aus Transversalwellen ohne longitudinale Schwingung bestünde. Damit war Newtons prinzipieller Einwand gegen Licht als Welle vom Tisch.

als Descartes –, dass die Lichtgeschwindigkeit nicht unendlich sei.

Huygens Wellenfronttheorie (Huygens-Prinzip) erklärt, wie Wellen sich entwickeln und verhalten, wenn sie auf Hindernisse treffen: Sie werden reflektiert, gebrochen oder abgelenkt. Seiner Vorstellung nach wurde jeder Punkt der Welle zum Ausgangspunkt kleinerer Wellen, die sich in alle Richtungen ausbreiteten. Im Falle des Lichts, das er als Impulsphänomen sah, würden wiederholt Wellen ausgesandt, die sich mit Lichtgeschwindigkeit

Christiaan Huygens

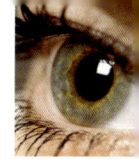

Thomas Young

komplexer wurden die Interferenzen. Das zeigt, dass Licht sich tatsächlich wie eine Welle verhält, in der kleinere Wellen sich überlagern und auslöschen bzw. verstärken. Youngs Ansicht nach waren die verschiedenen Farben des Lichts Resultat verschiedener Wellenlängen – ein erster Schritt hin zur Einsicht, dass Licht nur eine bestimmte Form elektromagnetischer Strahlung ist.

Götterdämmerung der elektromagnetischen Strahlen

Youngs Doppelspalt-Experiment

1801 führte Thomas Young ein Experiment durch, das ein für alle Mal zu beweisen schien, dass Licht eine Welle ist. Er ließ Licht durch eine Blende mit zwei Schlitzen fallen und stellte fest, dass sich dabei ein eigenartiges Brechungsmuster ergab, das die Überlagerung der aus den Schlitzen austretenden Lichtstrahlen zeigt. Je mehr Schlitze er in die Blende machte, desto

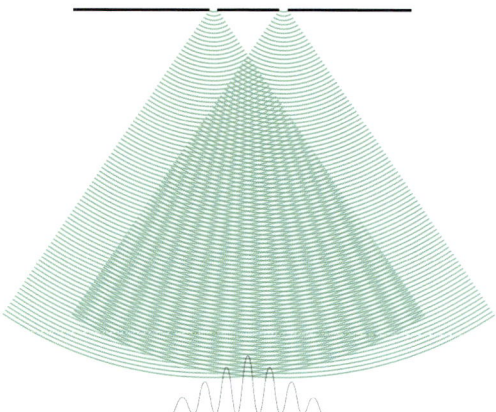

Interferenzmuster, wenn Licht durch zwei Schlitze geschickt wird: ein klarer Beleg für die Wellentheorie

James Clerk Maxwell (1831–1879) gelang als Erstem der Nachweis, dass elektromagnetische Strahlung aus Transversalwellen besteht, die Lichtgeschwindigkeit haben. Und dass die verschiedenen Formen elektromagnetischer Strahlung wie Licht- oder Radiowellen durch unterschiedliche Wellenlängen charakterisiert sind. Der englische Physiker Michael Faraday (1791–1867) hatte 1845 bewiesen, dass Licht und Elektromagnetismus eins sind, als er zeigte, dass die Polarisationsebene eines Lichtstrahls durch ein Magnetfeld beeinflusst wird (*siehe* ▸▸ Kasten Seite 105).

Allerdings nahm auch Maxwell an, dass es einen tragenden Äther gab, durch den sämtliche elektromagnetische Strahlung hindurch müsse. Dieser unterscheide sich von allen anderen Phänomenen dadurch, dass er ein Kontinuum sei – unendlich teilbar und nicht aus Teilchen bestehend wie gewöhnliche Materie. Diese Eigenschaft übertrug Maxwell auch auf die Strahlung. Dieser Irrtum wurde erst korrigiert, als Max Planck zeigte, dass Energie

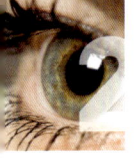

in winzigen, aber begrenzten Mengen ausgestrahlt wurde, die man heute Quanten nennt.

1905 belegte Albert Einstein in seiner Arbeit über den photoelektrischen Effekt (*siehe* ▸▸ Kasten rechts), dass Licht sich verhielt, als bestünde es aus Quanten, winzigen Energiepaketen, die man heute Photonen nennt. Er verwendete das Plancksche Wirkungsquantum, um das Verhältnis von Energie und Frequenz eines Photons zu errechnen und damit zwei elementare Eigenschaften in Beziehung zu setzen, die man vormals entweder nur Teilchen oder nur Wellen zuordnete.

Licht hat also eine Doppelnatur: Es verhält sich manchmal wie ein Teilchen und manchmal wie eine Welle. Wann es was tut, sagt uns die Quantenphysik (*siehe* ▸▸ Seite 117).

Das erste Farbfoto wurde 1861 von James Clerk Maxwell aufgenommen: ein buntes Band aus kariertem Schottenstoff.

James Clerk Maxwell

Das Ende des Äthers

Normalerweise verstehen wir unter einer Welle etwas, das sich durch ein Medium wie Luft oder Wasser bewegt. Dies nahm man auch für das Licht an: den Äther.

Das Ende des Äthers läuteten 1887 zwei amerikanische Physiker ein: Albert Michelson (1852–1931) und Edward Morley (1838–1923). Wenn der Äther existierte, musste er ja wohl den Weltraum füllen, denn er trage ja das Licht von der Sonne zur Erde. 1845 stellte dann der britische Physiker George Gabriel Stockes (1819–1903) die These auf, dass der Äther einen gewissen bremsenden Effekt auf das Licht haben müsse, da die Erde selbst sich ja schnell durch den Weltraum bewege. Je nach Stellung der Erde zur Sonne müsste sich das Licht also schneller oder langsamer durch den Äther bewegen.

Michelson und Morley bauten nun Geräte zur Messung der Lichtgeschwindigkeit, die diesen Effekt anzeigen sollten. Ihr Apparat teilte einen Lichtstrahl in zwei Strahlen auf, die im rechten

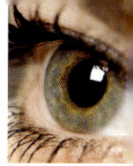

DER PHOTOELEKTRISCHE EFFEKT

Als Albert Einstein 1921 den Nobelpreis für Physik erhielt, war der Grund nicht die von ihm entwickelte Relativitätstheorie, sondern seine Arbeiten zum photoelektrischen Effekt. Er erklärt, dass ein Photon (das man damals noch nicht so nannte), ein Elektron aus seinem Orbit schießen kann und damit eine energetische Entladung bewirkt. Auf diese Weise erzeugen Solarstrommodule Strom aus Sonnenlicht. Das Elektron, welches das Sonnenlicht in einem Halbleiter wie Silikon aus dem Orbit wirft, kann einen Draht entlanggeleitet und gespeichert bzw. verwendet werden. Der photoelektrische Effekt wurde zum ersten Mal 1839 von dem französischen Physiker Alexandre Becquerel (1820–1891) beschrieben. Er beobachtete, dass ein elektrischer Strom entsteht, wenn blaues oder ultraviolettes Licht auf bestimmte Metalle scheint. Erklären konnte er den Effekt allerdings nicht. Einstein nahm Max Plancks Idee vom Wirkungsquantum, das dieser ursprünglich nur auf Atome begrenzt wissen wollte, und wandte sie auf das Licht an, womit das Lichtquant oder Photon geboren war. Wie viel Energie ein Photon trägt, hängt von der Wellenlänge des Lichts ab. Photonen blauen Lichts haben genug Energie, um ein Elektron aus seiner Bahn zu lösen und freizusetzen. Dadurch entsteht elektrischer Strom. Photonen roten Lichts können dies nicht. Dabei nützt es auch nichts, wenn man die Intensität der Rotlichtbestrahlung erhöht, da die einzelnen Photonen einfach nicht genug Energie besitzen.

Eine photoelektrische Zelle, die bei der Entwicklung des Fernsehers verwendet wurde

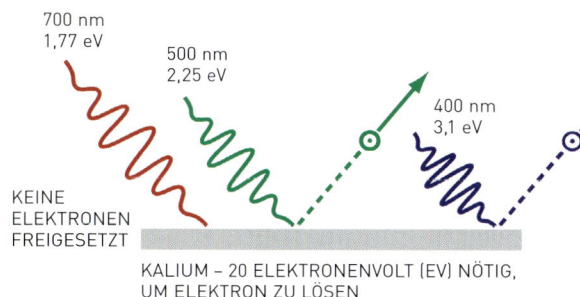

700 nm
1,77 eV

500 nm
2,25 eV

400 nm
3,1 eV

KEINE ELEKTRONEN FREIGESETZT

KALIUM – 20 ELEKTRONENVOLT (EV) NÖTIG, UM ELEKTRON ZU LÖSEN

Photonen, die auf die Oberfläche auftreffen, lösen Elektronen aus dem Verband. Bei rotem Licht entsteht kein Strom, bei blauem und grünem Licht fließt Strom.

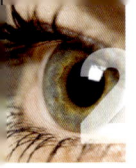

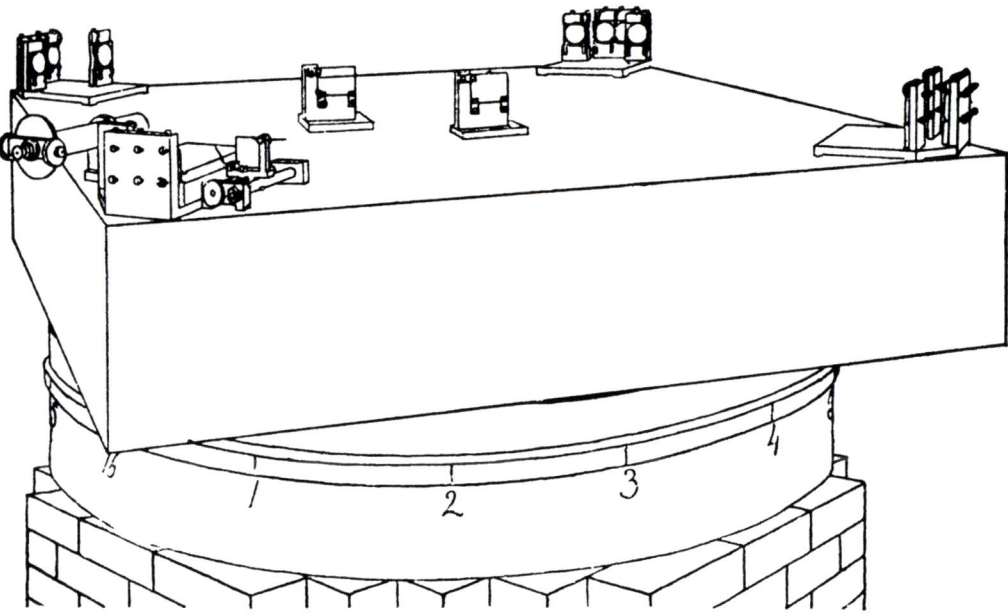

Winkel zueinander auf zwei Spiegel gelenkt wurden, die sie über eine Distanz von 11 Metern zurückreflektierten, wo sie von einem Sensor wieder aufgefangen wurden. Wäre die Erde im Äther

Michelson-Morley-Apparat, der die Existenz des Äthers beweisen sollte

Das Michelson-Interferometer (siehe ▶▶ gegenüberliegende Seite) macht aus weißem Licht farbenfrohe Interferenzmuster.

unterwegs, müsste der Lichtstrahl, der parallel zum Ätherfluss unterwegs ist, länger brauchen, um zum Sensor zurückzukehren, als der Lichtstrahl, der lotrecht zum Äther verläuft. Das aber würde sich

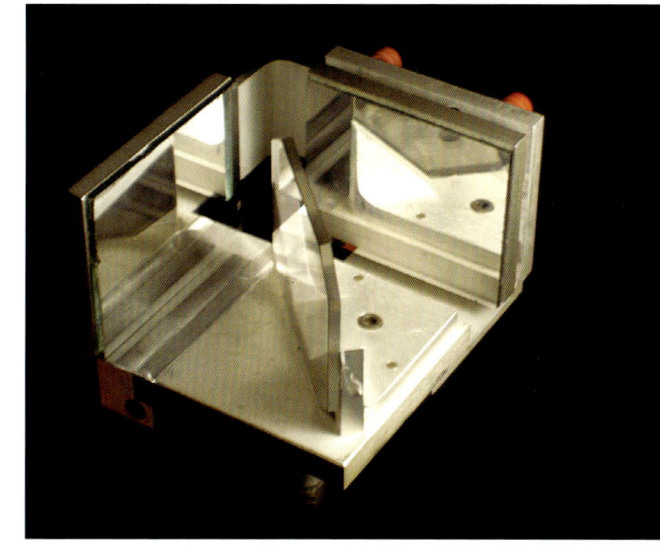

▲ *Die Wissenschaft war sich lange nicht im Klaren, ob sich die Erde im leeren Raum bewegt oder im Äther.*

▶ *Ein Michelson-Interferometer: Es teilt einen Lichtstrahl in zwei Strahlen, die durch Spiegel auf einen Sensor zurückreflektiert werden.*

in den Interferenzmustern zeigen, wenn die beiden Strahlen wieder vereint wurden. Der Apparat wurde auf einen Marmorblock gestellt, der in einem Quecksilberbad schwamm. Tatsächlich war die Messgenauigkeit hoch genug, um den Effekt nachweisen zu können, den der Äther auf die Lichtbewegung ausüben

c

Die Lichtgeschwindigkeit wird mit „c" angegeben (wie in $E = mc^2$). Es steht für das lateinische *celeritas* (= Geschwindigkeit).

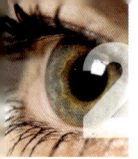
Jupiter mit seinem Mond Io: Die Verdunkelung des Jupiter durch seine Monde überzeugte Huygens, dass die Lichtgeschwindigkeit nicht unendlich sein konnte.

würde. Als sich kein statistisch nachweisbarer Effekt ergab, hielten Michelson und Morley ihr Experiment für gescheitert. In Wirklichkeit aber zeigt das Experiment, das seitdem mit wesentlich genaueren Instrumenten wiederholt wurde, dass es keinen Äther gibt.

„[Der Äther] ist die einzige Substanz, über dessen Dynamik wir uns im Klaren sind. Wir können sicher sein, dass es eine Substanz wie den lichttragenden Äther gibt."

William Thomson, Lord Kelvin, 1884

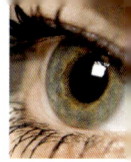

Mit Lichtgeschwindigkeit

Empedokles behauptete schon 429 v. Chr., dass Licht zwar blitzschnell sei, aber seine Geschwindigkeit begrenzt war. Doch damit war er eine Ausnahme. Die meisten Wissenschaftler schlossen sich der aristotelischen Auffassung an, dass sie unendlich sein müsse. Avicenna und al-Haytham, Roger und Francis Bacon waren anderer Ansicht. Selbst Descartes ging davon aus, dass Licht unendlich schnell sei.

Galilei versuchte dies 1667 in einem einfachen Experiment zu überprüfen. Er und sein Assistent standen in 1,6 Kilometer Entfernung und deckten wechselseitig Lampen ab. Dann notierten sie, wann genau der jeweils andere dies sehen konnte. So ungenau die Messungen auch waren, Galilei schloss daraus, dass das Licht zwar vielleicht nicht unendlich, aber doch schneller sei als der Schall.

Huygens studierte die Beobachtungen des Dänen Ole Rømer (1644–1710), der zusammen mit Giovanni Cassini (1625–1712) den Jupiter beobachtete. Beide stellten fest, dass der Mond nicht in absolut regelmäßigen Intervallen vor dem Jupiter auftauchte. Offensichtlich hing dies mit der Stellung der Erde zum Jupiter zusammen. Wenn die Erde vom Jupiter fern war, sahen wir die Eklipse später: Denn das Licht brauchte länger, um vom Jupiter zu uns zu gelangen. Cassini berechnete, dass

Der Berechnung der Lichtgeschwindigkeit kam man im 17. Jahrhundert bereits sehr nahe.

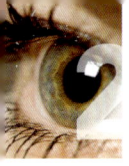

ARCHIMEDES' INFRAROTSTRAHLUNG

Es heißt, der griechische Wissenschaftler Archimedes (ca. 287 – 212 v. Chr.) hätte mit Parabolspiegeln feindliche Schiffe in Brand gesteckt, als die Stadt Syrakus belagert wurde. Bei einer historischen Nachstellung 1973 in der Nähe von Athen wurden 70 blanke Kupferspiegel von 150 x 100 Zentimetern am Ufer aufgestellt und auf den Sperrholznachbau eines römischen Kriegsschiffes in 50 Meter Entfernung gerichtet. Das Schiff ging innerhalb von Sekunden in Flammen auf. 2005 gelang dieser Versuch auch Studenten vom Massachusetts Institute of Technology. Obwohl die konkaven Spiegel das weiße Sonnenlicht bündeln, ist es die Infrarot-Wärmestrahlung im Sonnenlicht, die den Brand auslöst.

Natürlich war mehr als ein Spiegel nötig, als Archimedes die feindliche Flotte versenkte.

das Licht von der Sonne zur Erde etwa 10 bis 11 Minuten brauche. Rømer führte später die Berechnungen alleine fort. Er sagte die Io-Eklipse für 1679 genau voraus: Sie würde zehn Minuten später erfolgen als üblich. Dann schätzte er den Erdumfang und rechnete die Geschwindigkeit des Lichts auf ca. 200 000 Kilometer pro Sekunde hoch. Setzt man den tatsächlichen Erdumfang in Rømers Formel ein, kommt man auf 298 000 Kilometer, was sehr nah beim tatsächlichen Wert liegt: 299 792,458 Kilometer pro Sekunde.

1678 nutzte Huygens Rømers Methode, um zu zeigen, dass das Licht vom Mond zur Erde nur Sekunden brauchte. Newton gab in seinen *Principia* an, dass Licht von der Sonne zur Erde etwa 7 bis 8 Minuten unterwegs sei. Heute

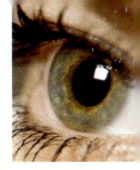

wissen wir, dass es genau 8 Minuten und 20 Sekunden sind.

Newton und andere gingen davon aus, dass das Medium, durch welches das Licht unterwegs ist, auf die Geschwindigkeit Einfluss hatte. Das ist natürlich nur richtig, wenn man Licht als Teilchen betrachtet, nicht aber bei der Wellentheorie. 1729 entdeckte der englische Astronom James Bradley (1693–1762) dann die Aberration des Lichts. Damit ist das Phänomen gemeint, dass ein Stern von der Erde aus als kleine Ellipse um seine eigentliche Position herum wahrgenommen wird, was an der Geschwindigkeit und Bewegungsrichtung der Erde liegt. Seine Studien waren erst nach etwa 18 Jahren vollendet.

1849 nahm Hippolyte Fizeau (1819–1896) die Idee Galileis wieder auf. Er verwendete zwei Laternen und ein Zahnrad, das darum rotierte, sodass der Lichtstrahl entweder blockiert wurde oder freie Bahn hatte. Zurückgeworfen wurde das Licht von einem Spiegel. Gleichzeitig konnte der zurückgeworfene Lichtstrahl nur dann in der Zahnradöffnung auftreffen, wenn er schnell genug war. So ließ sich die Lichtgeschwindigkeit aus der Umdrehungsgeschwindigkeit des Zahnrads berechnen. Auf diese Weise kam Fizeau bis auf 1600 Kilometer an die reale Lichtgeschwindigkeit heran. 1864 schlug Fizeau vor, dass „die Länge eines Lichtstrahls als neues Längenmaß" genutzt werden sollte. Und tatsächlich definiert man Längen heute durch Lichtlaufzeiten.

Einstein gründete seine gesamte Relativitätstheorie auf die Beobachtung, dass die Lichtgeschwindigkeit im ganzen Universum gleich ist.

DER ZAUBERMANTEL

In den Neunzigerjahren des 20. Jahrhunderts entwickelten Wissenschaftler Metamaterialien mit einem negativen Brechungsindex. Der Brechungsindex eines Materials gibt an, wie viel Licht es reflektiert. Ein Vakuum hat einen Brechungsindex von 1. Dichtere Materialien weisen entsprechend höhere Werte auf. 2006 gelang es nun, aus einem bestimmten Material einen Mantel herzustellen, der alles darunter Verborgene für Mikrowellen unsichtbar machte. Die Teilchen dieses Materials sind kleiner als die Wellenlänge des Lichts, deshalb fließt das Licht um sie herum. Leider gibt es immer noch keinen Mantel, der dasselbe für Lichtstrahlen bei jedem Einfallswinkel leistet.

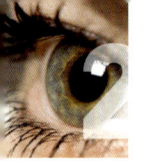
*Ibn Sahls Erläuterung des Gesetzes
der Lichtbrechung, aus dem
Originalmanuskript von 984*

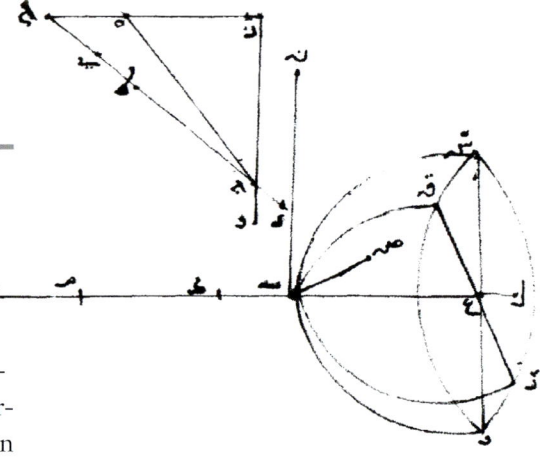

Ganz gerade

Anaxagoras war sich schon im 5. Jahrhundert sicher, dass Licht immer auf geraden Bahnen unterwegs ist. An dieser Ansicht hielt die Wissenschaft fest bis ins 20. Jahrhundert, als Einstein die These aufstellte, dass ein Lichtstrahl durch Gravitation gekrümmt werden könne. Andererseits wusste man bereits in der Antike, dass man die Pfade des Lichts verändern konnte – durch Brechung und Reflexion. Ptolemäus stellte eine Theorie der Lichtbrechung auf, die 984 von dem persischen Physiker Ibn Sahl (ca. 940 – 1000) bestätigt wurde.

Wie das genau geschieht, wurde erst von dem holländischen Astronomen Willebrord Snellius (1580 – 1626) entdeckt,

*1919 wurde
auf der Insel
Principe
die Licht-
krümmung
erforscht.*

allerdings nicht publiziert. Descartes veröffentlichte den Beweis für das Snelliussche Brechungsgesetz 1637. Später zeigte der französische Mathematiker Pierre de Fermat (1607 – 1665), dass Licht immer den schnellsten Weg durch jede Substanz nimmt.

Dass Lichtstrahlen gekrümmt werden können, wurde nachgewiesen, als man Anfang des 20. Jahrhunderts Einsteins Relativitätstheorie experimentell überprüfte.

Federführend dabei war der Astronom Arthur Eddington, der 1919 eine Expedition zur Vulkaninsel Principe vor der afrikanischen Küste leitete, wo es eine vollständige Sonnenfinsternis geben sollte. Man fotografierte Sterne, die nahe bei der Sonnenposition lagen

und die gewöhnlich vom Licht der Sonne überdeckt wurden. Ein Stern lag tatsächlich hinter der Sonne und sollte damit eigentlich nicht sichtbar sein. Doch auf Eddingtons Fotografien war er deutlich zu sehen. Das belegte, dass das vom Stern ausgesandte Licht vom Gravitationsfeld der Sonne abgelenkt wurde. Auf diese Weise wurde die Position des Sterns dem Anschein nach verändert, sodass er sichtbar wurde.

Das Licht als elektromagnetische Kraft

Licht spielte in der Entwicklung der Physik immer eine besondere Rolle, weil es eben sichtbare Strahlung ist und die Welt der Menschen erhellt. Doch wie

Maxwell zeigte, ist es nur eine Form elektromagnetischer Strahlung. Alle diese Formen bewegen sich mit Lichtgeschwindigkeit und sind quantisierte Formen von Energie (d. h. sie haben sowohl Wellen- als auch Teilchencharakter). Sichtbar aber ist nur das Licht. Auch die Sonnenwärme (Infrarotlicht) wurde vom Sonnenlicht nicht grundsätzlich getrennt. Doch erst Ende des 19. Jahrhunderts entdeckte man die anderen Formen der elektromagnetischen Strahlung.

Der Maler David Hockney spielt hier sehr schön mit den Versatzstücken der Lichtbrechung und -reflexion in seinem Bild Schwimmer unter Wasser.

KAPITEL 3

MASSE IN BEWEGUNG –
die Mechanik

Von Mechanik sprechen wir, wenn es darum geht, wie Körper sich unter der Einwirkung von Kräften verhalten. Das Zeitalter der klassischen Mechanik begann, als Newton seine drei Bewegungsgesetze aufstellte. Die Mechanik beschäftigt sich mit dem Verhalten von Körpern aller Art oberhalb der atomaren Ebene, ob es nun um Kugellager oder Galaxien geht. Dazu gehören auch Flüssigkeiten, Gase und feste Körper – unbelebte ebenso wie Teile von lebenden Organismen. Die Menschen wandten die Gesetze der Mechanik an, lange bevor sie sie formulieren konnten oder sich auch nur fragten, warum das so funktioniert, wie es funktioniert. Die Pyramidenbauer benutzten Hebel und Rollen, um große Steinblöcke zu bewegen und sie überprüften den Winkel mit dem Bleilot.

Die Nutzung mechanischer Energie hat die moderne Welt überhaupt erst ermöglicht.

Mechanik in Aktion

Die alten Ägypter benutzten Werkzeuge wie Hebel und Rollen, um schwere Steine zu bewegen.

Wann immer wir Kräfte auf Materie einwirken lassen, setzen wir die Gesetze der Mechanik für uns ein. Die Pyramidenbauer im alten Ägypten wussten nichts von diesen Gesetzmäßigkeiten, ebenso wenig wie die Erbauer der Bewässerungsanlagen in Sri Lanka von Strömungslehre. Trotzdem gelang es in beiden Kulturen, durch Versuch und Irrtum, die Gesetze der Physik zu nutzen.

In Zweistromland zwischen den Flüssen Euphrat und Tigris, das die Griechen als Mesopotamien bezeichneten, wurden schon vor 10 000 Jahren Anbautechniken entwickelt. 5000 v. Chr. erbauten die Sumerer die ersten Städte. Auch

FRÜHE INGENIEURSKUNST

In Sri Lanka bauten Ingenieure schon im 3. Jahrhundert v. Chr. komplexe Bewässerungssysteme. Sie nutzten dazu ein sogenanntes *biso-kotuwa*, eine Art Ventilschacht, mit dessen Hilfe der Wasserausstoß eines Reservoirs reguliert werden konnte. Man legte also große Regenwasserreservoirs an, baute Kanäle und Schleusen, um den Singhalesen den Reisanbau zu ermöglichen. Der erste Regenwassertank wurde unter König Abhaya (474 – 453 v. Chr.) gebaut.

Technisch ausgereiftere Systeme folgten unter König Vasaba (65 – 108 n. Chr.). Seine Ingenieure bauten 12 Kanäle und 11 Wasserreservoirs. Das größte hatte einen Durchmesser von 3 Kilometern. Doch unter König Parakrambahu (1164 – 1196) übertrafen die Ingenieure selbst diese Leistung: Es gelang ihnen, in den Bewässerungskanälen, die sich zum Teil über 80 Kilometer erstreckten, einen Wasserstand von 20 Zentimeter dauerhaft zu halten.

hier wurden große Steinblöcke über weite Strecken transportiert und zerkleinert. Die Sumerer erfanden ebenso das Rad. Als die Bevölkerung in Mesopotamien immer weiter wuchs, nutzte man die Strömungsgesetze zum Bau von raffinierten Bewässerungsanlagen, mit denen schon im 6. Jahrhundert v. Chr. das lebensspendende Nass auf die Äcker geleitet wurde.

Doch natürlich kann man fließendes Wasser auch noch für andere Dinge brauchen. Es kann Kraft und Druck ausüben. Wasser als Antriebskraft wurde unseres Wissens zum ersten Mal im alten China eingesetzt, wo Zhang Heng (78–139) eine Armillarsphäre (Kugel zur Darstellung von Himmelskörpern) damit betrieb. Du Shi nutzte 31 n. Chr. ein Wasserrad zum Betrieb der Blasebälge in einer Schmiede.

Mechanik im alten Griechenland

Die ersten Belege dafür, dass die Menschen sich über das Wirken mechanischer Kräfte Gedanken machten, stammt aus dem alten Griechenland. Aristoteles stellte in den *Mechanica* die Frage, wie Hebel mit wenig Kraft große Wirkung entfalteten. Seine Antwort: „Wenn dieselbe Kraft ausgeübt wird, bewegt sich der Teil des Hebels, der vom Ansatzpunkt weiter entfernt ist, schneller als der kleinere Teil nahe dem Zentrum."

Aristoteles erkannte dies durch das Studium einer Balkenwaage mit ungleich langen Armen. Bei einer Waage mit zwei Armen muss das Gewicht auf beiden Seiten ausgeglichen sein. Bei einer Waage mit ungleich langen Armen lässt sich der Ausgleich auch erzielen, indem man den Drehpunkt (an dem die Balken in der Längsachse aufsitzen) oder ein Gewicht an einem der Arme verschiebt. Das Nachsinnen über mechanische Kräfte erfolgte also sehr viel später als die Anwendung derselben.

Die Große Zikkurat von Ur (im heutigen Irak) wurde vor 4000 Jahren erbaut und ist eine ingenieurtechnische Meisterleistung.

ARCHIMEDES' ERFINDUNGEN

Archimedes setzte seine Einsichten in die Gesetze der Mechanik auch praktisch um. König Hieron II. befahl ihm, das erste Luxus-Kreuzfahrtschiff der Geschichte zu bauen, das 600 Menschen aufnehmen konnte. Es sollte einen Garten, eine Sporthalle und einen Aphroditetempel umfassen. Zum Abpumpen des in den Rumpf eindringenden Wassers erfand Archimedes die nach ihm benannte Archimedesschraube: eine Schraube in einem Zylinder, die von Hand bewegt wurde. Diese wurde später verwendet, um Wasser aus niedrig gelegenen Reservoirs in Bewässerungskanäle zu pumpen und findet auch heute noch Verwendung. Außerdem soll Archimedes feindliche Schiffe mit Parabolspiegeln in Brand gesteckt haben (*siehe* Seite 58) und eine Riesenklaue erfunden haben, mit der man Schiffe aus dem Wasser heben konnte. Wie so häufig war auch hier der Krieg der Vater wissenschaftlicher Entwicklungen.

> *„Gebt mir einen Punkt, wo ich hintreten kann, und ich bewege die Erde."*
> Archimedes

Aristoteles hatte also das Hebelgesetz entdeckt, für das Archimedes (ca. 287 – 212 v. Chr.) etwa ein Jahrhundert später den Beweis lieferte. In seiner modernen Formulierung lautet es, dass Kraft (Gewicht, G) und Kraftarm (Distanz zum Drehpunkt, D) auf der einen Seite gleich sein müssen wie auf der anderen Seite:

$$GD = gd$$

Archimedes drückte dies in Verhältnissen aus, da er die Multiplikation unterschiedlicher Einheiten (Gewicht und Distanz) nicht akzeptierte. Dann sieht das Ganze so aus:

$$G:d = g:D$$

Archimedes prahlte, wenn man ihm den richtigen Hebel gebe, könne er die Welt aus den Angeln heben.

Mit der Archimedesschraube pumpt man Wasser noch heute nach oben.

Das Problem mit der Bewegung

Ein Pfeil, der in die Luft geschossen wird, folgt einer vorhersagbaren parabolischen Kurve.

Aristoteles ging von dem Grundsatz aus, dass sich etwas bewegt, weil eine Kraft darauf einwirkt. Und dass es sich so lange bewegt, wie die Kraft wirkt. Heute nennt man die Neigung eines Körpers, seine Bewegung beizubehalten, Impuls. Denn Aristoteles' Grundsatz gilt zwar für Objekte, die wir ziehen oder stoßen, doch wenn es um Projektile geht, stößt er an seine Grenzen. Wenn wir einen Ball werfen oder mit einem Bogen einen Pfeil abschießen, bewegt das Objekt sich immer noch weiter, nachdem wir schon längst keinen Kontakt mehr damit haben. Aristoteles löste das Problem, indem er den Status des „Bewegers" auf das Medium ausdehnte, in dem sich das Projektil bewegt. Die Luft übt also eine Kraft auf den Körper aus, die ihn zum Ziel trägt. Diese Kraft wird auf die Luft übertragen, wenn sich der Pfeil vom Bogen löst.

Der griechische Mathematiker Hipparchos (ca. 190–120 v. Chr.) bestritt diese These und meinte, die Kraft werde auf das Objekt selbst übertragen. Ein Pfeil, der in die Luft geschossen wird, besitze eine höhere Kraft – oder einen höheren Impuls – als die Schwerkraft. Diese Kraft allerdings lasse mit der Zeit nach. Und zwar aus sich selbst heraus, nicht wegen des Luftwiderstandes, der Schwerkraft oder anderer Einflüsse. An dem Punkt, an dem der Impuls gleich groß ist wie die Schwerkraft, steht der Pfeil einen Augenblick still. Dann beginnt er seinen Sturz zur Erde, der immer schneller verläuft, wenn der Antrieb langsam gegen Null geht. Damit hat der Pfeil der Schwerkraft immer weniger entgegenzusetzen. Ist der Impuls bei Null angelangt, dann stürzt der Pfeil mit derselben Geschwindigkeit zu Boden wie ein Objekt, das man einfach fallen lässt. Das Modell des Hipparchos erklärt auch das Verhalten fallender Körper. Anfangs befindet sich das Objekt im Gleichgewicht zwischen der Schwerkraft und der Kraft der haltenden Hand. Wenn man den Körper dann loslässt, nimmt im Fall die Kraft, die ihm die haltende Hand verleiht, stetig ab und das Objekt fällt zu Boden. Dieses Modell erklärt auch, weshalb der Fall sich gegen Ende beschleunigt: dann nämlich, wenn der Impuls, den ihm die Hand gegeben hat, gegen Null geht.

Der spätantike Philosoph Johannes Philoponus (490–570) bezeichnete den Impuls später als „Impetus". Er stellte die These auf, dass der „Beweger" auf das Projektil eine Kraft übertrage, die begrenzt sei. Wenn diese verbraucht sei, verhalte sich das Projektil wie ein normaler fester Körper.

STATIK

Während sich die alten Griechen vorzugsweise um die Mechanik bewegter Objekte Gedanken machten, widmeten sich die Römer der Statik. Die Statik erklärt, wie Kräfte im Gleichgewicht eine Masse tragen können. Dies ist ein ganz wesentliches Prinzip der Architektur, wo nicht ausgeglichene Kräfte zum Einsturz von Brücken oder Gebäuden führen können. Eine Bogenbrücke zum Beispiel bleibt nur deshalb stehen, weil die Kräfte der Steine, die den Bogen bilden, im vollkommenen Gleichgewicht stehen. Im Mittelalter und der Renaissance fand diese Technik vor allem bei der Errichtung hoher Gewölbe und Kuppeln Einsatz. Ihre Perfektion können wir noch heute bewundern.

Der Dom von Florenz wurde von Filippo Brunelleschi errichtet. Er ist ein Meisterwerk der Ingenieurskunst – und hält nur durch den Druck der Steine aufeinander.

Im 11. Jahrhundert überprüfte Avicenna (ca. 980–1037) das Modell und befand es für fehlerhaft. Dem Projektil werde eher eine bestimmte Steigung übertragen als eine Kraft und diese höre nicht von selbst auf. In einem Vakuum zum Beispiel würde ein Projektil sich ewig fortbewegen und zwar in der Steigung, die man ihm verliehen habe. In der Luft aber sei der Luftwiderstand irgendwann stärker als die Steigung. Auch er glaubte übrigens, dass ein Projektil von der Luft angetrieben werde, die es auf seinem Weg verdränge.

Der spanisch-arabische Philosoph Averroes (1126–1198) war der Erste, der den Begriff der Kraft definierte. Kraft sei „das Ausmaß, in dem Arbeit verrichtet wird, um den kinetischen Zustand eines materiellen Körpers zu verändern". Die Wirkung und das Maß der Kraft stelle man fest, indem man die kinetische Veränderung einer trägen Masse messe. Er kam auf die Idee, dass nicht bewegte Körper jeder Bewegung eine gewisse Trägheit entgegensetzen – das Trägheitsmoment. Doch seiner Ansicht nach galt dies nur für Himmelskörper. Thomas von Aquin übertrug die Idee dann auf irdische Körper. Kepler folgte dem Modell von Averroes und dem Aquinaten und prägte den Begriff der „Trägheit", der in den Bewegungsgesetzen Newtons eine zentrale Rolle spielt. Averroes ist also für eine der beiden zentralen Neuerungen verantwortlich, die die

Newtonschen Bewegungsgesetze von denen des Aristoteles unterscheiden.

Der französische Philosoph Jean Buridan (ca. 1300–1358) setzte den Impetus, den der Beweger dem Objekt verlieh, in Beziehung zur Geschwindigkeit des Körpers. Seiner Ansicht nach konnte der Impetus, also der Bewegungsimpuls, entweder gerade erfolgen oder in zirkulärer Form. Letzteres erkläre die Bewegung der Himmelskörper.

Buridans Schüler war Albert von Sachsen (ca. 1316–1390). Er teilte den Weg, den ein fliegendes Objekt nahm, in drei

MERKWÜRDIGE GERÜCHTE

Von Buridans Leben sind uns viele Anekdoten überliefert, die ihn als recht eigensinnigen Menschen zeigen. So soll er bei einem Disput mit Papst Clemens VI. diesem mit einem Schuh auf den Kopf geschlagen haben. Dabei ging es übrigens um eine Frau. Der König von Frankreich soll ihn in einem Sack in die Seine haben werfen lassen, weil er angeblich eine Affäre mit der Königin hatte.

„Wenn ein Beweger einen Körper in Bewegung setzt, verleiht er ihm einen gewissen Impetus, also eine Kraft, die den Körper befähigt, sich in die Richtung zu bewegen, die ihm der Beweger auferlegt, sei es nun nach oben, unten, seitlich oder im Kreis. Der verliehene Impetus steigt im selben Verhältnis wie die Geschwindigkeit. Aus diesem Grund fliegt ein Stein weiter, nachdem man ihn geworfen hat, obwohl der Werfer ihn nicht länger mehr bewegt. Wegen des Luftwiderstandes aber (und der Schwerkraft des Steines), die in die andere Richtung wirken als der Impetus, wird der Impetus immer schwächer. Daher wird der Stein allmählich langsamer. Wenn der Impetus gering oder verschwunden ist, überwiegt die Schwerkraft des Steines und lässt ihn zu Boden fallen.“

Jean Buridan,
Fragen zu Aristoteles' Physica

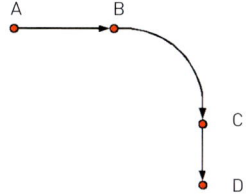

Der Weg einer Kanonenkugel, die man horizontal abschießt: Sie fliegt zuerst gerade, um dann zu Boden zu fallen.

Abschnitte auf. Im ersten (A nach B) wirke die Schwerkraft noch gar nicht, der Körper fliege in die Richtung des Bewegungsimpulses. Im zweiten (B nach C) fange die Schwerkraft allmählich an, ihre Wirkung zu entfalten, während der Impetus abnahm. Der Körper beginnt also seinen Weg nach unten. Im dritten Abschnitt (C nach D) wird die Schwerkraft allmählich stärker und zieht den Körper nach unten, weil der Impetus gegen Null geht.

Das Tunnel-Experiment

Eines der wichtigsten Gedankenexperimente in der Physik dreht sich um eine Kanonenkugel, die man einen Tunnel hinunterfallen lässt, der direkt durch den Mittelpunkt der Erde auf die andere Seite der Weltkugel führt. Das Experiment

DIE OXFORDER KALKULATOREN – UM DEN TRIUMPH GEBRACHT

Die Oxforder Kalkulatoren waren eine Gruppe von Mathematikern, die im 14. Jahrhundert am Merton College in Oxford forschten. Dazu gehörten Thomas Bradwardine, William Heytesbury, Richard Swineshead und John Dumbleton. Sie untersuchten das Phänomen der Geschwindigkeit und ergründeten die Gesetze fallender Körper lange vor Galilei. Außerdem stellten sie das Theorem der mittleren Geschwindigkeit auf: Wenn ein sich bewegendes Objekt über einen längeren Zeitraum beschleunigt, legt es dieselbe Strecke zurück wie ein Objekt, das sich für dieselbe Zeit mit der mittleren Geschwindigkeit bewegt. Sie gehörten zu den Ersten, die alle physikalischen Phänomene als quantifizierbar betrachteten, also auch Temperatur und Kraft, obwohl es damals noch keine Möglichkeit gab, sie zu messen. Außerdem traten sie für die Anwendung mathematischer Grundsätze in der Naturphilosophie ein. Unglücklicherweise waren die Oxforder Mathematiker damals noch nicht so angesehen, weil sie teilweise wohl sehr abstruse Studien durchführten. Aus diesem Grund erhielt die Gruppe nie die Anerkennung, die ihr eigentlich zugestanden hätte.

wurde von mehreren mittelalterlichen Gelehrten diskutiert. Die Kanonenkugel, so hieß es, würde auf der anderen Seite unweigerlich dieselbe Höhe erlangen, aus der sie auf der einen Seite fallen gelassen wurde. Man erklärte dies so, dass die Kanonenkugel durch die Schwerkraft einen Impetus erhalte, der sie in die Erde hineinzöge. Dieser Impetus würde die Schwerkraft beim Austritt aus der Erde bei Weitem überwinden. Wenn die Kugel die Höhe erreicht habe, aus der sie fallen gelassen wurde, wäre der Impetus erschöpft und die Kanonenkugel stürze wieder zu Boden. Damit würde quasi ein Oszillieren durch den Erdtunnel losgehen. An diesem Punkt also machte man sich zum ersten Mal Gedanken über oszillierende Bewegungen, die im 17. Jahrhundert die Physik eingehend beschäftigen würden.

Das Tunnelexperiment wurde später auf das Schwingen des Pendels übertragen,

Ein berühmtes Gedankenexperiment drehte sich um den Fall einer Kanonenkugel durch den Mittelpunkt der Erde.

sozusagen auf die Ebene des Mikrokosmos. Das Pendel wird zu seinem tiefstmöglichen Punkt gezogen (Ruheposition) und der Impetus versetzt es wieder in Bewegung (seitlich bzw. nach oben). Dadurch wird der Impetus erneuert, wenn er auch in die andere Richtung verläuft. Für das Bewegungsmodell von Aristoteles, Hipparchos und Philoponus war die Pendelbewegung ohne Erklärung geblieben. Es war einfach kein Grund ersichtlich, weshalb das Pendel weiterschwang, nachdem es in Ruheposition gelangt war.

Die Geburt der klassischen Mechanik

Die Wissenschaftler des 16. und 17. Jahrhunderts suchten nach Erklärungen für das Verhalten von Körpern – von Geschossen bis hin zu den Sternen. Die frühen Arbeiten zur Bewegungslehre wurden genauestens geprüft. Federführend waren hier Galileo Galilei in Italien und Isaac Newton in England, wobei auch Astronomen wie Johannes Kepler einiges dazu beitrugen.

DESCARTES UND DAS MECHANISTISCHE WELTBILD

René Descartes war der erste Mensch, der auf die Idee kam, dass die Naturgesetze unveränderlich sind. Er entwickelte ein mechanistisches Weltbild auf Grundlage der Philosophie des Holländers Isaac Beeckman (1588–1637), den er 1618 kennengelernt hatte. Descartes versuchte, die gesamte materielle Welt einschließlich organischer Lebewesen durch die Größe, Form und Aktion von Materiepartikeln zu erklären, die den Gesetzen der Physik folgen. Der menschliche Körper war in seinen Augen eine Maschine, zu der die Seele allerdings nicht gehörte. Seiner Ansicht nach war Gott der erste Beweger, der dem Universum die grundlegende Energie übermittelte, um es zum Laufen zu bringen. Nun funktioniere es wie die Rädchen eines Uhrwerks immer weiter und weiter. Aus diesem Grund war Descartes auch davon überzeugt, dass man, wenn man den Ausgangszustand eines Systems kenne, aufgrund der Naturgesetze seinen Endzustand vorhersagen könne.

Descartes glaubte, dass auch Lebewesen den physikalischen Gesetzen unterworfen waren, nicht anders als ein Uhrwerk.

Galilei warf vermutlich keine Kanonenkugeln vom Schiefen Turm, doch die Idee hat einen gewissen Reiz.

— Galileis rollender Ball —————

Galileis Skepsis gegenüber der aristotelischen Physik begann bereits in jungen Jahren. Schon als Student an der Universität Pisa konnte er Aristoteles' Vorstellung, dass schwere Körper schneller fallen als leichte, widerlegen. Als Grund gab er an, dass schwere und leichtere Hagelkörner vermutlich aus derselben Höhe herunterkommen und zur gleichen Zeit auf die Erde prasseln. (Natürlich ist dieser Beweis kein echter, da er ja nicht wusste, ob die Hagelkörner jeweils zur selben Zeit herunterfielen.) Und er zeigte, dass eine Kanonenkugel, die auf der Höhe einschlägt, aus der sie abgeschossen wird, dies mit derselben Geschwindigkeit tut, mit der sie abgeschossen wird.

Galilei interessierte sich besonders für Projektile und fallende Körper. Man sagt ihm nach, dass er vom Schiefen Turm in Pisa Kanonenkugeln unterschiedlichen Gewichts nach unten fallen ließ, doch das ist eher unwahrscheinlich. Vermutlich handelt es sich dabei um ein Gedankenexperiment. Wie auch immer: Galilei führte Experimente durch und gründete seine wissenschaftlichen Thesen auf deren Resultate. So wurde auch er zum Begründer der wissenschaftlichen Methode.

Statt Kanonenkugeln von Türmen zu werfen, ließ er Bälle verschiedenen Gewichts Abhänge hinunterrollen. Da es damals noch keine Armbanduhren gab, war die Zeitmessung ein heikles Thema. Galilei nutzte eine Wasseruhr und seinen eigenen Puls, um die Zeit zu messen, die die Bälle brauchten, um die schiefe Ebene hinunterzurollen. So konnte er zeigen, dass die Schwerkraft auf leichte und schwere Körper gleichermaßen wirkt. Das widersprach Aristoteles' Theorie und dem gesunden Menschenverstand. Galilei erklärte dies so: Wenn eine Feder oder ein Blatt Papier langsamer falle als eine Kanonenkugel, dann weil der Luftwiderstand den

GALILEIS EXPERIMENT AUF DEM MOND

Als 1971 die Astronauten von Apollo 15 den Mond betraten, bewiesen sie Galileis Aussagen über fallende Objekte experimentell. Wenn es keine Atmosphäre (und damit keinen Luftwiderstand) gibt, treffen Objekte, die zur selben Zeit aus derselben Höhe fallen gelassen werden, gleichzeitig auf dem Boden auf, gleichgültig, wie schwer sie sind und welche Form sie haben. Die Astronauten benutzten für ihr Experiment eine Feder und einen Geologenhammer.

GALILEO GALILEI (1564 – 1642)

Galilei wurde bis zum Alter von 11 Jahren zu Hause erzogen. Später schickte man ihn ins Kloster, wo er weiter unterrichtet wurde. Zum Entsetzen seines Vaters wollte Galilei daraufhin Mönch werden und begann mit 15 Jahren das Noviziat. Zum Glück für die Wissenschaft bekam er eine Augenentzündung und sein Vater holte ihn wieder nach Florenz. Galilei kehrte nicht ins Kloster zurück. Auf Anregung seines Vaters ging er zum Studium nach Pisa, wo er zuerst Medizin studierte, sich dann aber der Mathematik zuwandte. 1585 ging er ohne Abschluss ab, kam aber vier Jahre später zurück und lehrte dort Mathematik.

Er wurde schlecht bezahlt. Seine Armut verschärfte sich noch, als sein Vater starb, kurz nachdem er Galileis Schwester eine substanzielle Mitgift versprochen (aber nicht ausgezahlt) hatte. 1592 trat Galilei eine Stelle als Mathematikprofessor an der renommierten Universität Padua an, die besser zahlte. Er hatte aber immer noch Geldsorgen und begann, allerhand Dinge zu erfinden: ein wirtschaftlich wenig erfolgreiches Thermometer und eine Rechenmaschine, die ihm tatsächlich ein höheres Einkommen sicherte. 1604 arbeitete Galilei dann mit Kepler zusammen an der Beobachtung eines neuen Sterns (eigentlich einer Supernova). 1608 bewies er, dass Geschosse immer einer parabolischen Bahn folgen. 1609 baute er dann eigene Fernrohre. Er entwickelte Linsen, die um das Zwanzigfache stärker vergrößerten. Eines der Fernrohre machte er Kepler zum Geschenk, der daraufhin Galileis astronomische Entdeckungen bestätigen konnte. Dazu gehörten beispielsweise die Monde des Jupiter und die Phasen der Venus (*siehe* ▸▸ Seite 161). Er war wie Kopernikus der Meinung, dass die Erde sich um die Sonne dreht (heliozentrisches Weltbild) und nicht umgekehrt (geozentrisches Weltbild). Lange Jahre hütete er sich, diese Ansicht öffentlich zu machen, da sie den Lehren der Kirche zuwiderlief. 1616 verbot man ihm gar, das heliozentrische Modell weiter zu unterstützen. 1632 erlaubte man ihm, eine Schrift zu veröffentlichen, die beide Weltsysteme einschätzen sollte, doch fiel seine Einschätzung so eindeutig für das heliozentrische Modell aus, dass man ihn 1634 der Ketzerei anklagte und unter Hausarrest stellte. Dort arbeitete er weiter an seinem Hauptwerk über die beiden Weltmodelle: *Discorsi e Dimostrazioni Matematiche intorno a due nuove scienze*. Darin vertritt er leidenschaftlich die Ansicht, dass das Universum dazu da sei, vom menschlichen Intellekt verstanden zu werden, und die Mathematik dabei einen entscheidenden Beitrag leisten könne.

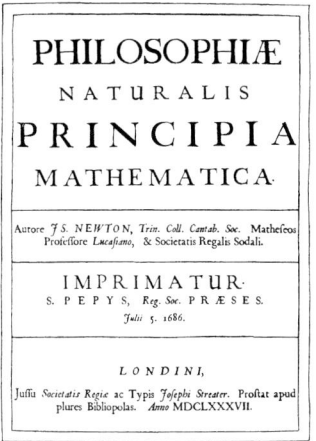

PHILOSOPHIÆ

NATURALIS

PRINCIPIA

MATHEMATICA·

Autore JS. NEWTON, Trin. Coll. Cantab. Soc. Matheseos
Professore Lucasiano, & Societatis Regalis Sodali.

IMPRIMATUR·
S. PEPYS, Reg. Soc. PRÆSES.
Julii 5. 1686.

LONDINI,
Jussu Societatis Regiæ ac Typis Josephi Streater. Prostat apud
plures Bibliopolas. Anno MDCLXXXVII.

Newtons Principia *war vermutlich das einflussreichste wissenschaftliche Buch aller Zeiten.*

Fall bremse, nicht weil die Schwerkraft auf ein leichtes Objekt weniger stark wirke.

Das Experiment mit den rollenden Bällen zeigte noch etwas: Als Galilei die schiefe Ebene weiter und weiter absenkte, wurde ihm klar, dass ein Ball in der Horizontalen immer weiter und weiter rollen würde. Auch dies widersprach den Lehren des Aristoteles und der allgemeinen Anschauung. Wenn Sie einen Ziegel über die Tischfläche schieben, hört er auf, sich zu bewegen, sobald Sie nicht mehr schieben. Selbst ein Einkaufswagen mit Rollen bleibt irgendwann stehen. Galilei aber erkannte, woran das liegt: an der Reibung. Einen Fehler allerdings machte er bei der Interpretation seiner Resultate: Da die Erde sich drehte, nahm er an, dass die Trägheit zu einer kreisförmigen Bewegung führte. Erst Descartes sollte beweisen, dass sich bewegende Objekte ihre Bahn gerade weiter verfolgen, wenn nicht eine Kraft auf sie einwirkt, die sie aus der Bahn lenkt.

NEWTONS BEWEGUNGSGESETZE

1. Prinzip: Ein Körper verharrt im Zustand der Ruhe oder der gleichförmigen Bewegung, sofern er nicht durch einwirkende Kräfte zur Änderung seiner Geschwindigkeit oder Richtung gezwungen wird.

2. Prinzip: Die Änderung der Bewegung ist der einwirkenden Kraft proportional (F = ma).

3. Prinzip: Jede Aktion einer Kraft bringt eine gleiche, entgegengerichtete Reaktion hervor. (Eine Rakete wird mit derselben Kraft nach oben getragen, wie sie die hinten austretenden Gase entwickeln.)

Diese Gesetze besagen auch, dass Energie, Impuls und Richtung einer Bewegung erhalten bleiben, wenn keine andere Kraft wirkt.

Stop and Go

Trägheit ist der Widerstand, den ein Körper einer Bewegung entgegensetzt. Wenn Sie ihn in Bewegung setzen wollen, müssen Sie eine Kraft aufwenden. Der Impuls ist die Tendenz eines sich bewegenden Körpers, in der Bewegung zu bleiben, sobald man ihm einen entsprechenden Impuls versetzt hat. Der Impuls geht verloren, wenn der Körper sich verlangsamt und stillsteht, weil eine Kraft auf ihn wirkt, die gegen die Bewegung arbeitet. Aristoteles, Hipparchos, Philoponus und Avicenna beschäftigten sich hauptsächlich damit, wie und warum sich ein Körper nach dem ersten Impuls weiter bewegt. Warum er aber die Bewegung einstellt, dafür fanden sie keine Erklärung. Avicenna erklärte den Stillstand durch eine dem Körper eigene Tendenz zum Stillstand: *inclinatio ad quietem.* Das ist im Grunde eine gute Erklärung für die Trägheit, die Averroes

als Erster beschrieb, doch sie ist nicht der Grund, weshalb der Körper aufhört, sich zu bewegen.

Dies zeigte erst Pierre Gassendi 1640 in einem Experiment. Er lieh sich eine Galeere von der französischen Marine. Die Ruderer trieben das Schiff in Höchstgeschwindigkeit durchs Mittelmeer. Dabei ließ man immer wieder Kanonenkugeln vom Mast fallen. Diese trafen immer am Fuß des Mastes auf. Die Vorwärtsbewegung des Schiffes übte keinerlei Einfluss auf die Bewegung der Kugel aus. Dies zeigte, dass ein Körper sich immer in der Richtung bewegt, die man ihm gleich zu Beginn verleiht, wenn nicht eine andere Kraft darauf einwirkt. Gassendi war in seinem Denken stark von Galilei beeinflusst.

Der Meister spricht

Die klassische Mechanik wird auch „Newtonsche Mechanik" genannt, weil sie auf den drei Bewegungsgesetzen beruht, die Isaac Newton um 1660 entwickelt hat. Diese waren: das Trägheitsprinzip (1), das Aktionsprinzip (2) und das Reaktionsprinzip (3). Das zweite und dritte Prinzip wurde 1687 in der *Philosophiae Naturalis Principia Mathematica* (Mathematische Prinzipien der Naturphilosophie) veröffentlicht, die man kurz *Principia* nennt. Newtons große Leistung war es, dass er die Mechanik mithilfe der von ihm entwickelten Differenzialrechnung auf ganz neue Grundlagen stellte.

Bewegung und Schwerkraft

Newton formulierte die Bewegungsgesetze sowie das Gravitationsgesetz. Dieses besagt, dass jedes Teilchen, das Masse besitzt, andere Teilchen anzieht, die ebenfalls Masse besitzen. Diese Anziehungskraft ist die Gravitation. Wenn ein Apfel vom Baum fällt, dann weil die Erde ihn anzieht. Die Gravitationskraft zwischen zwei Körpern ist umgekehrt proportional zum Quadrat der Distanz zwischen ihnen. Das Gravitationsgesetz wurde 1687 veröffentlicht – zum ersten Mal wurde eine Kraft mathematisch beschrieben. Und Newton bewies zum ersten Mal, dass das gesamte Universum von denselben Kräften beherrscht wird und dass man diese Kräfte darstellen kann.

Newtons Bewegungsgesetze und das Gravitationsgesetz wirken auf der Erde ebenso wie unter den Himmelskörpern. Sie erklären fast alle Bewegungen, deren Zeuge wir werden. Nur wenn Objekte Lichtgeschwindigkeit erreichen oder sehr klein sind, gelten sie nicht. Doch dies war ja zu Newtons Zeit noch nicht von Belang. In Newtons Universum waren alle Bewegungen vorhersagbar, wenn die Masse des Körpers bekannt war und die Kräfte, die auf ihn einwirkten.

Das Universum als Experimentallabor

Newton überprüfte seine Gesetze an den Planetenbewegungen im Sonnensystem. Er zeigte, dass die Erde sich beschleunigt, wenn sie der Sonne näher kommt, was die

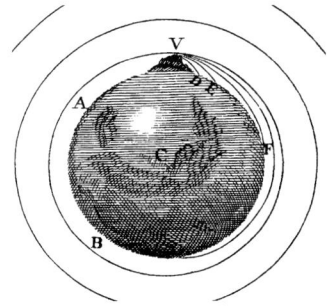

Diagramm aus Newtons A Treatise of the System of the World: *Hier geht es um das Verhalten einer Kanonenkugel im Weltall.*

Galileis Experiment lässt sich mit Rollwägelchen auf einer schiefen Ebene wunderbar nachvollziehen.

Eigentümlichkeiten ihrer Umlaufbahn erklärte. Die Schwerkraft der Sonne bestimmt die Umlaufbahn aller Planeten. Seine Erklärungen stützten auch die Keplerschen Thesen (*siehe* ▶ Seite 158). Die Himmelsmechanik – das Studium der Kräfte, die auf Himmelskörper einwirken – wurde zum Experimentallabor für die Gesetze der Physik. In den folgenden Jahrhunderten verfeinerte sich unser Verständnis der Planetenbewegungen, weil man sie aufbauend auf Newtons Gesetzen neu berechnete. Newton selbst

wusste, dass die Umlaufbahnen nicht so waren, wie er sie selbst berechnet hatte, doch er glaubte, dass alle paar Jahre eine göttliche Kraft eingriff, die die unbotmäßigen Planeten Jupiter und Saturn wieder zurechtrückte.

Der französische Mathematiker und Astronom Pierre-Simon Laplace (1749 – 1827) fand mithilfe der Newtonschen Gesetze heraus, was tatsächlich passierte.

ISAAC NEWTON (1642 – 1727)

Newton kam als Frühgeburt am Weihnachtstag 1642 zur Welt und man nahm an, dass er sterben würde. Als Kind galt er als faul und unaufmerksam. In Cambridge erwies er sich als mittelmäßiger Student. Als die Universität 1665 wegen der Großen Pest geschlossen wurde, kehrte Newton zwangsweise nach Hause zurück, nach Lincolnshire. Dort hatte er seine ersten Einsichten in die Bewegungsgesetze und die Gravitation. Nach seiner Rückkehr nach Cambridge erhielt er 1669 den Lucasischen Lehrstuhl für Mathematik – im Alter von 27 Jahren. Er bewies, dass weißes Licht aus Licht aller Spektralfarben besteht, und entwickelte die Differenzialrechnung – später stritt er sich mit Leibniz (1646 – 1716) darüber, wer sie als Erster entdeckt hatte. Newton schrieb zwei wichtige Bücher: *Principia* und *Opticks*. Mit seinem Wissenschaftskollegen Hooke lieferte der arrogante Newton sich eine lebenslange Fehde.

Luft und Wasser

Manche Kräfte sind offensichtlich: Wir geben einem Spielzeug-LKW einen Schubs und er bewegt sich. Andere sind nicht so klar erkennbar. Der Luftdruck zum Beispiel oder Wasserkraft – beides kann, wenn es auf einen Körper einwirkt, diesen verformen oder zerstören. Flüssigkeiten verhalten sich auch anders als feste Körper. Eine Flüssigkeit bewegt sich fließend, hat keine klar begrenzte Form und übt andere Kräfte aus als ein fester Körper. Trotzdem fallen und bewegen sich auch Flüssigkeiten. Das Verhalten von Gasen ist wieder ein anderes und außerdem schwer zu erforschen, da Gase nicht sichtbar sind. Der Wind aber kann ganze Bäume umknicken – es ist also klar, dass auch Gase Kräfte ausüben können, auch wenn diese experimentell schlechter erforscht werden können.

Anaxagoras führte öffentliche Experimente durch, um die Existenz des Luftdrucks zu beweisen. Dazu benutzte er Luft in einem geschlossenen kugelförmigen Gefäß, das er unter Wasser drückte. Obwohl die Kugel kleine Löcher am Boden hatte, füllte sie sich nicht mit Wasser, da sie bereits voller Luft war. Anaxagoras dehnte seine Einsicht nicht auf die Umgebungsluft aus, doch er erklärte mithilfe des Luftwiderstands, weshalb Blätter sich oft lange in der Luft halten. Archimedes stellte die These auf, dass ein Körper, den man in Wasser taucht, einer Auftriebskraft unterworfen ist, die der Menge Wasser entspricht, die seine Masse verdrängt.

Heron von Alexandria (ca. 10 – 70) fing an, diese Kräfte praktisch zu nutzen. Er

Ein fallendes Blatt fällt nicht gerade zur Erde, da seine geringe Masse und seine ausgedehnte Oberfläche es auf dem Luftzug (Wind) schweben lassen.

erfand ein Windrad, mit dem er eine Orgel antrieb, und den ersten Dampfmotor. Heron baute auch das erste automatisierte Puppentheater und einen automatischen Weihwasserverteiler. Man warf eine Münze hinein, diese fiel auf ein Plättchen, das sich dadurch neigte und ein Ventil öffnete, sodass das Wasser zu fließen begann. Neigte das Plättchen sich dann so stark, dass die Münze herabfiel, wurde das Ventil wieder geschlossen. Beim Puppentheater trieb eine einfache Maschine durch ein System von Seilen und Knoten und ein zylindrisches Zahnrad, das sich drehte, die Puppen an.

Seit der Antike ist bekannt, dass Wasser sich auf eine Höhe von 10 Metern pumpen lässt, aber nicht höher. Erst 1640 kam man dahinter, dass dies am Luftdruck liegt. Der italienische Mathematiker Gasparo Berti (1600 – 1643) erfand um das Jahr

Ein Aeolipil oder früher Dampfmotor, wie Heron von Alexandria ihn entworfen hat. Der austretende Dampf führt dazu, dass sich die Kugel oben dreht.

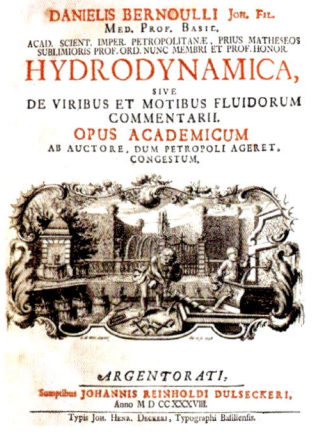

Die Titelseite von Bernoullis Hydrodynamica, *das erste Werk über Strömungslehre*

1640 sozusagen unabsichtlich ein Wasserbarometer. Er stellte fest, dass sich in einem mit Wasser gefüllten, elf Meter langen Rohr, das an beiden Enden versiegelt und dann mit dem unteren Ende in ein Wasserschaff gestellt wird, wobei die Versiegelung unten gelöst wird, eine Wassersäule von 10,4 Meter bildet.

DAS WEINBAROMETER

Nachdem Pascal entdeckt hatte, wie das Barometer funktioniert, prüfte er die Annahme der aristotelischen Physik, dass der leere Teil des Rohres mit Dämpfen von der darunterliegenden Flüssigkeit gefüllt sei, die die Säule nach unten pressten. (Noch immer konnte man sich mit der Idee eines Vakuums nicht anfreunden.) Da Wein mehr Dämpfe entwickeln sollte als Wasser, stellte er ein Weinbarometer her und bat die Aristoteliker, sein Verhalten vorherzusagen. Diese meinten, die Flüssigkeitssäule müsse niedriger ausfallen, weil ja mehr Dämpfe vorhanden seien. Pascal bewies öffentlich, dass dies falsch war.

Oberhalb der Wassersäule entsteht ein Vakuum. Ein italienischer Physiker namens Giovanni Batista Baliani (1582–1666) kam 1630 dahinter, dass man Wasser selbst mit Saugpumpen nicht über diese Höhe ansaugen konnte und bat Galilei um Rat. Dieser erklärte sich das Phänomen damit, dass das Vakuum nur eine Wassersäule dieser Größe halten könne. Niemand kam zu jener Zeit auf die Idee, dass die Luft selbst ein Gewicht haben könnte.

Vom Wasser zum Quecksilber

Evangelista Torricelli (1608–1647) war ein Schüler und Freund Galileis. Er stellte 1644 die These auf, dass Luft ein Eigengewicht habe und dieses auf die Wassersäule drücke, sodass sie nicht über 10 Meter steigen könne. Von Torcelli hieß es, dass er sich als Hexer betätigte. In Wirklichkeit aber führte er seine Experimente nur im Geheimen durch. Er suchte nach einer Flüssigkeit mit höherer Dichte, damit sich die Säule besser untersuchen ließe. Fündig wurde er beim Quecksilber, das eine 16-fach höhere Dichte als Wasser hat und eine Säule von 65 Zentimetern ausbildet.

Der französische Mathematiker und Philosoph Blaise Pascal (1623–1662) wiederholte Torricellis Experiment mit der Quecksilbersäule, das zur Erfindung des Barometers geführt hatte. Er schickte seinen Bruder mit solch einem Gerät auf einen hohen Berg und ließ ihn dort die Messungen vornehmen. Da die Quecksilbersäule dort noch niedriger war, schloss Pascal korrekt, dass der Luftdruck dort oben niedriger war und dass der Luftdruck mit steigender Höhe sank. An einem gewissen Punkt hört die Luft auf und es gibt

nur noch das Vakuum. Darum wird der Druck heute ihm zu Ehren in Pascal gemessen: Ein Pascal entspricht 1 Newton pro Quadratmeter.

Strömungslehre

Obwohl die Menschen Wasserkraft schon seit Jahrtausenden nutzten, wurden ihre Geheimnisse erst Mitte des 18. Jahrhunderts entschlüsselt. Der Schweizer Mathematiker Daniel Bernoulli (1700–1782) studierte die Bewegung von Flüssigkeiten und Gasen und veröffentlichte dazu 1738 ein bahnbrechendes Werk mit dem Titel *Hydrodynamica*. So fand er beispielsweise heraus, dass schnell fließendes Wasser weniger Druck ausübt als langsam fließendes und dass dieses Prinzip für jede Flüssigkeit, aber auch für Gase gilt. Wenn Bernoulli ein dünnes Rohr vertikal in ein dickeres, waagerecht liegendes einführte, in dem Wasser floß, stieg Wasser in dem dünnen Rohr auf. Je größer der Wasserdruck im größeren Rohr, desto höher der Spiegel im dünnen Rohr. Wird das horizontale Rohr nun verkleinert, dann steigt der Wasserdruck darin. Wird der Durchmesser um die Hälfte verringert, steigt der Druck um das Vierfache.

Daraus machte Bernoulli nun das, was wir heute als Bernoulli-Regel kennen. In einem Rohr, durch das Flüssigkeit fließt, ist die Summe kinetischer Energie, potenzieller Energie und Druckenergie einer bestimmten Flüssigkeitsmenge konstant. Dieses Gesetz entspricht dem Energieerhaltungssatz. Das Phänomen, das dahintersteht, hält Flugzeuge in der Luft, ermöglicht Wettervorhersagen und hilft uns, die Zirkulation von Gasen in Sternen und Galaxien darzustellen.

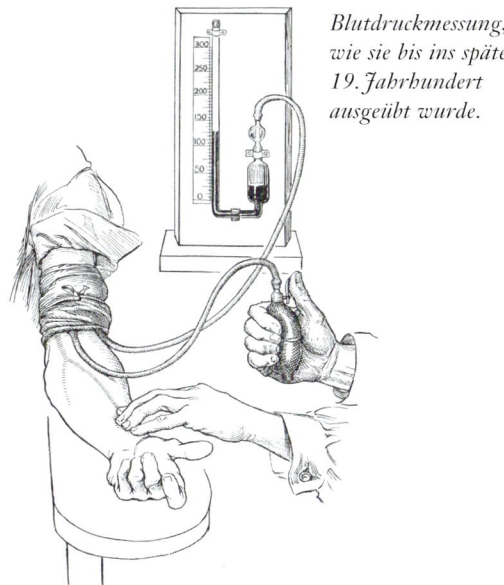

Blutdruckmessung, wie sie bis ins späte 19. Jahrhundert ausgeübt wurde.

Bernoulli hatte auf Drängen seines Vaters zuerst Medizin studiert und entwickelte aus seinen Forschungen ein Blutdruckmessgerät, bei dem jedoch ein Blutgefäß angezapft werden musste. Diese recht unangenehme Methode der Blutdruckmessung wurde bis 1896 ausgeführt.

Strömung und Masse

Bevor nicht allgemein anerkannt war, dass Materie aus Atomen besteht, war es unmöglich, die Mechanik fester Körper mit der fließender Stoffe in Einklang zu bringen. Sobald aber bekannt war, dass Flüssigkeiten und Gase aus Molekülen bestehen, war klar, wie Wasser- und Luftdruck entstehen. Letztlich waren es die Beobachtungen zur Brownschen Atombewegung (*siehe* ▸▸ Seite 32), die die Existenz von Atomen experimentell belegten. Erst Anfang des 20. Jahrhunderts fand das Atommodell der Materie allgemein Akzeptanz. Etwa zur selben Zeit geriet die Newtonsche Mechanik unter Beschuss.

Die Mechanik nutzbar gemacht

Während der Industriellen Revolution im 18. und 19. Jahrhundert revolutionierte die Mechanisierung der Arbeit in Industrie, Landwirtschaft und Transport ganz Europa und Nordamerika. Die Menschen zogen in Scharen in die Städte. Maschinen erlaubten die massenhafte Herstellung von Waren und übernahmen landwirtschaftliche Arbeiten, zu denen vorher zahllose Landarbeiter nötig waren. Auch der Transport von Gütern, Nahrung und Menschen vereinfachte sich. Die Wissenschaft trug viel zum Fortschritt bei. 1764 baute James Hargreaves eine Spinnmaschine. 1769 erfand Richard Arkwright die Waterframe-Spinnmaschine. Beide wurden durch Wasser angetrieben. Die ersten dampfgetriebenen Maschinen waren Pumpen, doch James Watt entwickelte diese weiter, sodass sie für alle möglichen Tätigkeiten zur Verfügung standen und das Leben der Menschen verbesserten.

— Eine neue Grundlage für die — Newtonsche Mechanik

Newtons Bewegungsgesetze wurden ebenfalls verbessert. Der Schweizer Mathematiker Leonhard Euler (1707–1783) dehnte Newtons Gesetze von Teilchen auf feste Körper aus. Das Prinzip der kleinsten Wirkung (das die Faulheit der Natur beschreibt) zeigt sich in der Physik überall, zum Beispiel beim Licht, das immer den kürzesten Weg nimmt. Der geniale italienisch-französische Mathematiker Joseph-Louis Lagrange (1736–1813) folgte Euler

als Direktor der Berliner Akademie der Wissenschaften nach. Er formulierte in seinem Werk mit dem Titel *Méchanique analytique* die Newtonschen Grundsätze neu und begründete damit die Analytische Mechanik. Diese beschrieb die Grenzen eines mechanischen Systems mit allen Variationen, die es durchlaufen konnte, durch die Mittel der Analysis. Die Lagrange-Gleichungen verbinden die kinetische Energie eines Systems mit seinen generalisierten Koordinaten, Kräften und der Zeit. Sein Buch enthält nicht ein einziges Schaubild, was für ein Buch über Mechanik ein absolutes Novum war. Er setzte rein auf Analysis und nicht auf Geometrie. Seine Arbeit vereinfachte zahlreiche Berechnungen in der Strömungs- und Bewegungslehre, weil er kinetische und potenzielle Energie durch skalare Produkte ausdrückte, statt sie durch Beschleunigung, Richtung und andere vektorielle Elemente zu beschreiben.

Sowohl Euler als auch Lagrange beschäftigten sich mit Strömungslehre, doch unter verschiedenen Gesichtspunkten. Euler beschrieb die Bewegung bestimmter Punkte innerhalb einer Strömung, während Lagrange die Strömung in Zonen einteilte und deren Bahn berechnete.

Auch der irische Mathematiker Sir William Rowan Hamilton (1805–1865) trug vieles zur praktischen Umsetzung moderner Mechanik bei. Seine Abhandlung mit dem Titel *On a General Method in Dynamics* (1835) drückte die Energie eines Systems durch seine Parameter Impuls und Ort aus. Damit lässt sich die Dynamik eines Systems durch eine Funktion ausdrücken. Seine Reformulierung der

klassischen Mechanik in den Hamilton-Gleichungen wird daher mitunter als „Hamilton-Mechanik" bezeichnet. Dabei entdeckte er, dass die Newtonsche Mechanik gewisse Gemeinsamkeiten mit der geometrischen Optik hatte. Doch das wurde erst gut hundert Jahre nach seinem Tod wieder interessant, als die Quantenmechanik entwickelt wurde.

Trägheit und Gravitation

Eine wichtige Station zwischen Newtons Formulierung des Trägheitsprinzips und der Gravitation und Einsteins Relativitätstheorie repräsentiert die Forschungsarbeit des österreichischen Physikers Ernst Mach (1838–1916). Newton betrachtete den Raum als Hintergrund, vor dem man eine Bewegung nachzeichnen könne. Mach war damit nicht einverstanden. Seiner Ansicht nach war Bewegung immer relativ zu einem anderen Objekt oder Punkt. Wie Einstein dachte er, dass Bewegung nur relativ Sinn mache. Die Folge sei, dass auch Trägheit nur in Bezug auf andere Punkte verstanden werden könne. Wenn es keine anderen Sterne oder Planeten gäbe, könnten wir nicht erkennen, dass die Erde sich dreht. Machs Prinzip – das er selbst nicht als solches bezeichnet hatte, der Begriff stammt von Einstein – wurde recht allgemein formuliert: „Masse hier beeinflusst Trägheit dort." Gäbe es keine Masse „hier", könnte „dort" keine Trägheit sein.

Groß und klein

Die Newtonsche Mechanik lieferte glänzende Ergebnisse auf der Ebene größerer Objekte, bei kleineren allerdings stieß sie schnell an ihre Grenzen. Als die Physiker sich allmählich der subatomaren Welt bewusst wurden, entdeckten sie, dass die Gesetze der Physik, die sie für unwandelbar gehalten hatten, dort nicht zu gelten schienen. Kleinste Teilchen konnten ganz verrückte Sachen anstellen. Und schon war das mühselig aufgebaute Vertrauen in die Gesetze der Physik dahin. Im 20. Jahrhundert musste man diese erneut unter die Lupe nehmen.

SIR WILLIAM ROWAN HAMILTON (1805 – 1865)

Hamilton war schon als Kind ein kleines Genie. Er lernte mit drei Jahren lesen. Mit fünf konnte er aus dem Lateinischen, Griechischen und Hebräischen übersetzen. Mit elf verfasste er eine Grammatik des Syrischen und mit 14 begrüßte er den persischen Botschafter, der Dublin besuchte, mit einem Gedicht in seiner Sprache. Hamiltons Begabung für Mathematik und Astronomie war außergewöhnlich. Er wurde noch als Student im Grundstudium zum Professor und Königlichen Astronomen ernannt. Er sprach leidenschaftlich gerne dem Alkohol zu und arbeitete am liebsten bei sich zu Hause im Esszimmer. Außer Lammkoteletts aß er übrigens kaum etwas. Daher fand man nach seinem Tod in seinen Schriften Dutzende Lammrippenknöchelchen. Seine Arbeit ermöglichte bedeutende Fortschritte in Mathematik, Astronomie, Mechanik Strömungslehre und Optik.

ENERGIE –
Felder und Kräfte

Wenn eine Kraft auf eine Masse einwirkt, ist ganz klar, dass Energie im Spiel ist. Es mag daher überraschen, dass die antiken Philosophen sich zwar über alle möglichen Kräfte Gedanken machten, doch das Phänomen der Energie sie nicht zu interessieren schien. Tatsächlich kam die Idee erst im 17. Jahrhundert auf. Zwar hatte Aristoteles den Begriff der *energeia* geprägt, doch in seiner modernen Bedeutung wurde er erstmals 1807 von Thomas Young (das Doppelspalt-Experiment) verwendet. Die offenkundigsten Formen von Energie sind Licht und Wärme, die beide von der Sonne kommen. Die Menschheit aber machte sich auch chemische Energie zunutze (Brennstoffe), die Energie der Schwerkraft bei fallenden Körpern, die kinetische Energie von Wind und Wasser sowie später elektrische und atomare Energie.

Blitz und Wind sind Energieentladungen in der Natur, die aufgrund ihrer zerstörerischen Kraft gefürchtet sind.

Die Erhaltung von Energie

So wie Materie weder geschaffen noch zerstört werden kann, bleibt auch Energie erhalten. Sie kann zwar von einer Form in eine andere über-führt werden, doch sie löst sich nicht ein-fach auf. Nur deshalb können wir uns übri-gens Energie dienst-bar machen. Galilei fiel auf, dass ein Pen-del die Energie der Schwerkraft in kineti-sche oder Bewegungs-energie umwandelt. Wenn das Pendel seinen

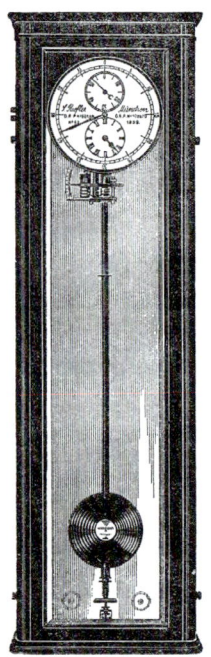

Die erste Penduluhr wur-den 1656 von Christiaan Huygens entwickelt: Das Pendel benötigt für seine Schwingbewegung immer genau gleich viel Zeit.

Eine Eisläuferin beschleu-nigt ihre Drehungen, indem sie die Arme nahe an den Körper hält. Sie bremst ab, indem sie die Gliedmaßen ausstreckt.

Extrempunkt erreicht hat, verharrt es kurz. In diesem Moment hat es sein ma-ximales Energiepotenzial erreicht. Dieses wird in kinetische Energie umgewandelt, während das Pendel zurückschwingt. Es nimmt wieder Energie auf, wenn es auf der anderen Seite wieder in die Gegen-richtung schwingt.

„Ein Faktum oder, wenn Sie so wol-len, ein Gesetz gibt es, das bis heute alle natürlichen Phänomene steuert. Bis heute ist keine Ausnahme von die-sem Gesetz bekannt. Nach heutigem Wissensstand ist es also exakt. Dieses Gesetz ist der Energieerhaltungssatz. Er besagt, dass da eine bestimmte Quanti-tät von etwas ist, das wir Energie nen-nen, und dass diese Quantität sich nie-mals ändert, welche Veränderungen die Natur auch durchlaufen mag. Das ist ein höchst abstraktes Gesetz, denn es ist ein mathematisches Prinzip. Es besagt, dass da tatsächlich eine nume-rische Quantität ist, die sich nicht ver-ändert, wenn etwas passiert. Damit wird kein Mechanismus beschrieben oder sonst etwas Konkretes. Es ist nur die eine merkwürdige Tatsache: Wenn wir diese Quantität zahlenmäßig berechnen und dann die Natur ihre ganzen Tricks machen lassen und diese Zahl erneut berechnen, dann ist sie immer noch die-selbe."

Richard Feynman, US-Physiker, 1961

— Die „Erfindung" der Energie —

Dass die verschiedenen Formen von Energie einander äquivalent sind, war nicht unmittelbar klar. Selbst heute wissen wir noch nicht genau, was Energie ist und wie sie funktioniert. Der deutsche Mathematiker Gottfried Wilhelm Leibniz (1646–1716) gab eine mathematische Erklärung für die Umwandlung verschiedener Energieformen – ein Phänomen, das er *vis viva* nannte, lebendige Kraft. Seine Arbeit und die Beobachtungen des holländischen Mathematikers und Philosophen Willem Gravesande (1688–1742) wurde von der französischen Physikerin Marquise Émilie du Châtelet (1706–1749) weiterverfolgt. Sie definierte die Energie eines sich bewegenden Körpers als proportional zu seiner Masse, die mit dem Quadrat seiner Geschwindigkeit multipliziert wird. Die aktuelle Definition von Energie kommt dem sehr nahe:

$$E_k = \frac{1}{2}\,mv^2$$

Über Jahrtausende verwendete der Mensch das Feuer, ohne zu wissen, wie es funktioniert.

— Der Kampf mit dem Feuer —

Frühe Theorien darüber, was bei der Verbrennung passiert, bringen ein brennbares Element ins Spiel, das man *Phlogiston* nannte. Es sollte in allen Materialien vorhanden sein. Wurde irgendetwas verbrannt, entfleuchte das *Phlogiston*. Das war

DAS PERPETUUM MOBILE

Der Energieerhaltungssatz scheint zu ermöglichen, dass es eine Maschine gibt, die sich selbst am Laufen hält, indem sie nur die verschiedenen Energieformen umwandelt: das Perpetuum mobile. Auf diese Idee kam 1150 zum ersten Mal der indische Mathematiker Bhaskara (1114–1185): Er beschrieb ein Rad, bei dem in jeder Speiche Gewichte von der Radnabe auf das Rad fallen und das Rad so am Laufen halten sollten. Selbst Robert Boyle beschrieb eine Maschine, die kontinuierlich einen Becher mit Wasser leerte, wieder füllte und wieder leerte. Doch kein Perpetuum mobile funktioniert, weil die Anfangsenergie des Systems allmählich durch Reibung und Ineffizienzen verloren geht. Im 18. Jahrhundert hatten die französische Akademie der Wissenschaften und das US-amerikanische Patentamt genug von all den Patentvorschlägen für das Perpetuum mobile und verbaten sich weitere Einsendungen.

im Grunde keine Theorie über Energie, sondern über die physikalischen und chemischen Veränderungen, die das Feuer bewirkt. Eine erste energetische Theorie wurde 1667 von dem Alchemisten Johann Becher (1635–1682) aufgestellt. Er überarbeitete das alte Modell von den vier Elementen, das man seit Empedokles kannte (*siehe* ▸▸ Seite 20) und nahm an, dass es drei Formen von Erde (Materie) gebe: *terra lapidea*, *terra fluida* und *terra pinguis*. Letztere sollte den Stoffen Brennbarkeit verleihen. 1703 veränderte Georg Ernst Stahl (1659–1734), seinerseits Professor für Medizin und Chemie an der Universität Halle, das Modell, indem er aus der *terra pinguis* das Phlogiston machte.

Das *Phlogiston* sollte eine geruchs-, farb- und geschmacklose Substanz sein, die frei werde, wenn man etwas verbrennt. Wenn alles *Phlogiston* verbraucht ist, hat sich das verbrannte Objekt gewöhnlich

Georg Ernst Stahl

Lavoisiers Labor in Paris

verändert. Holz zum Beispiel wird zu Asche. Wird hingegen etwas in einem geschlossenen Raum verbrannt, so kann nicht alles *Phlogiston* entweichen. Es sammle sich vielmehr in der Luft an.

Mit diesem Modell war es jedoch schwierig zu erklären, weshalb sich bei manchen Metallen bei der Erwärmung oder Verbrennung die Masse erhöht. (Heute wissen wir, dass sie bei der Verbrennung Oxide bilden.) Die Phlogistontheoretiker hatten auch dafür eine Lösung: Sie meinten, *Phlogiston* könne positives, negatives oder gar kein Gewicht haben. Wenn das Phlogiston ein negatives Gewicht habe, müsse die Verbrennung automatisch zu einem Zuwachs an Masse führen. Zudem spielte *Phlogiston* bei der Rostentwicklung eine bedeutende Rolle, aber auch in lebenden Systemen. So könne kein Wesen in mit *Phlogiston* gesättigter Luft überleben, andererseits würde Eisen darin nicht rosten.

Erst Antoine-Laurent de Lavoisier (*siehe* ▸▸ Seite 30) fand für den Verbrennungsprozess eine chemische Erklärung. Er zeigte,

GABRIELLE ÉMILIE LE TONNELIER DE BRÉTEUIL, MARQUISE DU CHÂTELET (1706 – 1749)

Die Tochter eines französischen Aristokraten galt als zu groß für eine Frau. Ihr Vater glaubte daher, dass sie keinen Mann finden werde. Daher stellte er für sie die besten Hauslehrer ein, die es gab, sodass sie schon im Alter von zwölf Jahren sechs Sprachen sprechen konnte. Und er erlaubte ihr, ihr Interesse für Physik und Mathematik zu verfolgen. Ihre Mutter erhob Einspruch und wollte sie in ein Kloster stecken, doch am Ende setzte sich der Vater durch. Darüber hinaus entwickelte Émilie sich zur Spielerin, da ihr mathematisches Verständnis ihr half, ihre Chancen beim Spiel zu verbessern. Ihre Gewinne investierte sie in immer neue Bücher und Instrumente für ihr Laboratorium.

Am Ende heiratete Émilie doch und hatte drei Kinder. Ihr Mann war häufig unterwegs auf seinen zahlreichen Landgütern oder bei Feldzügen, und so konnte sie mit ihrer Zeit machen, was sie wollte. Sie verteilte sie auf ihre Studien und ihre Liebhaber – zu denen vermutlich auch Voltaire gehörte. Er wurde zu ihrem intellektuellen Gefährten und besuchte sie oft auf ihrem Schloss in Cirey-sur-Blaise, wo die beiden sich ein Labor teilten. Émilie übersetzte Newtons *Principia* und schrieb selbst *Institutions de physiques* (1740), wo sie einen Versuch

Émilie du Châtelet war eine berühmte Physikerin zu einer Zeit, als diese Wissenschaft noch den Männern vorbehalten war.

unternahm, die Ansichten Newtons und Leibniz' unter einen Hut zu bringen. 1737 nahm sie an einem von der französischen Akademie der Wissenschaften ausgerufenen Wettbewerb teil: Sie reichte eine Arbeit über den Verbrennungsprozess ein. Darin ging sie davon aus, dass die verschiedenen Spektralfarben des Lichts unterschiedliche Wärmegrade aufwiesen. Damit hatte sie der Entdeckung der Infrarotstrahlung den Weg geebnet. Sie gewann den Wettbewerb zwar nicht, doch ihr Aufsatz wurde veröffentlicht.

Auch sie experimentierte übrigens mit Kanonenkugeln, die sie in ein Bett aus Ton schleudern ließ. Sie stellte fest, dass die Kanonenkugel bei verdoppelter Abwurfgeschwindigkeit einen viermal so tiefen Abdruck im Ton hinterließ und zeigte so, dass die Energie eines sich bewegenden Körpers proportional zu seiner Masse multipliziert mit der Geschwindigkeit im Quadrat ist ($m \times v^2$). Und nicht, wie Newton behauptet, zur Masse multipliziert mit der einfachen Geschwindigkeit.

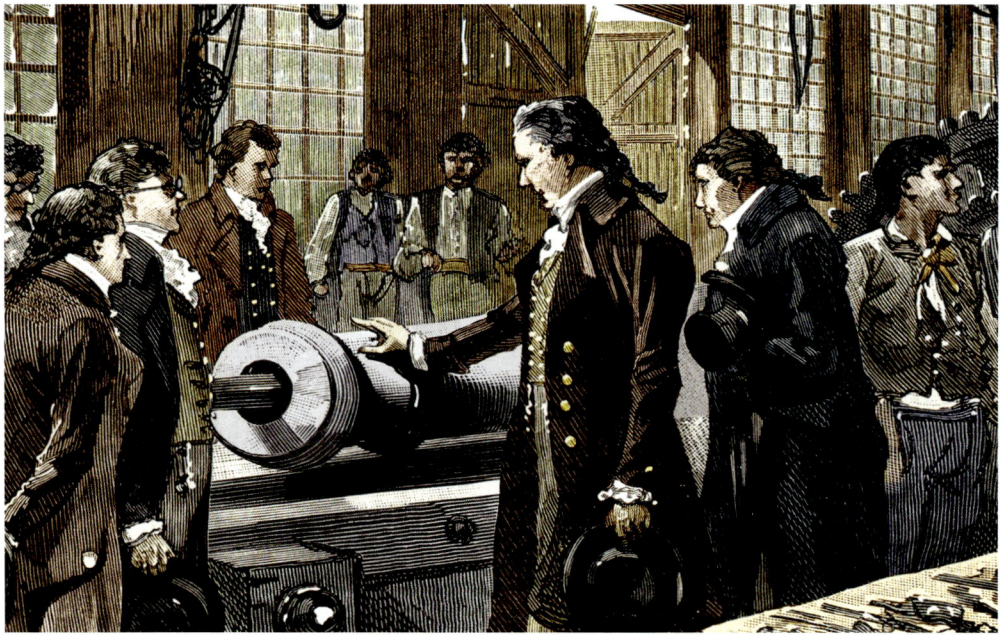

*Eines von Rumfords Kanonen-Experimenten.
Er stellte die These auf, dass Wärme von sich
bewegenden Teilchen verursacht werde.*

dass Materie, wenn sie verbrennt oder rostet, mit Sauerstoff reagiert. Dass dies auch bei lebenden Wesen geschehe (dass also die Atmung Sauerstoff erfordert), war der erste Hinweis darauf, dass chemische Prozesse die Alchemie des Lebens sind.

Während das Phlogiston und dann der Sauerstoff die chemischen Prozesse bei der Verbrennung erklären konnten, blieb das Phänomen der Wärme ein Geheimnis, bis 1737 Émilie du Châtelet eine Theorie der Infrarotstrahlung aufstellte.

> *„Ich bin von der Nicht-Existenz des Wärmestoffs ebenso überzeugt wie von der Existenz des Lichts."*
>
> Humphry Davy, 1799

Thermodynamik

Die Entwicklung der Dampfmaschine führte zu einem verstärkten Interesse an der Thermodynamik, die erforscht, wie Wärme erzeugt, übertragen und genutzt werden kann. Im 18. Jahrhundert waren zwei verschiedene Theorien über die Natur der Wärme verbreitet, die sich zwar nicht ausschlossen, aber doch ein seltsames Schwesternpaar bildeten: das „Wärmestoff"-Modell und das mechanische Modell.

Das mechanische Modell geht davon aus, dass Wärme von der Bewegung kleinster Teilchen herrührt. Die kinetische Theorie hat ihren Ursprung in Daniel Bernoullis Buch *Hydrodynamica* von 1738. Er behauptete, Gase bestünden aus winzigen Partikeln. Wenn diese auf eine Oberfläche auftreffen, üben sie Druck aus. Ihre kinetische Energie wird als Wärme fühlbar. Diese Vorstellung gilt bis heute.

ERKALTET

Ende des 18. Jahrhunderts nahmen Wissenschaftler an, es müsse auch einen „Kältestoff" geben. Der Schweizer Philosoph und Physiker Pierre Prévost (1751–1839) wies nach, dass dies nicht stimmt. Er meinte, Kälte sei einfach die Abwesenheit von Wärme. 1791 konnte er zeigen, dass alle Körper, ganz egal, wie kalt sie waren, Wärme abstrahlen.

Das „Wärmestoff"- oder Caloricum-Modell geht davon aus, dass Wärme ein materieller Stoff mit unzerstörbaren Teilchen ist. Diese „Wärme-Atome" können sich mit allen anderen Stoffen verbinden und sich zwischen deren Atome schmuggeln. Lavoisier propagierte den Wärmestoff bei seinem Versuch, die Nicht-Existenz von Phlogiston zu beweisen. Er glaubte, dass die Wärme-Atome Teil des Sauerstoffmoleküls seien und dass ihre Freisetzung die Entwicklung von Wärme verursache. Wenn es bei der Reibung zur Entwicklung von Wärme kam, dann weil der Wärmestoff von dem Körper abgerieben wurde.

Der in Amerika geborene Physiker Sir Benjamin Thompson, Graf Rumford (1753–1814), führte ein Experiment durch, bei dem er Eis wog, es zum Schmelzen brachte und dann erneut wog. Dabei fand er heraus, dass es keinen Gewichtsunterschied gab. Das aber zeigte, dass es bei der Erwärmung des Eises keinen Stoffzuwachs gab. Die Gegner dieser These behaupteten, der Wärmestoff sei masselos. Graf Rumford und der englische Chemiker Humphry Davy (1778–1829) zeigten, dass beim Durchbohren von eisernen Kanonenrohren enorme Mengen Wärme frei wurden. Die Wärme wurde also allein durch mechanische Arbeit erzeugt. Allein dies hätte deutlich machen sollen, dass es keinen Wärmestoff gab. Obwohl die Wärmestoff-Theorie von einigen Physikern infrage gestellt wurde, wurden die Schlussfolgerungen von Graf Rumford und Davy erst akzeptiert, als der englische Physiker James Prescott Joule (1818–1889) deren Experimente 50 Jahre später wiederholte.

Joule wies in seinen Experimenten nach, dass mechanische Arbeit in Wärme umgewandelt werden konnte. Wenn man Wasser in einem thermisch isolierten Gefäß rührt, erhöht sich seine Temperatur. Dieses Experiment bereitete den Weg für den Energieerhaltungssatz, wonach Wärme nicht verloren geht, sondern nur in eine andere Form der Energie umgewandelt wird. Damit war die Theorie vom Wärmestoff erledigt. (Interessanterweise aber gründete die These vom Wärmestoff auch auf der Erhaltung derselben, denn wenn Wärme Materie ist, gilt für sie der Massenerhaltungssatz.)

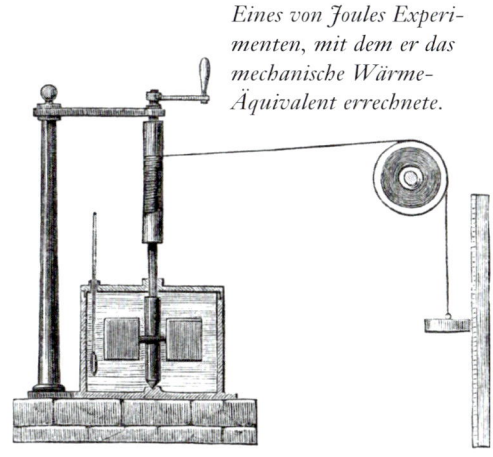

Eines von Joules Experimenten, mit dem er das mechanische Wärme-Äquivalent errechnete.

seine Thesen zwar interessant, doch es dauerte eine gewisse Zeit, bis sie sich diese zu eigen machten.

Die erste Zusammenarbeit von Thomson und Joules ergab sich, als Joule in seinen Flitterwochen mit Thomson zusammentraf. Sie wollten den Temperaturunterschied an einem Wasserfall messen, doch diese Idee war nicht durchführbar. Thomson und Joule standen von 1852 bis 1856 in Briefkontakt. Joule schloss aus seinen Experimenten, dass Wärme mit Atombewegung zu tun hat, obwohl damals die Atomtheorie der Materie noch nicht allgemein akzeptiert war. Joule aber hatte den englischen Chemiker John Dalton (*siehe* ▸▸ Seite 31) studiert.

Er errechnete, welche Energie man benötigt, um 1 Gramm Wasser um 0,239 Grad Kelvin zu erwärmen. Diese Energiemenge wird heute ihm zu Ehren mit 1 Joule angegeben. Joule machte dazu verschiedene Versuche, die jedoch alle zum selben Ergebnis führten. So war erwiesen, dass seine Annahme korrekt war.

Joules Arbeiten wurden zunächst ohne große Begeisterung aufgenommen, unter anderem, weil sie sehr exakte Messmethoden erforderten, zum Beispiel 0,239 Grad Kelvin. Als Michael Faraday und William Thomson (der spätere Lord Kelvin) 1847 einem Vortrag Joules zuhörten, fanden sie

Die Gesetze der Thermodynamik

Die drei Hauptsätze der Thermodynamik drehen sich um das Verhalten von energiegeladenen Systemen. Sie wurden im 19. Jahrhundert aufgestellt, sobald allgemein anerkannt war, dass Wärme auf die Bewegung von Teilchen zurückgeht.

Der erste Hauptsatz wurde 1850 von Rudolf Clausius (1822 – 1888) formuliert und hat mit der Erhaltung von Energie zu tun: Die Veränderung der inneren Energie eines Systems entspricht der Menge an zugeführter Wärme oder der Menge der von ihm geleisteten Arbeit. Anders gesagt: Energie kann nicht geschaffen und nicht zerstört werden. Das von Clausius aufgestellte Gesetz beruht auf Joules Nachweis der Gleichwertigkeit von Arbeit (oder Energie) und Wärme.

Eine Dampfmaschine wandelt Wärme in kinetische Energie um und treibt dadurch eine Maschine oder ein Fahrzeug an.

NICOLAS LÉONARD SADI CARNOT (1796–1832)

Nicolas Carnot kam in Paris als Sohn eines hochrangigen Militärs zur Welt. Er war Cousin von Marie François Sadi Carnot, der von 1887–1994 Präsident der französischen Republik war. Von 1812 an besuchte der junge Carnot das Polytechnikum in Paris, wo er von berühmten Physikern wie Siméon Denis Poisson (1781–1840), Joseph Louis Gay-Lussac (1778–1850) und André-Marie Ampère (1775–1836) unterrichtet wurde. Die Dampfmaschine, die seit 1712 in Gebrauch war, war von James Watt sukzessive verbessert worden, doch diese Verbesserungen waren eher von Versuch und Irrtum geleitet als von wahrem Verständnis. Als Carnot begann, sich damit auseinanderzusetzen, wies die Dampfmaschine eine Energieeffizienz von nur 3 Prozent auf. Carnot aber stellte sich zwei Fragen: a) Ist die Arbeit, die eine Wärmequelle leisten kann, unbegrenzt? b) Kann der Dampf durch ein anderes Medium (Flüssigkeit oder Gas) sinnvoll ersetzt werden? Dabei entwickelte er ein mathematisches Modell der Dampfmaschine, das Wissenschaftlern half, deren Arbeitsweise besser zu verstehen.

Obwohl Carnot seine Erkenntnisse noch auf der Grundlage des „Wärmestoff"-Modells ausdrückte, legte er damit den Grundstein für den 2. Hauptsatz der Thermodynamik. Er fand heraus, dass die Dampfmaschine Arbeit verrichten konnte, nicht weil sie „Wärmestoff" verbrauchte, sondern weil sie etwas Warmes kalt werden ließ. Außerdem stellte er fest, dass umso mehr Arbeit verrichtet werden konnte, je größer der Temperaturunterschied zwischen „dem warmen und dem kalten Körper" war. Carnot veröffentlichte seine Schlussfolgerungen 1824, doch seine Arbeit wurde erst 1850 von Rudolf Clausius fortgeführt.

Er selbst starb schon 1832, im Alter von nur 36 Jahren, an der Cholera. Da man Angst vor Ansteckung hatte, begrub man seine Aufzeichnungen mit ihm. Alles, was erhalten blieb, war sein Buch.

Der zweite Hauptsatz der Thermodynamik wurde eigentlich vor dem ersten entdeckt. Der französische Militäringenieur Nicolas Sadi Carnot (*siehe* ▶▶ Kasten oben) beschrieb eine ideale Wärmemaschine, bei der keine Energie durch Reibung oder Ineffizienz verloren geht. Er zeigte, dass die Effizienz einer Maschine immer vom Temperaturunterschied zweier Medien abhängt. Eine Dampfmaschine, die mit extrem heißem Dampf arbeitet, kann mehr Arbeit verrichten als eine mit kühlerem Dampf. Ein Motor (ein Dieselmotor zum Beispiel), der einen wärmeren Kraftstoff verwendet, ist effizienter als einer mit kühlerem Kraftstoff. Wie so viele Forscher der Thermodynamik im 19. Jahrhundert nahm auch Carnot

DER MAXWELLSCHE DÄMON

1871 ersann James Clerk Maxwell ein Gedankenexperiment, das den 2. Hauptsatz der Thermodynamik widerlegen sollte. Er beschrieb zwei nebeneinanderliegende Behälter. Einer enthält heißes Gas, der andere kaltes. Verbunden sind sie durch ein kleines Loch. Gewöhnlich geht Wärme von einer heißen in eine kalte Region über, schnelle Teilchen krachen in langsame und bringen sie zum Schwingen. Am Ende würde daher das Gas in beiden Behältern Teilchen mit etwa derselben Geschwindigkeitsverteilung und Temperatur enthalten. In diesem Experiment aber sitzt ein Dämon an dem kleinen Loch und lässt schnelle Partikel aus dem kalten Gas in den warmen Bereich und langsame Teilchen aus dem kalten in den heißen. Auf diese Weise erhöht sich die Temperatur im heißen Teil, die im kalten sinkt. Dadurch nimmt die Entropie des Systems ab. Doch das Experiment widerlegt den 2. Hauptsatz nicht, denn der Dämon verbraucht ja selbst Energie. 2007 versuchte der schottische Physiker David Leigh, eine Dämonen-Maschine auf Nano-Ebene zu bauen. Sie kann die schnellen von den langsamen Teilchen trennen, braucht aber selbst einen Energielieferanten.

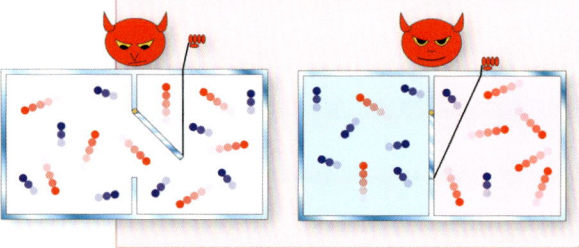

existierende Maschinen als Ausgangspunkt für seine Überlegungen zur Physik, die diese Maschinen funktionieren lässt. Damals war es der praktische Fortschritt, der die Grundlagenforschung voranbrachte.

Carnot verwendete das Konzept des Wärmestoffs, erst Clausius erklärte Carnots Resultate unter Rückgriff auf den Begriff der Entropie. Er stellte die These auf, dass ein System immer zu höherer Entropie neigt. Umgangssprachlich erklärt man Entropie meist als „Unordnung". Genauer gesagt ist Entropie ein Maß dafür, wie wenig Energie in einem System für die Verrichtung von Arbeit bereitsteht. In jedem realen System geht immer Energie in Form von abgestrahlter Wärme verloren. Wenn man Benzin verbrennt, wird die Energie von einem organisierten Zustand (niedriger Entropie) in einen desorganisierten Zustand (hoher Entropie) umgewandelt. Die totale Entropie des Universums steigt also an, wann immer Brennstoff verbraucht wird. Clausius verschmolz den 1. und 2. Hauptsatz der Thermodynamik zu der Aussage, dass die Menge an Energie im Universum zwar konstant bleibt, dass seine Entropie aber einem Höhepunkt zustrebt. Das Universum wird, wenn man diesen Gedanken zu Ende denkt, in einer grenzenlosen Suppe unverbundener Atome enden. Dieser „Hitzetod" des Universums geht auf Clausius' Theorie zurück.

Der 3. Hauptsatz der Thermodynamik wurde 1912 in Deutschland aufgestellt. Der deutsche Physiker und Chemiker Walther Nernst (1864–1941) meinte, es sei unmöglich, ein System auf den absoluten Nullpunkt abzukühlen, die Temperatur, bei der jede Atombewegung aufhört und die Entropie gegen Null geht.

Der absolute Nullpunkt

Der 3. Hauptsatz der Thermodynamik setzt eine Untergrenze für die Temperatur voraus, die wir als absoluten Nullpunkt kennen. Robert Boyle stellte diese Idee 1665 in seiner Schrift *New Experiments and Observations Touching Cold* (Neue Experimente und Beobachtungen über die Kälte) vor. Er bezeichnete diesen Punkt als *primum frigidum*.

Der französische Physiker Guillaume Amontons (1663–1705) war der Erste, der das Problem praktisch anging. 1702 baute er ein Luft-Thermometer und erklärte, dass die Temperatur, bei der die Luft keinerlei Einfluss auf die Messung ausübte, der absolute Nullpunkt sei. Bei ihm lag dieser Punkt bei –240 Grad Celsius. Der Schweizer Mathematiker Johann Heinrich Lambert (1728–1777) setzte den absoluten Nullpunkt bei –270 Grad Celsius fest, etwa beim heute gültigen Wert.

Joseph Gay-Lussac untersuchte, wie Volumen und Temperatur von Gasen zusammenhängen. Er fand, dass bei gleichbleibendem Druck das Volumen eines Gases für jedes Grad Celsius über dem Nullpunkt um $1/273$ zunimmt. Daraus errechnete er den absoluten Nullpunkt

Ein Galilei-Thermometer, das auf dem Prinzip beruht, dass sich die Dichte einer Flüssigkeit mit der Temperatur ändert.

bei –273 Grad Celsius und kam damit dem heutigen Wert auf einige Nachkommastellen nahe.

Nachdem Joule nachgewiesen hatte, dass Wärme und Arbeit gleichwertig sind, stellte sich das Problem anders. William Thomson (später Lord Kelvin) stellte eine Temperaturskala auf, die einzig auf den Hauptsätzen der Thermodynamik beruhte und – anders als die Skalen von Fahrenheit und Celsius – nicht auf dem Verhalten bestimmter Stoffe. Dabei fand er den absoluten Nullpunkt bei –273,15 Grad Celsius, bei dem die Kelvin-Skala einsetzt. Obwohl Kelvin zum Ritter geschlagen und zum Präsidenten der Royal Society ernannt wurde, war er kein besonders weitsichtiger Wissenschaftler. Er lehnte zum Beispiel Darwins Evolutionstheorie und die Existenz von Atomen rundweg ab.

Wärme und Licht

Den Menschen ist seit Jahrtausenden klar, dass die Sonne sowohl Wärme als auch Licht liefert, doch wie diese beiden zusammenhängen, ist im Grunde erst seit relativ kurzer Zeit klar. Der italienische Wissenschaftler Giambattista della Porta (ca. 1535–1615) entdeckte 1606, dass Licht warm sein kann. Della Porta, ein Universalgenie, war Dramatiker und Wissenschaftler, der zu so unterschiedlichen Themen wie Landwirtschaft, Chemie, Physik und Mathematik forschte. Seine Schrift *Magiae naturalis* (1558) führte 1603 zur Gründung der italienischen Akademie der Wissenschaften, der *Accademia dei Lincei*. „Luchs-Akademie" hieß sie, weil die Titelseite

WIE KALT?

Selbst im äußersten Weltraum erreicht die Temperatur nie den absoluten Nullpunkt. Die Durchschnittstemperatur des Weltraums liegt bei 2,7 Kelvin, da der Raum von der kosmischen Hintergrundstrahlung (den Überresten des Big Bang) durchzogen ist. Der kälteste bekannte Bereich ist der Bumerang-Nebel, eine dunkle Gaswolke von etwa 1 Kelvin. Die niedrigste Temperatur, die je unter Versuchsbedingungen erreicht wurde, liegt bei einem halben Milliardstel Kelvin, erzielt in einem Labor am Massachusetts Institute of Technology (MIT).

seines Buches mit einem Luchs illustriert war, sollte der Wissenschaftler doch „mit den Augen eines Luchses Dinge beobachten, die sich ihm zeigen, um sie dann eifrig zu nutzen".

Émilie du Châtelet beobachtete, dass die Wärmestrahlung des Lichtes von seiner Farbgebung abhing. Dies war ein erster Hinweis auf das Spektrum der elektromagnetischen Strahlung und die Natur des Infrarotlichtes. Entdeckt wurde beides aber erst 1901, als Max Planck (siehe unten) die Schwarzkörperstrahlung untersuchte. Dass er dabei das Strahlungsgesetz entdeckte, war ein – wenn auch glücklicher – Zufall.

_ Schwarzkörperstrahlung und _ Energiequanten

Viele Arten von Material fangen an zu glühen, wenn sie erhitzt werden. Das Licht verändert dabei seine Farbe von rot über gelb hin zu weiß. Die Wellenlänge des abgestrahlten Lichts wird immer kürzer, je höher die Temperatur wird, da sie sich

auf das blaue Ende des Spektrums zubewegt. Dabei wird der heiße Körper allmählich weiß und dann immer bläulicher. Die Kurve, die die Verteilung von Wärme und Farbe zeigt, nennt man „Schwarzkörper-Kurve". Der idealisierte Schwarzkörper absorbiert sämtliche auftreffende Strahlung. Ein Graphitbehälter mit einem kleinen Loch kommt dem idealen Schwarzkörper (den das Loch bildet) sehr nahe. Wenn man den Schwarzkörper erhitzt, beginnt er zu glühen und sendet je nach Temperatur Licht verschiedener Wellenlängen aus. Die Farbe des abgestrahlten Lichts hängt

> „[Die Quantenlösung des Schwarzkörperproblems] war ein Akt der Verzweiflung, da es unbedingt eine theoretische Lösung brauchte, wie hoch der Preis auch sein mochte."
>
> Max Planck, 1901

in der Zukunft überflüssig würde, sobald eine neue Entdeckung oder Gleichung aufgestellt würde. Nun, da hat er sich getäuscht.

Andere Energieformen

Licht und Wärme wurden also genauestens untersucht, doch allmählich traten auch andere Energieformen in den Fokus der Wissenschaft. So untersuchte man viele Energieformen, die man seit langer Zeit nutzte, physikalisch letztlich erst im 19. Jahrhundert. Der französische Wissenschaftler Gustave-Gaspard de Coriolis (1792 – 1843) lieferte 1829 die erste exakte Definition für kinetische Energie oder Arbeit, und der schottische Physiker William Rankine (1820 – 1872) prägte 1853 den Begriff der „potenziellen Energie" für die Wärme. Die erste unter den neu entdeckten Energiequellen war die Elektrizität. Obwohl zwar jeder Mensch mit dem Phänomen „Blitz" vertraut ist, war lange nicht klar, dass es sich dabei um Elektrizität handelt.

nur von der Temperatur ab und nicht vom Material des Körpers.

Planck versuchte, die genaue Menge des abgestrahlten Lichts der verschiedenen Wellenlängen zu berechnen, indem er einen schwarzen Körper mit einem kleinen Loch verwendete. Obwohl seine Gleichungen ein nahezu korrektes Resultat lieferten, musste er eine merkwürdige Annahme machen, um ein vollkommen korrektes Ergebnis zu erhalten. Diese Annahme war, dass das Licht aus dem Körper nicht in einem konstanten Strom austrat, wie es anzunehmen war, wenn man Licht als Welle betrachtete, sondern in diskontinuierlichen winzigen Paketen – Quanten. Planck hatte keineswegs beabsichtigt, die Physik zum Tummelplatz von Energiequanten zu machen. Er sah sie zunächst nur als praktischen mathematischen Trick, der

*Bei 7500 Kelvin sendet der Schwarzkörper
Licht vom violetten Ende des Spektrums aus,
bei 4500 Kelvin wird das Licht rot.*

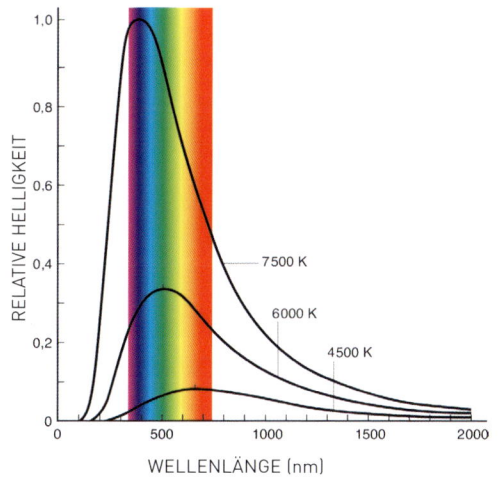

Die Entdeckung der Elektrizität

Die erste Strahlung, die entdeckt wurde, war die elektrostatische Aufladung. Schon in der Antike war bekannt, dass Bernstein, wenn man ihn rieb, eine gewisse Anziehungskraft entwickelte. Um welche Kraft es sich dabei handelte, blieb allerdings lange unbekannt. Der englische Physiker Sir Thomas Browne (1605–1682) definierte „elektrisch" als „die Kraft, Strohhalme und leichte Körper anzuziehen und eine freiliegende Nadel zu bewegen". 1663 baute der deutsche Wissenschaftler Otto von Guericke (1602–1686) den ersten Apparat zur Hervorbringung elektrostatischer Aufladungen, die „Reibungsmaschine" –

Mithilfe der Spektroskopie kann man die Temperatur glühender Lava genau bestimmen.

eine Schwefelkugel, die man mit der Hand reiben oder rotieren lassen konnte, um eine Ladung zu erzeugen. 1785 wurde eine Reibungselektrisierungsmaschine gebaut,

MAX PLANCK (1858–1947)

Max Planck hatte ein langes, aber tragisches Leben. Er wurde in Kiel geboren und wollte zunächst Musiker werden. Am Ende entschied er sich aber doch für die Physik. Sein Physikprofessor allerdings sagte ihm, dass es mittlerweile nichts mehr zu entdecken gäbe. Glücklicherweise studierte Planck trotzdem weiter und legte die Grundlagen für die Quantenphysik.

Seine erste Frau starb an Tuberkulose. Im 1. Weltkrieg wurde einer seiner Söhne an der Front getötet, sein Sohn Erwin wurde von den Franzosen gefangen genommen. Seine Tochter Grete starb 1917 im Kindbett, ihre Schwester Emma (die Gretes Witwer geheiratet hatte) starb 1919 auf dieselbe Art. 1944 wurde Plancks Haus in Berlin durch die Bomben der Alliierten in Schutt und Asche gelegt. Damit waren seine gesamten wissenschaftlichen Aufzeichnungen verloren. Der letzte Schlag erfolgte 1945, als die Nazis Erwin hinrichteten, weil er sich an der Planung eines Attentats auf Hitler beteiligt hatte. Nach Erwins Hinrichtung verließ Planck der Lebensmut und er starb 1947.

Otto von Guerickes elektrostatischer Generator

bei der zwei Glaszylinder in Hasenfell aneinander gerieben wurden.

Experimente mit elektrischer Energie waren im 18. Jahrhundert als Attraktion bei populärwissenschaftlichen Vorlesungen sehr beliebt. Ein holländischer Mathematiker namens Pieter van Musschenbroek (1692–1761) und der deutsche Geistliche Ewald Georg von Kleist (1700–1748) erfanden etwa um 1744 unabhängig voneinander die Leidener Flasche. Dabei wird ein Glasgefäß mit Wasser gefüllt und mit einem Korken geschlossen. Durch diesen führt man einen Nagel oder einen Draht und schließt ihn an eine „Elektrisiermaschine" an. Die Berührung der Flasche setzte einen kräftigen elektrischen Schlag frei. Bald

stellte man darüber hinaus fest, dass die Energie, die durch Reibung erzeugt wurde, gespeichert blieb. Die Leidener Flasche wurde bald effizienter gestaltet, indem man Stanniolpapier um die Flasche wickelte, statt sie mit Wasser zu füllen. Die Leidener Flasche wurde ein wichtiges Werkzeug bei der Erforschung der Elektrizität und ist der Ursprung des modernen Kondensators. Benjamin Franklin untersuchte die Flasche und stellte fest, dass die Ladung im Glaskörper und nicht – wie vorher angenommen – im Wasser gespeichert blieb.

Drachen und Gewitter

Der amerikanische Wissenschaftler Benjamin Franklin (1706–1790) bewies 1752 die elektrische Natur des Blitzes. In einem berühmt gewordenen Experiment überprüfte er seine Hypothese, indem er eine Eisenstange an einen Drachen hängte und am anderen Ende der Schnur einen Schlüssel befestigte. Er ließ den Drachen während eines Gewitters steigen, der Schlüssel baumelte in der Nähe einer Leidener Flasche. Selbst ohne Blitz war die Luft während des Gewitters so stark elektrisch aufgeladen, dass die nasse

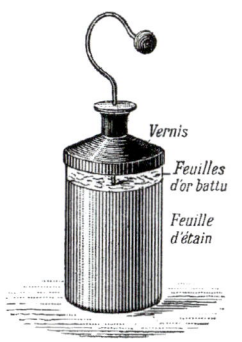

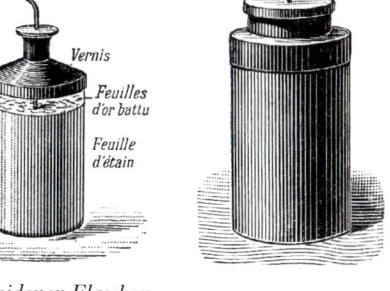

Zwei Leidener Flaschen

TENS – TRANSKUTANE ELEKTRISCHE NERVENSTIMULATION

Die alten Ägypter nutzten die Fähigkeit von Zitterwelsen, ihren Feinden Stromstöße zu versetzen, für medizinische Zwecke. Die Römer bedienten sich des Zitterrochens *(Torpedo torpedo)* für ähnliche Zwecke. Beide Fische erzeugen Stromstöße niedriger Intensität, die Schmerzen lindern können. Die Römer setzten den Rochen daher bei Gicht, Kopfschmerzen, Operationen und Geburten ein. Die Fische überlebten die Prozedur nicht, weil sie die ganze Zeit über außerhalb ihres nassen Elements gehalten wurden. Henry Cavendish versuchte 1776, eine Art Zitterfisch künstlich nachzubauen. Er formte den Fisch in Holz nach und schloss ihn an Leidener Flaschen an, musste aber feststellen, dass sich darin keine Elektrizität aufbaute. Sein zweiter Nachbau bestand aus Leder und Kupferplatten. Er tauchte den Kunstfisch in Salzwasser und schloss ihn an die Flaschen an. Dabei erhielt er einen kräftigen Stromschlag, wie die Menschen ihn beschrieben, die einen Zitterrochen anfassten.

Benjamin Franklin, während er Experimente zur elektrischen Ladung bei Gewitter ausführte

Schnur als Leiter wirkte und in der Leidener Flasche die Funken flogen. Franklin kam dahinter, dass Elektrizität eine positive und eine negative Ladung hatte. Er erfand den Blitzableiter, der die Blitzenergie durch einen metallischen Leiter sicher in die Erde abfließen lässt.

– Modeerscheinung Elektrizität –

Experimente mit Elektrizität wurden bald zur wissenschaftlichen Unterhaltung. Dabei wurden manchmal auch unfreiwillige Versuchspersonen benutzt. Der englische Wissenschaftler Stephen Gray (1666–1736) hängte einen armen Gassenjungen an Rosshaarschnüren auf und stellte einen Ständer mit Stanniolblättchen unter ihm auf. Man hielt dem Jungen eine elektrisch geladene Glasröhre an die Füße und beobachtete, wie Funken aus seiner Nase schlugen und die Stanniolblättchen von ihm angezogen wurden. Grays Experimente belegten 1729,

„Im September 1751 errichtete ich eine Eisenstange auf meinem Haus, um den Blitz ins Haus zu ziehen, damit ich damit experimentieren konnte. Ich verband die Drähte mit Glocken, die immer anschlugen, wenn die Stange elektrifiziert wurde. Eine sehr nützliche Angelegenheit für jeden Elektriker. Ich fand, dass die Glocken auch anschlugen, wenn es weder Blitz noch Donner gab, sondern nur eine dunkle Wolke über der Eisenstange stand. Manchmal verstummten die Glocken nach einem Blitz urplötzlich, manchmal läuteten sie, auch wenn sie beim vorherigen Blitz keinen Laut von sich gegeben hatten. Manchmal war die Elektrizität sehr schwach, sodass zwar ein kleiner Funke flog, doch dann tat sich lange nichts. Manchmal folgten die Funken sehr schnell aufeinander und einmal hatte ich einen kontinuierlichen Strom von Glocke zu Glocke."

Benjamin Franklin, 1753

dass elektrische Energie leitfähig ist – dass sie von einem Material auf ein anderes übertragen werden konnte. Der französische Chemiker Charles du Fay (1698–1739) schloss 1733, dass jedes Objekt und jedes lebende Wesen Elektrizität enthalte. Er erkannte, dass Elektrizität von zweierlei Natur sein konnte

Georg Ohm, nach dem heute der elektrische Widerstand benannt ist

und nannte sie nach ihren Trägern: Harzelektrizität *(résineuse)* und Glaselektrizität *(vitreuse)*. 1786 experimentierte der Italiener Luigi Galvani (1737–1798) mit toten Fröschen, durch die er Strom leitete, wobei ihre Beine sich krampfartig bewegten. Daher stellte er die These auf, Froschnerven trügen eine elektrische Ladung in sich, die die Muskulatur der Beine in Bewegung versetzte.

— Elektrizität nutzbar gemacht —

Bevor die Elektrizität genutzt werden konnte, musste man einen Weg finden, sie dann zu erzeugen, wenn sie benötigt wurde. Die erste elektrische Zelle, Vorläufer der Batterie, wurde von dem italienischen Physiker Alessandro Volta (1745–1827) gebaut. Zu seinen Ehren wurde die Maßeinheit für die elektrische Spannung international „Volt" genannt. Seine „Batterie" von 1800 bestand aus einem Stapel von Zink-, Kupfer- und Papierscheiben, die er in Salzlösung tauchte. Er wusste nicht, weshalb dabei elektrischer Strom entstand, doch es funktionierte. Wie Ionen eine elektrische Ladung erzeugen, wurde zum ersten Mal von Svante August Arrhenius (1859–1927) beschrieben. Der deutsche Physiker Georg Ohm (1789–1854) nutzte Voltas Zelle für eigene Forschungen zur Elektrizität, die letztlich zum Ohmschen Gesetz führten, das 1827 veröffentlicht wurde. Es besagt: Wenn Strom durch einen Leiter fließt, verändert er sich in seiner Stärke proportional zur Spannung:

$$I = U/R$$

I ist der Strom in Ampere, U die Spannung und R ist der Widerstand. Der Widerstand bleibt unabhängig von der Spannung konstant. Wenn man also die Spannung ändert, wirkt sich dies direkt auf die Stromstärke aus.

Magnetismus

An diesem Punkt ist es sinnvoll, einen kurzen Blick auf die Erforschung des Magnetismus zu werfen. Manche Materialien ziehen Eisen an und manche richten sich auch in der Nord-Süd-Achse aus. Das ist schon seit der Antike bekannt, konnte aber nicht erklärt werden.

Aristoteles schreibt, der Mathematiker Thales (ca. 625 – 545 v. Chr.) hätte den Magnetismus bereits beschrieben. Etwa um 800 v. Chr. beschreibt der indische Arzt Sushruta, wie man mithilfe eines Magneten Metallsplitter aus einer Wunde entfernen kann. In einem chinesischen Werk aus dem 4. Jahrhundert v. Chr. mit dem Titel *Buch vom Meister aus dem Tal des Teufels* heißt es: „Der Magnetstein ruft Eisen zu sich." Dieser Stein war der Magnetit. Dieser wurde in der Natur

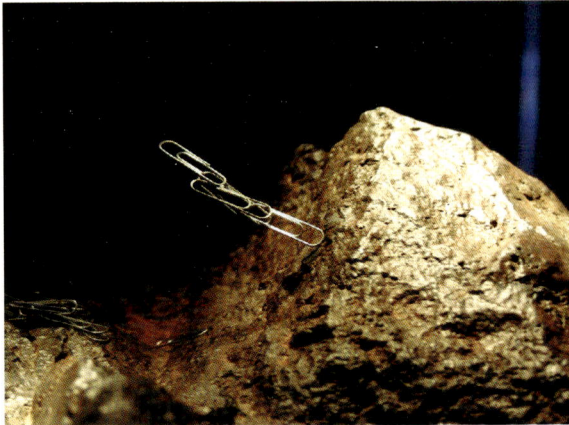

Ein Magnet zieht magnetische Materialien wie Eisen und Stahl an.

mitunter von Blitzen magnetisiert. Chinesische Wahrsager im 1. Jahrhundert v. Chr. benutzten ihn mit Wahrsagebrettern. Schon um das Jahr 270 scheinen die Chinesen den Kompass gekannt zu haben, erstmals erwähnt wurde so ein Gerät 1117 in Zhu Yus Buch *Tischgespräche in Ping Zhou*. Dort heißt es: „Der Navigator kennt die Geografie, er beobachtet nachts die Sterne, tags die Sonne. Wenn es wolkenverhangen ist, beobachtet er den Kompass." In Europa wurde der Kompass vermutlich unabhängig davon entwickelt. Der chinesische Kompass hatte 24 Unterteilungen, die europäischen hingegen begnügen sich mit 16. Im Nahen und Mittleren Osten hingegen gab es Kompasse erst, nachdem sie in Europa erstmals urkundlich erwähnt wurden. Daher kann man annehmen, dass der Kompass nicht über den Nahen Osten von China nach Europa „einwanderte". Die meisten chinesischen Kompasse waren ohnehin so gebaut, dass sie nach Süden zeigten, während die europäischen Kompassnadeln gewöhnlich nach Norden weisen.

Ein Kompass richtet sich nach dem Magnetfeld der Erde aus und hilft bei der Navigation.

Die ersten wissenschaftlichen Forschungen zum Magnetismus führte der Engländer William Gilbert (1544–1603) aus, der Wissenschaftler am Hof von Elizabeth I. war. Gilbert prägte den lateinischen Begriff *„electricus"*, was zunächst nur bedeutet „aus Bernstein". Denn die alten Griechen hatten den Bernstein als *elektron* bezeichnet. Sein Buch *De magnete* wurde 1600 veröffentlicht. Darin beschreibt er die zahlreichen von ihm zu diesem Phänomen durchgeführten Experimente. Er lieferte die erste vernünftige Erklärung dafür, weshalb die Kompassnadel sich ständig in der Nord-Süd-Achse ausrichtet. Das liege daran, dass die Erde selbst magnetisch sei. Gilbert widerlegte den unter Seeleuten weitverbreiteten Glauben, dass Knoblauch den Kompass funktionsunfähig mache und dass in der Nähe des Nordpols ein gewaltiger Magnetberg liege, der alle Nägel und Eisenteile aus einem Schiff ziehen würde, wenn es ihm zu nahe kam.

Ein Schmied macht einen Magneten: Illustration aus Gilberts De magnete.

Elektromagnetismus – die Verbindung von Elektrizität und Magnetismus

Im frühen 19. Jahrhundert baute man dann erste Geräte, die mit Elektrizität arbeiteten. 1820 fand der dänische Physiker Hans Christian Ørsted (1777–1851) heraus, dass elektrischer Strom die Nadel eines Kompasses ablenkte. Dies war der erste Hinweis, dass Elektrizität und Magnetismus zusammenhingen. Nur eine Woche später erläuterte André-Marie Ampère diesen Vorgang. Er bewies vor der Akademie der Wissenschaften, dass zwei stromführende Drähte sich entweder anziehen oder abstoßen, je nachdem, ob der Strom in dieselbe oder in die entgegengesetzte Richtung fließt. Damit waren die Grundlagen der Elektrodynamik gelegt. Im Jahr darauf führte Michael Faraday ein Experiment durch, in dem er einen Magneten in einen Teller mit Quecksilber stellte und einen Draht ins Quecksilber legte. Wenn er nun Strom durch den Draht schickte, begann sich der Magnet zu drehen. Er nannte dies „elektromagnetische Rotation". Diese Entdeckung sollte später zur Entwicklung des Elektromotors führen. Ein sich veränderndes Magnetfeld erzeugt nämlich ein elektrisches Feld und umgekehrt.

Faraday führte seine Arbeiten nicht gleich fort. Es war der Amerikaner Joseph Henry (1797–1878), der 1825 den ersten starken Elektromagneten herstellte. Wenn man nämlich isolierten Draht um einen Magneten wickelte und Strom durch den Draht leitete, verstärkte sich die Anziehungskraft des Magneten erheblich. Und so baute er einen Elektromagneten,

der ein Gewicht von 1040 Kilo heben konnte. Auch für die Erfindung des Telegrafen war Henrys Arbeit wichtig. Er spannte durch die Albany Academy einen 1,7 Kilometer langen Draht und ließ Elektrizität durchfließen, um am anderen Ende eine Glocke zu betreiben. Samuel Morse (1791–1872) entwickelte dieses Konzept später erfolgreich zum Telegrafen weiter.

Doch natürlich ist die Erforschung der Elektrizität untrennbar mit dem Namen Michael Faradays verbunden. 1831 nahm er seine Arbeiten zum Elektromagnetismus wieder auf und entdeckte das Prinzip der elektrischen Induktion. Er umwickelte einen Weicheisenring auf jeweils entgegengesetzten Seiten mit Draht und ließ durch eine der Wickelungen Strom laufen. Dies magnetisierte den Ring und führte zum Stromfluss in der anderen Wickelung. Der erste Transformator war geschaffen. Sechs Wochen später erfand er den Dynamo, bei dem ein Dauermagnet in einer Drahtspule auf und ab bewegt wird, wodurch im Draht Strom zu fließen beginnt. Faradays Induktionsgesetz besagt, dass Veränderungen im Magnetfluss eine proportionale elektromotorische Kraft entstehen lassen. Auf diesem Prinzip basieren sämtliche Generatoren.

Joseph Henry

FELDER UND KRÄFTE

Ein Feld beschreibt die Ausbreitung einer Kraft im Raum. Ein Magnetfeld ist der Bereich, in dem die magnetische Kraft wirkt. Gewöhnlich zeigt man es durch Linien, die vom Nordpol zum Südpol des Magneten verlaufen. Die Energie eines elektromagnetischen oder eines Gravitationsfeldes nimmt im Quadrat zu seiner Distanz von der Kraftquelle ab – bei doppelter Distanz von der Quelle weist die Kraft nur noch ein Viertel ihrer ursprünglichen Stärke auf. Für andere Feldgrößen gilt das nicht. Das inverse Abstandsquadratgesetz für Kräfte wurde von Newton bei seiner Untersuchung der Schwerkraft festgestellt.

Faraday prägte auch Begriffe wie Elektrode, Anode, Kathode und Ion. Er spekulierte, dass Teile eines Moleküls bei dem Stromfluss zwischen Anode und Kathode beteiligt seien. Inwiefern Ionen Leiter sein können, erklärte später Arrhenius, der für seine Arbeiten 1903 den Nobelpreis erhielt.

— Das Heraufdämmern des elektromagnetischen Zeitalters

Aufbauend auf Ørsteds und Faradays Arbeiten führte James Clerk Maxwell die Mathematik in die Erforschung von Magnet- und elektrischen Feldern ein. Er formulierte 1873 die Maxwellschen Gleichungen, die zeigten, dass der Elektromagnetismus ein und dieselbe Kraft ist. Einstein hielt sie für die wichtigste Entdeckung in der Physik, seit Newton das Gravitationsgesetz formuliert hatte. Der

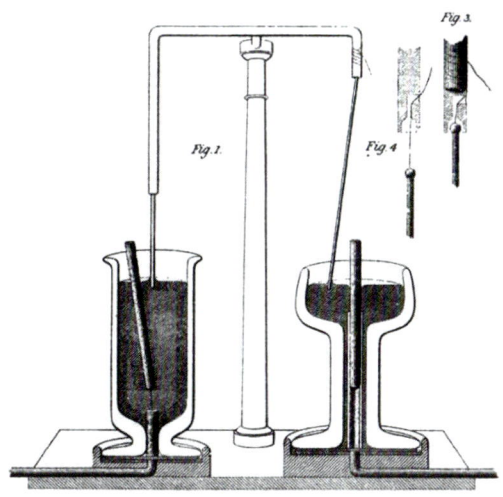

„Es war der erste Nachweis, dass ein galvanischer Strom ohne große Verluste über eine weite Strecke geleitet werden konnte, um einen mechanischen Effekt zu erzielen. Von da an war klar, dass ein elektrischer Telegraf durchaus eine Möglichkeit darstellte. Ich hatte dabei keine bestimmte Form im Kopf. Mir ging es nur um die allgemeine Tatsache, dass ein galvanischer Strom über große Entfernungen geleitet werden konnte und genug Intensität behielt, um einen mechanischen Effekt auf ein gewünschtes Objekt auszuüben."

Joseph Henry

Faradays Experiment zur elektromagnetischen Rotation

Elektromagnetismus gilt heute als eine der vier Fundamentalkräfte, die das Universum beherrschen – die anderen sind die Gravitation sowie die starke und die schwache Kernkraft. Auf der Ebene der Teilchen hält die elektromagnetische Kraft Moleküle zusammen, da sie die Anziehung zwischen Elektronen und Atomkern bewirkt.

Maxwell erklärte, wie sowohl elektrische als auch magnetische Felder durch elektromagnetische Wellen entstehen. Ein variierendes elektrisches Feld erzeugt ein gleichermaßen variierendes Magnetfeld, das im rechten Winkel dazu liegt. Außerdem fand Maxwell heraus, dass die elektromagnetischen Wellen den Raum mit einer Geschwindigkeit von

300 Millionen Meter pro Sekunde durchqueren – Lichtgeschwindigkeit also. Das war eine höchst erstaunliche Entdeckung und nicht jedermann war begeistert, dass Licht Teil des elektromagnetischen Spektrums sein sollte. Einstein arbeitete Maxwells Theorie in seine Relativitätstheorie ein. Seiner Ansicht nach hing sowohl ein elektrisches als auch ein magnetisches Feld vom Beobachter ab. Aus einem bestimmten Blickwinkel sei das Feld magnetisch, aus einem anderen elektrisch.

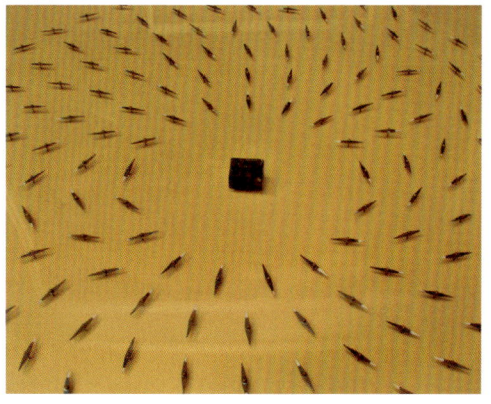

Ein Magnetfeld – sichtbar gemacht durch Kompassnadeln, die man rund um einen Magneten angeordnet hat.

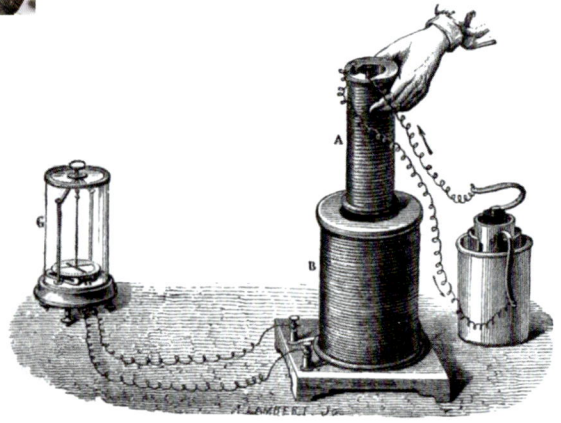

Faradays Apparat, mit dem er die elektromagnetische Induktion zwischen zwei Drahtwicklungen nachwies. Eine Flüssigbatterie auf der rechten Seite liefert den Strom. Die kleinere Spule wird innerhalb der größeren mit der Hand bewegt. Links das Galvanometer, das den Strom misst.

FARADAYS GESETZ DER ELEKTROMAGNETISCHEN INDUKTION

1. In einem Leiter wird ein elektromagnetisches Feld erzeugt, wenn das ihn umgebene Magnetfeld sich verändert.
2. Die Stärke des elektromagnetischen Feldes ist proportional zu den Veränderungen des Magnetfelds.
3. Die Richtung des induzierten elektromagnetischen Feldes hängt von der Richtung der Veränderungen im Magnetfeld ab.

— Noch mehr Wellen —

Obwohl Maxwell die Existenz von Radiowellen vorhergesagt hatte, gelang es dem deutschen Physiker Heinrich Rudolf Hertz (1857–1894) erst 1888, elektromagnetische Wellen mit einer Wellenlänge von 4 Metern in seinem Labor zu erzeugen. Hertz erkannte allerdings die Bedeutung der Radiowellen nicht. Als man ihn fragte, welchen Einfluss seine Erfindung wohl haben würde, meinte er: „Vermutlich keinen." Hertz fand auch heraus, dass manche Materialien die Radiowellen leiteten, andere hingegen nicht. Später führte diese Entdeckung zur Entwicklung des Radars. Damit war die Welt für Maxwells Interpretation der elektromagnetischen Strahlung offen: In den kommenden Jahren entdeckte man Mikrowellen, Röntgenstrahlung, Infrarot-, Ultraviolett- und Gammastrahlung.

Die nächste Form der Energie, die entdeckt werden sollte, war die Röntgenstrahlung. Obwohl man die Strahlung nach dem deutschen Physiker Wilhelm Conrad Röntgen (1845–1923) benannt hat, der sie 1895 beschrieb, war er doch nicht der Erste, der sie entdeckte. Dies kommt vielmehr dem Physiker Johann Wilhelm Hittorf (1824–1914) zu. Er entdeckte die Kathodenstrahlung und deren geradlinige Ausbreitung, wenn es kein Magnetfeld gibt, und trug zur Erfindung der Schattenkreuzröhre bei. Als er Fotoplatten neben einer Schattenkreuzröhre liegen ließ, bemerkte er, dass sich darauf Schatten befanden, doch er ging dem Phänomen nicht weiter nach.

Erst Röntgen entdeckte die von ihm als „X-Strahlen" bezeichnete neue Strahlung, als er mit der Hittorfröhre ein speziell beschichtetes Papier zu beleuchten begann.

„Magnetische Strahlung in Elektrizität umwandeln"
Michael Faradays Aufgabenliste von 1822; es gelang ihm 1831

MICHAEL FARADAY (1791 – 1867)

Faraday stammte aus ärmlichen Verhältnissen und kam in London zur Welt. Er verließ die Schule mit 14 und lernte Buchbinder. Dabei studierte er alle wissenschaftlichen Werke, die er zu binden hatte. Nachdem er 1812 vier Vorlesungen von Humphry Davy an der *Royal Institution* gehört hatte, schrieb er Davy einen Brief und bat um eine Anstellung. Davy lehnte anfangs ab, doch im folgenden Jahr engagierte er Faraday als chemischen Assistenten für die *Royal Institution*. Dieser half dort zunächst nur den anderen Wissenschaftlern, doch bald

führte er eigene Experimente durch, unter anderem zur Elektrizität. 1826 hielt er am Institut die Weihnachtsvorlesungen und die Freitagabend-Vorträge – zwei Veranstaltungen, die bis heute beibehalten worden sind. Faraday hielt viele Vorlesungen und war bald als führender Wissenschaftler seiner Zeit bekannt. 1831 entdeckte er die elektromagnetische Induktion, die die Grundlage für die praktische Umsetzung der Elektrizität bildete, die davor nur als Spielerei ohne ernsthaften Nutzen betrachtet worden war.

In Anerkennung seiner Verdienste bot man Faraday zweimal den Vorsitz der *Royal Society* an, was er jedoch ablehnte. Auch auf den Ritterschlag verzichtete er. Er verbrachte seinen Lebensabend in Hampton Court Palace, einem herrschaftlichen Anwesen, das ihm von Prinz Albert, dem Gemahl Königin Victorias, zum Geschenk gemacht worden war.

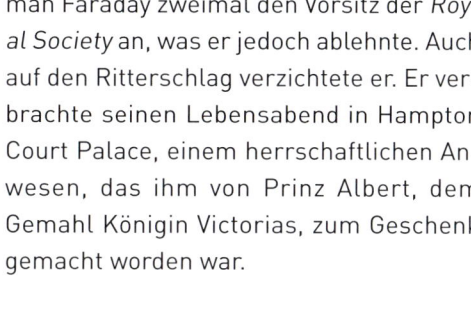

Michael Faraday in seinem Labor in der Royal Institution

Er machte eine berühmt gewordene Aufnahme von der Hand seiner Frau, auf der die Knochen zu sehen sind, und erklärte das Phänomen. Seine Versuche sind nicht genau nachvollziehbar, da er die Vernichtung aller Aufzeichnungen nach seinem Tode verfügte. Vermutlich hatte er Kathodenstrahlen auf ein Papier mit einer Beschichtung aus Platincyanid gelenkt und dafür eine in schwarzes Papier gewickelte Hittorfröhre verwendet. Er nahm nur ein

schwaches grünes Leuchten wahr, das aus der Röhre auf das Papier fiel. Später untersuchte er die Strahlen genauer und veröffentlichte dazu mehrere Aufsätze.

— Strahlung

Als der französische Physiker Henri Becquerel (1852 – 1908) 1896 von den „X-Strahlen" hörte, die aus einer Kathodenstrahlröhre austraten, kam ihm der Gedanke, dass phosphoreszierende Objekte möglicherweise

DIE MAXWELLSCHEN GLEICHUNGEN

Maxwells erste Gleichung ist das Gauß-sche Gesetz, das die Stärke und Form eines elektrischen Feldes beschreibt und die Tatsache, dass es nach dem inversen Abstandsquadratgesetz abnimmt wie die Gravitation.

$$\oint \mathbf{E} \cdot d\mathbf{A} = \frac{q_{enc}}{\varepsilon_0}$$

$$\nabla \cdot \mathbf{E} = \rho / \varepsilon_0$$

Maxwells zweite Gleichung beschreibt Form und Stärke eines Magnetfeldes: Die Kraftlinien verlaufen in Schleifen vom Nord- zum Südpol eines Magneten, der stets zwei Pole hat.

$$\oint \mathbf{B} \cdot d\mathbf{A} = 0$$

$$\nabla \cdot \mathbf{B} = 0$$

Maxwells dritte Gleichung beschreibt, wie Änderungen im Stromfluss Magnetfelder induzieren.

$$\oint \mathbf{E} \cdot d\mathbf{s} = -\frac{d\Phi_B}{dt}$$

$$\nabla \times \mathbf{E} = -\frac{\partial \mathbf{B}}{\partial t}$$

Die vierte Gleichung beschreibt, wie die Veränderung von Magnetfeldern elektrische Ströme erzeugt. Man kennt es auch als Faradaysches Induktionsgesetz.

$$\oint \mathbf{B} \cdot d\mathbf{s} = \propto_0 \varepsilon_0 \frac{d\Phi_E}{dt} + \propto_0 i_{enc}$$

$$\nabla \times \mathbf{B} = \propto_0 \varepsilon_0 \frac{\partial \mathbf{E}}{\partial \tau} + \propto_0 j_c$$

ebenfalls Röntgenstrahlen aussandten. Er fand heraus, dass solche Stoffe, wenn man sie eine Weile in der Sonne liegen lässt, im Dunkeln leuchten, bis ihre Energie verbraucht ist. Dann nahm er phosphoreszierende Salze und legte sie unter eine vollkommen in schwarzes Papier eingehüllte fotografische Platte. Zwischen beides schob er ein Metallobjekt. Als er die Platte nach dem Versuch begutachtete, stellte er fest, dass das Objekt auf der Platte einen Schatten hinterlassen hatte, wie Röntgen ihn beschrieb. Später wiederholte er das

> „Der Schluss drängt sich auf, dass Licht aus ähnlichen Wellen desselben Mediums besteht, das auch Ursache für elektrische und magnetische Phänomene ist.“
>
> James Clerk Maxwell, ca. 1862

Experiment mit Uraniumsalzen, fand aber keine Gelegenheit, diese mit Sonnenlicht „aufzuladen“, weil es in Paris tagelang bewölkt war. Als er seine Sachen aufräumte, merkte er, dass das Metallobjekt trotzdem einen Schatten auf der Platte hinterlassen hatte, obwohl die Uransalze vorher nicht mit Sonnenlicht bestrahlt worden waren – was ja eigentlich nicht dem Energieerhaltungssatz entspricht, der besagt, dass Energie nicht aus dem Nichts kommen kann. Er forschte weiter und stellte fest, dass diese Strahlen durch ein Magnetfeld abgelenkt werden konnten, also selbst eine Ladung besitzen mussten. Damit aber verlor Becquerel das Interesse. Der Weg war frei für die polnische Experimentalphysikerin Marie Curie.

Marie Curie (1867–1934) arbeitete an ihrer Doktorarbeit über Uranstrahlung, als sie entdeckte, dass die Pechblende, aus der das Uran gewonnen wurde, radio-

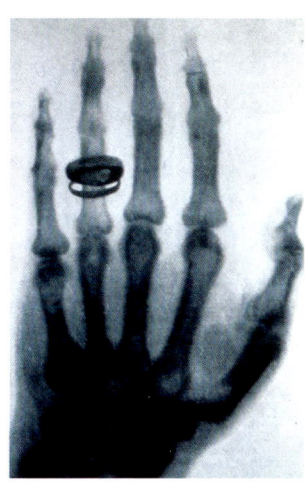

Die erste Röntgenaufnahme: die Hand von Wilhelm Conrad Röntgens Ehefrau. Ihr Ehering ist deutlich sichtbar.

„Das hat keinerlei Nutzen … es beweist nur, dass Meister Maxwell richtig lag – wir haben diese geheimnisvollen elektromagnetischen Strahlen, die wir mit bloßem Auge nicht sehen können. Doch sie sind da."

Heinrich Hertz über die
Radiowellen, 1888

ES WERDE LICHT

Die erste elektrische Straßenbeleuchtung in England wurde 1881 in Godalming in Surrey eingeführt. Ein Wasserrad am Flüsschen Wey trieb einen Siemens-Generator an, der Bogenlampen in der Stadt speiste und auch mehrere Läden versorgte.

aktiver war als das Uran selbst (der Begriff „radioaktiv" wurde von ihr geprägt). Das aber musste bedeuten, dass es noch andere radioaktive Substanzen gab. Mit ihrem Mann Pierre extrahierte sie zwei solcher Elemente – Polonium und Radium. Es dauerte vier Jahre, bis sie nach ihrer Entdeckung 1898 tatsächlich ein Zehntelgramm Radium aus Tonnen von Pechblende gewonnen hatte. Pierre fand heraus, dass ein Gramm Radium innerhalb einer Stunde 1,3 Gramm Wasser vom

Gefrierpunkt zum Siedepunkt erhitzte – und das immer und immer wieder. Es sah aus, als habe man eine kostenlose Energiequelle erschlossen.

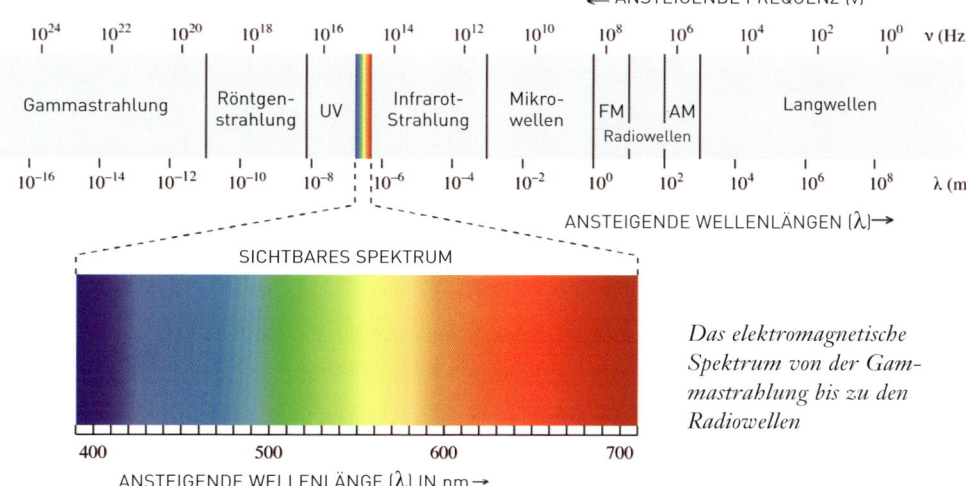

Das elektromagnetische Spektrum von der Gammastrahlung bis zu den Radiowellen

BECQUEREL FOREVER

Der Lehrstuhl für Physik am französischen Museum für Naturgeschichte wurde eigentlich vererbt. Er wurde 1838 von Antoine Becquerel (1788–1878) gegründet und war ohne Unterbrechung bis 1948 von einem Becquerel besetzt. Erst als der letzte Becquerel ohne Nachkommen starb, änderte sich das.

Die Curies wussten nicht, um welche Art Energie es sich bei der Radioaktivität handelte. Diese Entdeckung sollte erst der britische Chemiker und Physiker Ernest Rutherford (1871–1937) machen, der am Cavendish-Labor an der Universität Cambridge arbeitete. Rutherford war der Erste, der in Cambridge als Forscher zugelassen wurde, obwohl er dort keinen Universitätsabschluss gemacht hatte. Er kam als Stipendiat aus Neuseeland, etwa zwei Monate, bevor Röntgen seine „X-Strahlen" entdeckte.

Als Rutherford sich mit der Strahlung beschäftigte, stellt er fest, dass die von Becquerel entdeckte Strahlung aus zwei verschiedenen Formen bestand: Die Alphastrahlung konnte durch ein Blatt Papier oder ein paar Zentimeter Luft blockiert werden, die Betastrahlung aber drang tief in die Materie ein. 1908 zeigte Rutherford, dass die Alphastrahlung ein Strom von Alphateilchen ist: Heliumatome, die ihrer Elektronen beraubt worden waren. Die Betastrahlung hingegen bestand aus schnellen Elektronen – wie im Kathodenstrahl, aber mit deutlich mehr Energie. 1900 entdeckte Rutherford noch einen dritten Strahlungstyp: die Gammastrahlung. Gammastrahlen sind wie Röntgenstrahlen Teil des elektromagnetischen Spektrums. Es handelt sich um hochenergetische Wellen mit einer Wellenlänge, die noch unterhalb der der Röntgenstrahlung liegt. Rutherfords Arbeit führte mitten hinein ins Atom – der nächste Bereich, in dem bald bahnbrechende Entdeckungen gemacht werden sollten.

Atome – verzweifelt gesucht

Schon die Arbeiten zur Thermodynamik im 19. Jahrhundert zeigten, dass das Wärmestoffmodell keine sinnvollen Ergebnisse liefert. Physiker wie Ludwig Boltzmann und James Clerk Maxwell nahmen an, dass Wärme ein Maß für die Schnelligkeit der beteiligten Teilchen ist.

Ernest Rutherford

MARIE CURIE (MANYA SKLODOWSKA, 1867–1934)

Manya Sklodowska kam im von den Russen besetzten Warschau zur Welt und hatte dort keinerlei Chance auf eine Universitätsausbildung, daher ging sie zum Studium an die Pariser Sorbonne. Dort lernte sie ihren Mann und Kollegen Pierre Curie kennen, der magnetische Materialien erforschte. Eine Schwangerschaft verzögerte ihre Forschungen über das Feld der Uranstrahlung, über die sie eine Doktorarbeit schrieb. Sie musste in einer zugigen Hütte arbeiten, weil die Herren Professoren fürchteten, die Anwesenheit einer Frau könne zu „sexuellen Spannungen" führen und die Arbeit stören. 1898 begann sie, radioaktive Elemente aus Pechblende zu extrahieren. Ihr Mann Pierre gab bald seine eigenen Forschungsarbeiten auf und stand ihr zur Seite. Gemeinsam entdeckten sie zwei weitere radioaktive Elemente und nannten sie Polonium (zu Ehren von Maries Heimatland) und Radium. 1903 erhielten sie dafür gemeinsam mit Henri Becquerel den Nobelpreis für Physik. Nur drei Jahre später rutschte Pierre auf einer Pariser Straße aus und wurde von einem Pferdefuhrwerk überfahren. Möglicherweise gingen seine Schwindelanfälle auf die Arbeit mit radioaktivem Material zurück. Marie starb 1934 an Leukämie – ebenfalls Opfer der radioaktiven Strahlung. Ihre Notizbücher sind so stark verstrahlt, dass sie in einem Bleisafe aufbewahrt werden müssen. Sie erhielt 1911 den Nobelpreis für Chemie und ist somit die einzige Frau, die je zwei Nobelpreise erhalten hat.

Welcher Natur diese Teilchen allerdings waren, blieb ihnen verborgen. Das Rätsel der Wärme und Leitfähigkeit von Materialien löste sich erst, als man das Atommodell der Materie allgemein akzeptierte. Damit Strom durch einen Leiter fließen kann, müssen Elektronen zwischen den Atomen weitergereicht werden. Damit Wärme von einem Ort zum anderen geleitet werden kann, müssen sich Teilchen bewegen. Erst als zu Beginn des 20. Jahrhunderts das Atommodell immer mehr Anhänger gewann, war der Weg frei, um auf seiner Grundlage das Verhalten von Energie zu erforschen.

KAPITEL 5

Im **INNERN**
des Atoms

Der Glaube an Atome als Bausteine der Materie reicht historisch weit zurück. Buddhistische Denker im 7. Jahrhundert v. Chr. glaubten schon, dass sämtliche Materie aus Atomen bestehen müsse, die sie als Energieform betrachteten. In Europa gab es frühe „Atomisten" wie Empedokles und Anaxagoras, die mittels deduktivem Denken die Existenz von winzigen, unteilbaren Einheiten folgerten. Danach allerdings waren die Atomtheoretiker jahrhundertelang in der Minderzahl. Am Ende allerdings stellte sich die Atomtheorie doch als richtig heraus – und konnte auch bewiesen werden. In einem aber hatten die frühen Atomisten unrecht: Atome sind nicht die letzten, unteilbaren Bausteine der Materie, denn sie bestehen aus subatomaren Teilchen. Als die Wissenschaftler anfingen, im Atom herumzustochern, stellte man schnell fest, dass die subatomare Welt recht bizarren Gesetzen folgt.

Die Entdeckung der Atomstruktur eröffnete
den Physikern eine völlig neue Welt.

Die Zerlegung des Atoms

John Dalton stellte seine Atomtheorie 1803 auf. Sie besagte, dass Elemente aus identischen Atomen bestehen, die sich in ganzzahligem Verhältnis zu chemischen Verbindungen zusammenschließen. Die Theorie fand erst dann allgemeine Anerkennung, als der französische Physiker Jean Perrin (1870–1942) mehr als ein Jahrhundert später, nämlich 1908, ein Wassermolekül maß. Gearbeitet wurde mit der Theorie allerdings schon früher. Noch bevor sie bestätigt werden konnte, brach die These, Atome seien unteilbar, schon in sich zusammen.

Der britische Physiker Joseph John Thomson (1856–1940) entdeckte 1897 das Elektron, während er am Kathodenstrahl arbeitete. Er fand heraus, dass Kathodenstrahlen sehr viel langsamer unterwegs sind als Licht und daher nicht, wie man vorher annahm, Teil des elektromagnetischen Spektrums sein konnten. Daraus schloss er, dass der Kathodenstrahl ein Elektronenstrahl sein musste. Damit war klar, dass das Elektron zwar Teil des Atoms war, sich aber trotzdem abspalten und eigene Wege gehen konnte. Damit war die Idee vom unteilbaren Atom vom Tisch. 1899 gelang es Thomson, die Ladung eines Elektrons zu messen und seine Masse zu berechnen. Er fand heraus,

> *„Die Annahme, dass die Materie sehr viel feiner aufgeteilt sein könnte als in Atome, ist irgendwie erschreckend.“*
> J. J. Thomson

dass diese nur einem Zweitausendstel der Masse eines Wasserstoffatoms entsprach.

Obwohl Thomson für seine Arbeit über das Elektron 1906 den Nobelpreis für Physik erhielt, wurde die Bedeutung seiner Entdeckung weitgehend übersehen. Tatsächlich lautete der Toast beim jährlichen Cavendish-Laboratory-Dinner in Cambridge in jenem Jahr: *„Auf das Elektron: auf dass es niemals von Nutzen sein möge!“*

Plumpudding und Sonnensysteme

J. J. Thomsons Atommodell von 1904 wurde als „Plumpudding-Modell" bezeichnet, weil es eben genauso aussieht: eine Kugel aus Schweinefett mit ein paar Rosinen drin. Für ihn war das Atom eine Wolke positiver Ladung, in der die Elektronen herumschwammen. Vollends verwirrend wurde es, als er diese in „Korpuskel" umbenannte. Die positiv geladenen Teilchen blieben eher nebulös, die Elektronen-Rosinen hingegen sollten auf festen Ringen rotieren.

Das Plumpudding-Modell wurde 1909 widerlegt, als der deutsche Physiker Hans Geiger (1882–1945) und der Neuseeländer Ernest Marsden (1889–1970) an der Universität von Manchester unter Ernest Rutherford ein Experiment durchführten. Sie richteten Alphastrahlen auf eine Goldfolie, die halbkreisförmig von einem mit Zinksulfid präparierten Schirm umgeben war. Das Zinksulfid leuchtete auf, wenn es von Alphateilchen (Heliumkernen) getroffen wurde. Die Forscher erwarteten, dass die Alphateilchen ohne große Ablenkung durch die Goldfolie fliegen würden. Das Muster, dass sie dabei auf

J. J. THOMSON (1856 – 1940)

Joseph John Thomson war Sohn eines Buchbinders. Er war zu arm, um eine Ausbildung als Ingenieur machen zu können, daher studierte er am Trinity College in Cambridge Mathematik, weil er dort ein Stipendium erhalten hatte. Er wurde später Leiter des Colleges und machte das Cavendish Laboratory zum wichtigsten Physiklabor der Welt. Für seine Arbeit über das Elektron erhielt er den Nobelpreis für Physik. Er experimentierte mit Kathodenstrahlung und identifizierte 1897 das Elektron. 1899 stellte er dessen Masse und Ladung fest. 1912 zeigte er, wie man mit einem Massenspektrometer die Zusammensetzung von Gasen und anderen Substanzen messen konnte.

Thomson war als äußerst tollpatschig bekannt. Komplizierte Apparaturen zur Durchführung von Experimenten ließ er daher stets von seinen Assistenten aufbauen und bedienen. Man sorgte dafür, dass er währenddessen das Labor nicht betrat. Doch seine Studenten und Assistenten mochten ihn, weil er sie inspirierte. Sieben seiner Assistenten sowie sein eigener Sohn wurden mit dem Nobelpreis ausgezeichnet, außerdem war er der Lehrer von Ernest Rutherford. Er selbst wurde 1908 zum Ritter geschlagen.

dem Zinksulfidschirm zeichneten, würde Auskunft über die Ladungsverteilung innerhalb der Goldatome geben. Die Ergebnisse allerdings waren überraschend: Nur sehr wenige Teilchen wurden überhaupt abgelenkt, diese aber in einem weitaus größeren Umfang als erwartet. Rutherford hatte angenommen, dass das Experiment das Plumpudding-Modell stützen würde, und war auf dieses Ergebnis nicht vorbereitet. Der einzig mögliche Schluss, den es zuließ, war, dass die positive Ladung im Atom sich in einem winzigen Zentrum konzentrierte und nicht über das gesamte Atom verteilt war.

Rutherford oblag nun die Aufgabe, ein neues Modell für die Atomstruktur zu finden. Das neue Modell hatte einen winzigen, sehr dichten Kern, um den herum viel leerer Raum war, in dem die Elektronen in ihrem jeweiligen Orbit kreisten. Er war nicht sicher, ob der Kern positiv oder negativ geladen war, berechnete aber seinen Durchmesser als kleiner als $3{,}4 \times 10^{-14}$ Meter. (Heute wissen wir, dass er nur ein Fünftel so groß ist.) Ein Goldatom hat bekanntermaßen einen Radius von $1{,}5 \times 10^{-10}$ Meter, was heißt, dass der Atomkern nicht mehr als ein Viertausendstel des Atomdurchmessers hat.

― Das Planetenmodell ――――

Der japanische Physiker Hantaro Nagaoka stellte 1904 ein Atommodell vor, das ein wenig aussah wie der Saturn mit seinen Ringen. Das Atom hatte einen massiven Kern und die Elektronen, die ihn auf festen Bahnen umkreisten, wurden von

> „Die Atome der Elemente bestehen aus einer bestimmten Anzahl negativ geladener Korpuskeln in einer Kugel gleichmäßiger positiver Ladung."
>
> J. J. Thomson, 1904

Das obere Bild zeigt das erwartete Resultat des Rutherfordschen Versuchs mit der Goldfolie: Die Alphateilchen gehen durch das Goldatom hindurch. Unten hingegen das tatsächliche Ergebnis: Manche Teilchen werden vergleichsweise stark abgelenkt.

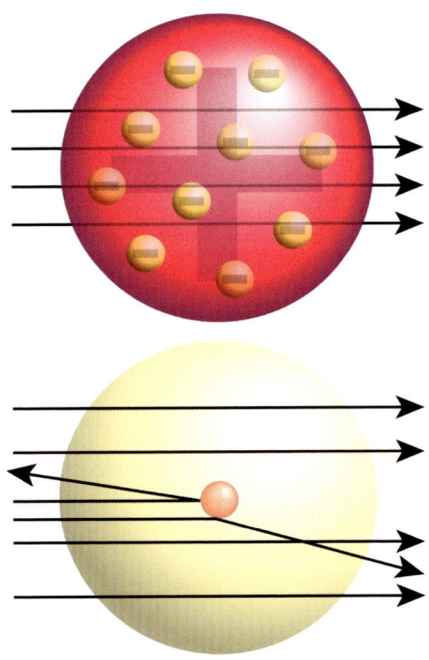

einem elektromagnetischen Feld im Orbit gehalten. Doch 1908 gab Nagaoka seine Theorie wieder auf.

Rutherford aber war mit der Atomforschung noch keineswegs zu Ende. Er stellte die These auf, dass der Atomkern positiv geladene Teilchen enthalte – Protonen, die er dann tatsächlich 1918 entdeckte. Er glaubte auch, dass einige Elektronen im Atomkern steckten und nur der Rest um den Kern kreiste.

> „Es war das Unglaublichste, was mir je im Leben widerfahren ist. Fast so unglaublich, als würden Sie eine 15 Inch große Granate auf ein Blatt Küchenpapier abfeuern und die Granate pralle davon ab und träfe Sie. Ich erkannte, dass die Ablenkung Resultat eines einzigen Zusammenstoßes sein musste. Als ich nachrechnete, erkannte ich, dass es unmöglich zu einer Ablenkung in dieser Größenordnung kommen konnte, wenn man nicht annahm, dass der weitaus größte Teil der Masse des Atoms in einem winzigen Kern konzentriert war. Erst da kam mir die Idee, dass das Atom vermutlich ein kleines, höchst massives Zentrum hatte, das eine Ladung trug."
>
> Ernest Rutherford

Der dänische Physiker Niels Bohr (1885 – 1962) verbesserte Rutherfords Modell 1913. Er machte deutlich, dass Elektronen nicht nach dem Zufallsprinzip um den Kern kreisten, sondern dass sie bestimmte Bahnen hatten. Außerdem, so Bohr, sandten sie ständig Strahlung aus. (Was korrekt wäre, wenn die Gesetze der klassischen Physik auf atomarer Ebene gelten würden.) Bohrs Meinung nach waren die Elektronenbahnen kreisförmig und fix. Das gäbe ebenfalls ein planetares Atommodell. Die Elektronen wären dann die Planeten, die um den Kern kreisen wie um die Sonne. Doch die Elektronen konnten ihre Bahn verlassen und ein gewisses „Quantum" Energie (ein Energiequant)

Die Ringe des Saturn – das Vorbild für das Atommodell von Nagaoka

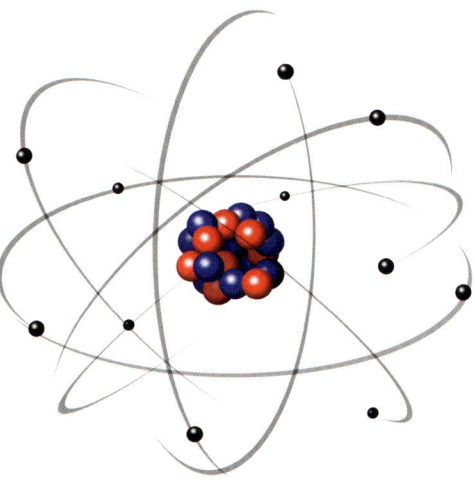

In Bohrs Atommodell bleiben die Elektronen fest in ihren „Schalen", die um den Atomkern herum angeordnet sind.

abgeben oder aufnehmen, je nachdem, ob sie sich zum Kern oder von ihm wegbewegten.

Bohrs Modell zufolge kann sich das einzelne Elektron des Wasserstoffatoms nur auf einer begrenzten Anzahl von Bahnen bewegen. Jede Bahn steht für ein bestimmtes Energieniveau. Das niedrigste Niveau wäre der Grundzustand, in dem das Elektron dem Kern am nächsten ist. Wenn es ein Photon aufnimmt, springt es auf eine höhere Bahn und hat damit ein höheres Energieniveau. Welche Bahn es nimmt, hängt von der

Energie im Photon ab. Wenn das Atom ein Photon abgibt, springt das Elektron auf seine ursprüngliche Bahn zurück (niedrigeres Energieniveau).

Jede Bahn, so Bohr, bietet nur Platz für eine gewisse Anzahl Elektronen. Sie können sich also nicht alle um den Kern anlagern, selbst wenn dies ihr Bestreben sein sollte. Das heißt, dass die Bahnen sich von innen nach außen füllen.

Das Elektron nimmt ein einzelnes Photon oder Lichtquant auf bzw. gibt dieses ab, wenn es einen „Quantensprung" zwischen den Bahnen macht. Die Menge an

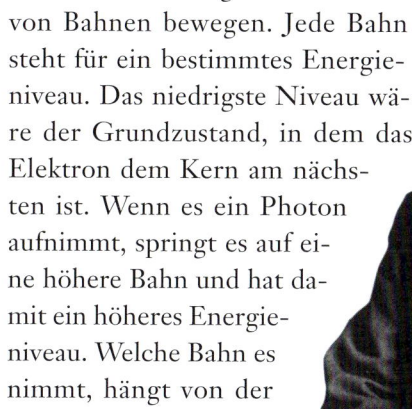

Niels Bohr 1935

freigesetzter oder absorbierter Energie – bzw. deren Wellenlänge – hängt vom Orbit ab. Das Modell wirkte reichlich kompliziert, doch als Bohr seine These prüfte, fand er heraus, dass Wasserstoffatome tatsächlich Energie einer Wellenlänge abstrahlten, die seinen Berechnungen entsprach, falls Elektronen ihre Bahnen (die er Schalen nannte) verließen. Außerdem konnte Bohrs Modell erklären, warum Wasserstoff – und jedes andere Element – ein bestimmtes Emissions- und Absorptionsspektrum hat. Dies ist das Fundament der Spektroskopie, mit deren Hilfe Astronomen die chemische Zusammensetzung von Sternen berechnen.

Die Quanten-Erleichterung

Als Max Planck den Begriff „Quant" für seine kleinen „Lichtpakete" prägte, betrachtete er diesen Gedanken als Trick, als theoretisches Konstrukt, das hinfällig würde, sobald die Mathematik die richtige Lösung gefunden hätte. Doch dann stellte sich heraus, dass dieses Lichtquant tatsächlich existierte, so unwahrscheinlich das auf den ersten Blick auch wirken mochte. Das Plancksche Quantum begründete eine ganz neue Art der Physik, die die Vorgänge auf subatomarer Ebene beschrieb. Die Quantenmechanik beschäftigt sich mit der Ebene des winzig Kleinen, so wie die Newtonsche Mechanik die Ebene größerer Systeme abbildet. Die Quantenmechanik beschreibt das Unmögliche und stützt sich dabei mitunter auf völlig absurde Annahmen.

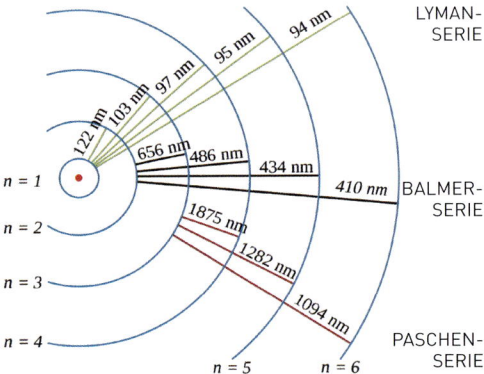

Die möglichen „Sprünge" des Wasserstoffelektrons mit den zugehörigen Wellenlängen (Spektrallinien), benannt nach ihren jeweiligen Entdeckern.

Einstein nahm die Quanten durchaus ernst. Seine Arbeiten über den photoelektrischen Effekt (siehe ▶▶ Seite 53) berücksichtigten Plancks Wirkungsquantum, bezogen es aber auf das Licht. Einstein stellte die These auf, dass ein Photon genug Energie haben konnte, um ein Elektron aus seiner Bahn zu werfen. Ein Strom solcher „hinausgeworfener" Elektronen würde dann elektrischen Strom erzeugen. Seine Idee wurde nicht gerade begeistert aufgenommen, denn Maxwell hatte ja gezeigt, dass Licht sich nach dem Wellenmodell verhielt. An diesem Punkt machte sich die Dualität von Welle und Teilchen beim Licht zum ersten Mal physikalisch bemerkbar. Licht verhielt sich manchmal wie eine Welle, dann wieder wie ein Teilchen.

Das schlaue Licht

Noch spannender war die Entdeckung, dass Licht zu „wissen" schien, wie es sich verhalten musste, um den Physikern zu gefallen. Wenn ein Experiment darauf ausgelegt ist zu beweisen, dass Licht sich wie eine Welle verhält, tut es das tatsächlich. Soll hingegen bewiesen werden, dass

Licht in Teilchen vorliegt, dann verhält es sich wie ein Teilchenstrom: Es lässt sich nicht fassen. Wenn ein Lichtstrahl durch zwei Spalten in einer Blende geleitet wird, ergibt sich auf einem dahinter stehenden Beobachtungsschirm ein standardmäßiges Interferenzmuster aus hellen und dunklen Streifen. Wenn man das Licht immer weiter reduziert, gibt es einen Punkt, an dem individuelle Photonen, eines nach dem anderen, durch die Spalten wandern. Und doch folgen sie weiterhin dem Interferenzmuster, als würden sie in einem Strahl auf den Schirm gelenkt werden. Die Photonen scheinen zu „wissen", ob ein oder zwei Spalten offen sind. Und wenn zwei Spalten offen sind, bilden die

Solarmodule nutzen den photoelektrischen Effekt und gewinnen Strom, wenn Photonen auf einen Halbleiter auftreffen.

NIELS BOHR (1885 – 1962)

Die Arbeiten von Niels Bohr legten den Grundstein für die Quantenmechanik. Damit gelang es ihm, Rutherfords Theorie der Atomstruktur weiterzuentwickeln und die Spektrallinien des Wasserstoffatoms zu erklären. Wie weitreichend seine Entdeckung war, blieb ihm wohl selbst verborgen. Einmal sagte er: *„Quantenphysik versteht man nicht, man gewöhnt sich nur an sie."* Er begann seine Studien in Kopenhagen, bevor er nach England ging, wo er an den Universitäten Cambridge und Manchester arbeitete. Bei seiner Rückkehr nach Kopenhagen gründete er dort das Institut für Theoretische Physik. 1922 erhielt er den Nobelpreis für Physik. Während des 2. Weltkriegs arbeitete er an der Entwicklung der Atombombe mit. Dabei hätte Bohr auch einen guten Fußballer abgegeben. 1908 wäre er beinahe für die dänische Nationalmannschaft ausgewählt worden.

Albert Einstein (links) mit Niels Bohr

Photonen ein Interferenzmuster, auch wenn sie einzeln durch jeweils einen Spalt wandern und auf dem dahinterliegenden Schirm landen. Jedes Photon scheint gleichzeitig durch beide Spalten wandern zu können. Wenn man einen Spalt schließt, nachdem das Photon abgestrahlt wurde, geht es immer noch durch den offenen Spalt. Wenn man das Spiel noch weitertreibt und einen Detektor mit dem Spalt verbindet, der herausfinden soll, durch welchen Spalt das Photon nun genau geflogen ist, hört das Photon auf, dem Interferenzmuster zu folgen, so als hätte es keine Lust, sich ertappen zu lassen. Dann verhält es sich wie ein Teilchen.

Als wäre das nicht seltsam genug, fand der französische Physiker Louis-Victor de Broglie (1892–1987) heraus, dass Materieteilchen sich ebenfalls wie Wellen verhalten können. Das aber hieße, dass die Welle-Teilchen-Dualität alles beträfe und jede Materie eine Wellenlänge haben müsste. 1927 stellte man dann fest, dass Elektronen sich im Doppelspaltexperiment genauso verhalten wie das Licht. Später entdeckte man, dass auch größere Partikel wie Protonen und Neutronen das tun.

De Broglie reichte seine Arbeit zu diesem Thema als Doktorarbeit ein. Darin stellt er die These auf, dass Elektronen Wellen seien, die im vorhergesehenen Orbit schwingen. Das Energieniveau des „erlaubten" Orbits sei die Schwingung der Welle. Die Wellen könnten sich also verstärken. Die Theorie ließe sich überprüfen, wenn man zeigen könnte, dass Elektronen von einem Kristallgitter abgelenkt werden. Dies gelang 1927 sowohl in den USA als auch in Schottland. Dafür erhielt de Broglie zusammen mit zwei

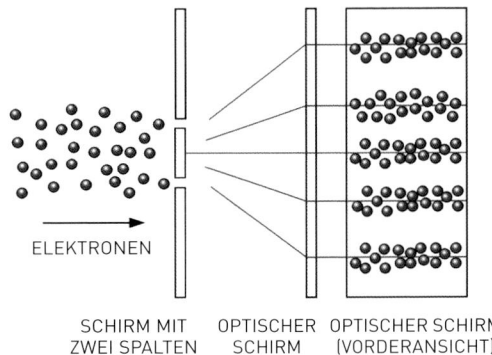

ELEKTRONEN

SCHIRM MIT ZWEI SPALTEN OPTISCHER SCHIRM OPTISCHER SCHIRM (VORDERANSICHT)

Im Doppelspaltexperiment verhalten sich Elektronen gleichermaßen wie das Licht und erzeugen Interferenzmuster, was zeigt, dass auch Elektronen sich wie Wellen verhalten können und damit ebenso einen dualen Charakter haben.

der Wissenschaftler, die das Experiment durchgeführt hatten, den Nobelpreis für Physik.

De Broglies Überlegungen zeigten, dass die Welle-Teilchen-Dualität sich in aller Materie zeigt. Die De-Broglie-Gleichung gibt an, dass der Impuls eines Teilchens multipliziert mit seiner Wellenlänge gleich dem Planckschen Wirkungsquantum ist. Da das Plancksche Wirkungsquantum sehr klein ist, ergibt sich daraus, dass die Wellenlänge von allem, was größer ist als ein Molekül, winzig klein ausfällt. Daher müssten wir uns um die Wellenlänge eines Autobusses oder eines Tigers keine Sorgen machen. Doch je kleiner die untersuchten Teilchen werden, desto interessanter werden ihre Welleneigenschaften.

Noch eine weitreichende Entdeckung

Dass Teilchen sich mitunter wie Wellen verhalten, ist nach Einsteins Erklärung von 1905 gar nicht mehr so unwahrscheinlich. Im Anhang zu seiner speziellen

Relativitätstheorie fand sich eine Formel, die später in ihrer Kurzform die ganze Welt kennen sollte:

Energie = Masse × Licht-
         geschwindigkeit
         im Quadrat

Heute heißt das: $E = mc^2$

Diese Erkenntnis ist genauso bedeutsam wie Newtons *Principia*, denn Einstein sagt damit, dass Energie dasselbe ist wie Materie, nur in anderer Form. Materie kann in riesige Mengen Energie umgewandelt werden. Das ist der Grundstein für die Entwicklung von Atomkraft und Atomwaffen.

Ein grundlegendes Problem allerdings gab es, das nicht im Gärtchen der Newtonschen Mechanik gelöst werden konnte. Da das Elektron eine negative Ladung hat, muss es vom positiv geladenen Kern angezogen werden. Es muss beschleunigen, damit es in seiner Bahn bleiben kann. In diesem Fall aber müsste es

RIESEN UND IHRE SCHULTERN

Die klassische Physik begann mit Newton im *annus mirabilis*, dem Wunderjahr von 1666. Die Wiedergeburt der Physik in der Quantenmechanik setzte mit der Veröffentlichung von Albert Einsteins spezieller Relativitätstheorie 1905 ein. Beide Wissenschaftler aber bauten auf der Arbeit zahlloser anderer auf, die ihre Entdeckungen überhaupt erst möglich gemacht hatten. Dies bezeichnet man gerne durch das Bild der Riesen, auf deren Schultern die Entdecker stehen.

auch Energie abstrahlen, und zwar dauerhaft als elektromagnetische Strahlung. Würde es aber auf diese Weise Energie verlieren, würde es bald in den Kern gesogen werden, das Atom würde kollabieren. Und „bald" ist hier die Untertreibung des Jahrhunderts: Das würde in einer Milliardstel Sekunde passieren.

WELLEN UND TEILCHEN

Die Entdeckung der Welle-Teilchen-Dualität spiegelt sich auch in der Geschichte der Nobelpreisträger wider. Einer der Wissenschaftler, die den Nobelpreis mit de Broglie (rechts) teilten, war George Thomson, der Sohn von J. J. Thomson, der 1906 für den Beweis, dass Elektronen Teilchen sind, den Nobelpreis erhielt. Auch heute noch haben beide Theorien Gültigkeit.

Zur Lösung dieses Problems trugen viele Physiker bei, der bedeutendste Beitrag aber kam von dem österreichischen Physiker Erwin Schrödinger (1887–1961).

Welle oder Teilchen?

Wenn ein Teilchen sich wie eine Welle verhält, können wir dann eigentlich genau sagen, wo es sich gerade befindet? Das ist die Frage, die sich Schrödinger stellte. Er

Weltraumraketen benötigen beim Start eine enorme Menge Energie.

fand die Vorstellung, Elektronen bewegten sich in festen Bahnen, unglaubhaft, denn die Quantenmechanik sagte ja deutlich, dass der Ort des Elektrons nicht eindeutig zu bestimmen war. Daraus schloss er, dass wir aufgrund unseres Wissens um Wellenverhalten und mathematische Wahrscheinlichkeiten den Ort mit einer gewissen Wahrscheinlichkeit angeben können, aber nie genau. Diese Aussage wurde bekannt als die Schrödinger-Gleichung. Wenn wir sie auf Elektronen anwenden, können wir die Aussage treffen, dass sich ein Elektron mit einer Wahrscheinlichkeit von 80 oder 90 Prozent in einem bestimmten Bereich aufhält, doch es bleibt immer die Möglichkeit, dass es dort nicht ist. Und so erhalten wir, wenn wir den Ort eines Teilchens angeben wollen, eine Wellenfunktion, die uns zeigt, mit welcher Wahrscheinlichkeit ein Elektron an welchem Ort ist.

Veranschaulichen wir dies doch einmal an einem größeren Objekt: eine Fliege, die in eine geschlossene Schachtel fliegt. Hinsichtlich der Orte, an denen sich die Fliege nicht aufhält, geht die Wellenfunktion gegen Null und bricht in sich zusammen, wenn die Schachtel so konstruiert ist, dass die Fliege an einer bestimmten Stelle nicht in die Schachtel fliegen kann oder, von außen betrachtet, nicht hinaus kann. Schrödinger formulierte seine Gleichung 1926, zwei Jahre nachdem de Broglie seine Arbeiten über die Welle-Teilchen-Dualität begonnen hatte. Schrödingers Modell zeigt das Elektron irgendwo in einer „Wahrscheinlichkeitswolke", die alle Orte abdeckt, an denen das Elektron sein könnte. Die Wolke ist dort am dichtesten, wo sich das

ALBERT EINSTEIN (1879 – 1955)

Einstein kam in Ulm zur Welt. Da sein Vater ständig in geschäftlichen Schwierigkeiten steckte und die Familie häufig umziehen musste, verbrachte er seine Kindheit auch in der Schweiz und in Italien. Obwohl man Einstein später als Genie bezeichnete, war er kein vielversprechender Schüler. Sein Vater konsultierte sogar einen Experten, weil er seinen Sohn für geistig zurückgeblieben hielt. Die Aufnahmeprüfung am Polytechnikum in Zürich schaffte er nicht auf Anhieb, weil er in Mathematik nicht gut war. Da er nach seinem Studienabschluss keine Stelle in der Forschung bekam, nahm er einen Posten im Schweizer Patentamt in Bern an, wo ihm die Arbeit viel freie Zeit für seine Überlegungen ließ. Er studierte in seiner Freizeit Physik und veröffentlichte dazu fünf Arbeiten, die die Welt verändern sollten: über den photoelektrischen Effekt, die Brownsche Bewegung und die spezielle Relativitätstheorie. Daraufhin bot man ihm 1909 eine Stelle an der Universität Zürich an.

Den Nobelpreis erhielt er 1921 ebenfalls für seine frühen Arbeiten. Da er mit den Grenzen der speziellen Relativitätstheorie, die sich nur auf Körper in konstanter, gleichförmiger Bewegung anwenden ließ und zur Schwerkraft keine Aussagen machte, unzufrieden war, forschte er weiter. Die neue, umfassendere Theorie machte ihm sehr viel mehr Schwierigkeiten, als er ursprünglich angenommen hatte. Doch 1916 veröffentlichte er die allgemeine Relativitätstheorie, die die damaligen Vorstellungen von Raum, Zeit, Materie und Energie über den Haufen warf.

Als der Astronom Arthur Eddington nachwies, dass die Gravitation tatsächlich Licht ablenken konnte (*siehe* ▸▸ Seite 60), wurde Einstein zum internationalen Superstar der Wissenschaft. Er ging in die USA, um der Judenverfolgung durch die Nazis zu entgehen, und blieb für den Rest seines Lebens dort. Die Universität von Princeton wurde durch ihn zu einer der angesehensten Universitäten der Welt.

Seine Mitarbeit am Bau der Atombombe bereute er später zutiefst und setzte sich intensiv für den Verzicht auf Atomwaffen ein. Außerdem wirkte er am Aufbau des Staates Israel mit. Er arbeitete als theoretischer Physiker bis ans Ende seines Lebens, weil er eine „Theorie für alles" suchte – eine Theorie, die die Quantenwelt und die Relativitätstheorie vereinte. Die Quantenmechanik aber fand er nie besonders überzeugend (*siehe* ▸▸ Seite 125).

Elektron mit höchster Wahrscheinlichkeit aufhält. Sie ist am dünnsten, wo sich das Elektron eher nicht aufhält. Jedes Mal, wenn man eine Messung vornimmt, erhält man ein anderes Resultat. Wenn man aber ausreichend viele Messungen durchführt, tauchen manche (die wahrscheinlichsten) Werte häufiger auf als andere. Die wahrscheinlichsten Werte beschreiben die Energieniveaus von Niels Bohr. Schrödingers Modell liefert also präzise Ergebnisse, aber ohne die Grenzen,

Große Physiker 1929 in Chicago (von links): Arthur Compton, Werner Heisenberg, George Monk, Paul Dirac, Horst Eckardt, Henry Gale, Robert Mulliken, Friedrich Hund und Frank Hoyt.

Werner Heisenberg (links) mit Freunden beim Schwimmen. Manchmal brauchen sogar Atomphysiker ein wenig Entspannung.

die Bohr der Realität auferlegt, und um den Preis, dass die Gewissheit durch die Wahrscheinlichkeit ersetzt wurde, was neue Probleme aufwarf.

Zur selben Zeit entwarf der deutsche Physiker Werner Heisenberg (1901–1976) ein mathematisches Modell vom Elektron, das den Teilchencharakter in den Vordergrund stellte. Dieses Modell erlaubte Quantensprünge zwischen den Orbitalen. Wie Schrödinger veröffentlichte er seine Arbeit 1926. Der britische Physiker Paul Dirac (1902–1984) entwickelte dann noch ein drittes theoretisches Modell. Genauer gesagt zeigte er, dass die Modelle von Heisenberg und Schrödinger eigentlich äquivalent waren, ja dass alle drei Modelle, seines eingeschlossen, dasselbe sagten – nur auf verschiedene Weise. Alle drei Männer erhielten den Nobelpreis für ihren Beitrag zur Quantenmechanik.

— Können wir je sicher sein? —

Heisenbergs Unschärferelation wurde 1927 formuliert und besagt, dass wir über ein Teilchen eben nicht alles wissen können. Er erkannte, dass eine der Konsequenzen der Quantenmechanik die Tatsache ist, dass wir an einem Teilchen nie alle Aspekte zugleich messen können. Wenn wir Ort und Geschwindigkeit bestimmen, können wir beides nur innerhalb gewisser Grenzen angeben. Sobald wir das eine mit Gewissheit feststellen, wird das andere ungewisser – und zwar schon durch den Akt der Messung. Dies ist eine grundlegende Eigenschaft der Quantenwelt, die nicht durch eine andere Messmethode oder andere Instrumente umgangen werden kann.

Heisenberg erläuterte dieses Prinzip mit einem Gedankenexperiment. Wenn wir die Position eines Teilchens feststellen, indem wir Licht darauf werfen, gibt es zwei mögliche Resultate: Ein Photon wird absorbiert und das Elektron springt auf eine andere Bahn. Damit haben wir aber das Atom verändert und unsere Messung ist falsch. Oder das Photon wird nicht absorbiert und geht durch das Atom hindurch, was heißt, dass wir den Ort des Teilchens nicht bestimmen können.

Noch komplizierter wird das Unschärfeprinzip, wenn wir Photon und Teilchen als Wellenteilchen betrachten. Heisenberg war klar, dass diese Theorie nicht nur die Gegenwart betraf, sondern auch Vergangenheit und Zukunft. Denn eine Position war immer und wird immer nur eine gewisse Wahrscheinlichkeit besitzen. Damit aber wird es unmöglich, den Weg eines Teilchens festzustellen. Heisenberg meinte dazu, der Weg werde nur existent,

WOHIN GEHT DAS ELEKTRON?

Die Quantenmechanik lässt sich am besten mit dem Prinzip der Unsicherheit erklären. Rufen wir uns doch das ursprüngliche Problem mit dem Atommodell ins Gedächtnis, das sich bei der Newtonschen Mechanik ergibt: Warum stürzen die Elektronen nicht einfach in den Kern? Dafür gibt Heisenberg eine gute Erklärung: Der Impuls eines Teilchens in einem bestimmten Orbit ist bekannt, deshalb kann man seine Position nicht eindeutig feststellen – es ist eben irgendwo innerhalb dieser Bahn. Würde das Teilchen in den Kern stürzen, wäre seine Position bekannt – und auch sein Impuls, denn der wäre damit null. Wenn das Teilchen in den Kern stürzt, wäre das Unschärfeprinzip verletzt. Das kann also nicht passieren. Tatsächlich ist die kleinste Bahn in einem Atom (zum Beispiel die Bahn des Elektrons im Wasserstoffatom) nur so klein, dass sie das Unschärfeprinzip nicht verletzt – was sich mathematisch beweisen lässt. Die Größe der Atome, ja ihre Existenz, wird vom Unschärfeprinzip bestimmt.

wenn wir ihn beobachten. Und auch Aussagen über künftige Wege können nicht mehr getroffen werden.

In der Newtonschen Mechanik geht es stets um Gewissheiten, um Ursache und Wirkung – ein deterministisches Modell, bei dem Wissen um die Funktion eine Vorhersage erlaubt. Die Quantenmechanik schien all das einfach auszuhebeln,

> *„Wer von der Quantentheorie nicht schockiert ist, hat sie nicht verstanden."*
>
> Niels Bohr

zumindest auf atomarer Ebene. Daher war sie auch unter Physikern nicht besonders populär. Einstein misstraute dem Ganzen zutiefst. Daher sein bekannter Ausspruch: „Gott würfelt nicht." Die mathematischen Modelle allerdings waren untadelig. Tatsächlich werden seit Beginn des 20. Jahrhunderts immer mehr physikalische Erkenntnisse durch mathematische Modelle bewiesen statt durch Experimente. Das Gedankenexperiment, das von mathematischen Berechnungen gestützt wird, ist heute der dominierende Beweis in der theoretischen Physik.

— Die Kopenhagener Deutung —

Während Schrödinger sich auf den Wellenaspekt der Dualität konzentrierte, stellte Heisenberg eher den Teilchenaspekt in den Vordergrund. Heisenberg arbeitete mit einer Matrix, wo Schrödinger mit den Instrumenten der Wahrscheinlichkeitsrechnung zugange war. Um diese beiden Physiker bildeten sich Lager. Und natürlich nahm jedes Lager an, das andere liege falsch.

1927 setzten sich Bohr, Heisenberg und der in Deutschland geborene Physiker Max Born (1882–1970) zusammen, um eine Synthese der scheinbar widersprüchlichen Aspekte der Quantentheorie zu formulieren. Diese kennen wir heute als Kopenhagener Deutung. Sie besagt, dass die Atomteilchen oder Photonen keineswegs

„wählten", ob sie sich an einem bestimmten Punkt als Welle oder Teilchen verhalten wollten. Stattdessen sind die Charakteristika, die sie als das ein oder andere erscheinen lassen, nur zwei Seiten derselben Medaille. Was wir sehen und wie wir es interpretieren, hängt ganz davon ab, was wir suchen und wie wir es beobachten. Licht existiert gleichzeitig als Welle oder Teilchen, es erscheint nur einmal so bzw. anders, wenn wir es messen. Der Akt des Messens oder Beobachtens bestimme das Ergebnis, weil wir dementsprechend die Art der Beobachtung wählen. Wenn die Messung gemacht wird, bricht, sobald wir den Wellen- oder Teilchencharakter feststellen, die Wellenfunktion zusammen. Genauer gesagt verändert sie sich buchstäblich in diesem Augenblick zu der Funktion, die zum Ergebnis der Messung passt.

Bohr erkannte die Bedeutung der Unschärferelation, ging aber weiter als Heisenberg. Seiner Ansicht nach war dafür nicht der physikalische Einfluss, den die Messung ausübte, verantwortlich. Es ging vielmehr um ein grundlegenderes Problem – der Akt der Messung selbst verändert die Situation (oder das System), die gemessen wird. Damit aber wird die wissenschaftliche Methode als solche infrage gestellt. Es kann keinen objektiven Beobachter geben, wenn der Akt der Messung oder Beobachtung das Ergebnis beeinflusst.

— Die Katze in der Schachtel —

Bohrs Erklärung traf bei den Physikern nicht gerade auf Gegenliebe. Schrödinger zeigte dies durch ein Gedankenexperiment, das die Absurdität der Kopenhagener Deutung belegen sollte. Bei

Schrödingers Katze – tot und lebendig – in einer Schachtel mit ausgeflossenem Gift bzw. intakter Flasche

diesem Experiment wird eine Katze in einer Schachtel eingeschlossen, und zwar mit einem radioaktiven Präparat, einem Geigerzähler, einem Gefäß mit Blausäure und einem Hammer. Wenn ein Atom der radioaktiven Substanz zerfällt, schlägt der Geigerzähler an und bewegt den Hammer, der das Gefäß mit Gift umwirft. Dann wird die Katze vergiftet. Doch genauso hoch ist die Wahrscheinlichkeit, dass kein Atom zerfällt. Die Katze hat übrigens keinen Einfluss auf das Geschehen. Sie bleibt eine Stunde lang in der Schachtel. Am Ende der Stunde stehen die Chancen 50 zu 50, dass die Katze lebt (oder tot ist). Wenn man Bohr glaubt, können wir nicht feststellen, ob die Katze tot ist, wenn wir nicht in die Schachtel gucken. Und das sei, so Schrödinger, lächerlich.

Viele Welten

Ein anderer Versuch, die unangenehme Möglichkeit in den Griff zu bekommen, dass alles nur wahrscheinlich sei, bis man es beobachtet habe, stammt von dem amerikanischen Physiker Hugh Everett III (1930 – 1982). Er meinte, es gäbe eine Unzahl paralleler Universen, die alle möglichen Resultate sämtlicher Fragen enthielten. Bei jeder Entscheidung (oder Beobachtung) ergebe sich ein neues Universum. Zumindest hätten wir damit einen Grund für die Unendlichkeit gefunden. Wenn jedes Mal, wenn Sie sich zwischen Tee und Kaffee entscheiden oder eine Kaulquappe statt nach rechts nach links schwimmt oder ein Zweig auf Ihr geparktes Auto fällt oder nicht, ein neues Universum entsteht, muss es wohl viele Universen geben – irgendwo.

Quantenverflechtungen: das Einstein-Podolski-Rosen-Paradoxon

Albert Einstein gehörte auch zu den Physikern, die mit der Kopenhagener Deutung nichts anfangen konnten. 1935

Erwin Schrödinger

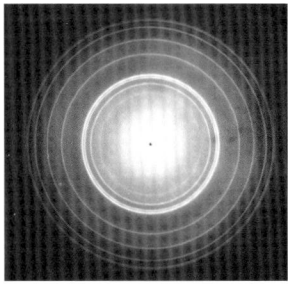

Beugungsbild eines Berylliumatoms

tat er sich mit Boris Podolsky (1896–1966) und Nathan Rosen (1909–1995) zusammen und entwarf ein neues Gedankenexperiment. Stellen Sie sich vor, ein Teilchen zerfällt an einem bestimmten Ort und bringt zwei andere Teilchen hervor. Diese müssen einen unterschiedlichen Drehimpuls haben, der sich aufhebt (da der Drehimpulserhaltungssatz gilt). All ihre anderen Quanteneigenschaften müssen sich aufheben, um die Eigenschaften des Eltern-Teilchens zu bewahren. Dieses „Band" zwischen den Teilchen muss bestehen bleiben, auch nachdem sie getrennt wurden und ihrer Wege gehen. Wenn wir eine Eigenschaft bei einem der hervorgebrachten Teilchen messen, muss die Wellenfunktion für diese Eigenschaft auch beim anderen zusammenbrechen, und zwar ohne Zeitverzögerung.

Wie Schrödingers Katze diente auch Einsteins Paradoxon nur dem einen Zweck, die Absurdität der Kopenhagener Deutung zu belegen. Beides aber stärkte letztlich die Quantenmechanik noch. Die Verschränkung der Teilchen wurde mittlerweile experimentell nachgewiesen, und das bei Partikeln, die mehrere Kilometer voneinander getrennt

Frédéric Joliot und Irène Joliot-Curie im Labor

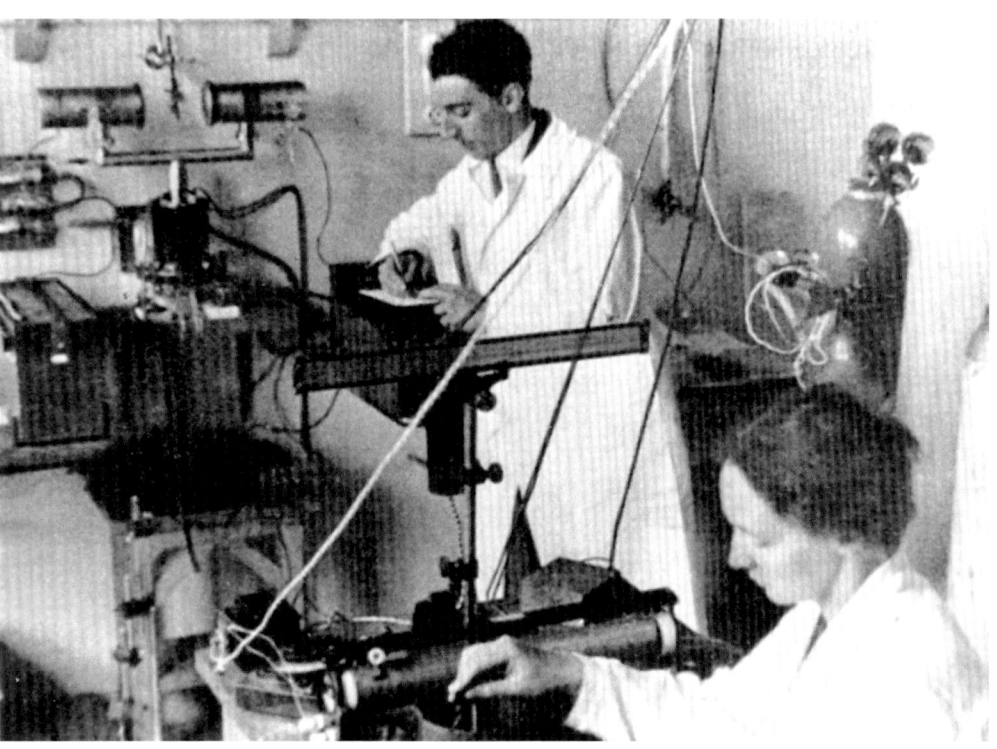

waren. Möglicherweise findet sich für dieses Phänomen sogar noch eine praktische Anwendung, zum Beispiel beim Bau neuer Computer (die mit Quantenbits arbeiten), bei der Fernkommunikation ohne Zeitverzögerung und bei der Verschlüsselung. Denn durch die Verschränkung lässt sich Information schneller übermitteln als mit Licht.

Und noch mehr Teilchen

Es war lange bekannt, dass Elektronen vergleichsweise leicht aus der Bahn geworfen werden konnten. In den frühen Dreißigerjahren aber stellten Walter Bothe (1891–1957) und Irène Joliot-Curie (1897–1956) mit ihrem Ehemann Frédéric Joliot-Curie (1900–1958) fest, dass sich eine andere Strahlung ergab, wenn man Beryllium mit Alphateilchen beschoss. Die Alphateilchen lösten also andere Bestandteile aus dem Atom

James Chadwick erhielt 1935 für seine Arbeit am Neutron, die er innerhalb kurzer Zeit im Februar 1932 ausführte, den Nobelpreis.

KANDIDATEN FÜR DAS NEUTRON

Zwei Jahre, bevor Chadwick sein ungeladenes Teilchen aus dem Atomkern als Neutron bezeichnete, verwendete der österreichische Physiker Wolfgang Pauli (1900–1958) ebenfalls diese Bezeichnung für ein theoretisches Teilchen, das unter der Betastrahlung aus dem Atomkern austreten sollte. Seine Idee fand damals keine Beachtung, daher konnte Chadwick die Bezeichnung verwenden. Die Existenz des von Pauli vorhergesagten Teilchens wurde in den Fünfzigerjahren bestätigt. Heute nennt man es das Neutrino (*siehe* ▶▶ Seite 135).

als Elektronen. Die Joliot-Curies veröffentlichten diese Entdeckung 1932. Der englische Physiker James Chadwick (1891–1974) wiederholte die Experimente und erklärte, dass Teilchen aus dem Atomkern des Berylliums gelöst würden. Zunächst hatte er an Teilchen aus Protonen und Elektronen geglaubt, da sie keine (bzw. eine ausgeglichene) Ladung hatten. 1934 allerdings stellte er fest, dass die Teilchen zu schwer waren, um nur aus einem Proton und einem Elektron zu bestehen. Daraus schloss er, dass es sich um ein neues subatomares Teilchen handeln müsse. Da es keine Ladung hatte, nannte er es Neutron. Das hieß, dass die Variationen chemischer Elemente mit unterschiedlichem Atomgewicht, die man

DAS ALTER VON STEINEN

1920 kam Frederick Soddy auf die Idee, dass die Art und Weise, wie ein Isotop in andere Isotope oder Elemente zerfällt, dazu dienen könnte, das Alter von Steinen zu bestimmen. Heute wird diese Methode häufig angewendet. C-14, ein Kohlenstoff-Isotop, zerfällt durch Betastrahlung in einem genau bekannten zeitlichen Rahmen zu N-14 (ein Stickstoff-Isotop): Es braucht genau 5730 Jahre, um zur Hälfte zu zerfallen. Wenn man also in einem Stein das Verhältnis von C-14 zu N-14 misst, kann man bestimmen, wie alt er ist. Man nennt dies die Radiokarbonmethode.

Isotope nennt, endlich erklärt werden konnten. Bei den Isotopen eines Elements handelt es sich um Teilchen, die zwar dieselbe Anzahl an Elektronen und Protonen aufwiesen, aber eine andere Anzahl von Neutronen.

Das Neutron ist der Superstar unter den Atomteilchen, da es die Kettenreaktionen ermöglicht, die Atomkraftwerke antreiben. Außerdem lässt sich damit die Struktur anderer Atome erforschen, da Neutronen nicht von positiver oder negativer Ladung abgelenkt werden können.

Summa summarum

Protonen und Neutronen sitzen recht eng beieinander im Atomkern, der nur einen winzigen Teil des gesamten Atoms ausmacht – etwa ein Hunderttausendstel. Wäre das Atom so groß wie ein Fußballstadion, wäre der Kern etwa so groß wie ein Sandkorn. Wäre das Atom so groß wie die Erde, hätte der Kern einen Durchmesser von 10 Kilometern. Doch stoßen sich die Protonen nicht aufgrund ihrer gleichen Ladung ab? Wie kann es dann sein, dass sie im Kern so eng beisammenliegen? Die Erklärung dafür ist die sogenannte starke nukleare Kraft, die 1934 von dem japanischen Physiker Hideki Yukawa (1907–1981) postuliert wurde. Er meinte, diese Kraft werde durch subatomare Teilchen vermittelt, die er „Mesonen" nannte. Diese würden zwischen Protonen und Neutronen ausgetauscht. Mesonen sind kurzlebige Partikel, die nur eine Billionstel Sekunde leben.

Anders als die Gravitation und die elektromagnetische Kraft gehorcht die starke nukleare Kraft nicht dem inversen Abstandsquadratgesetz. Sie ist hundert Mal stärker als die elektromagnetische Kraft, aber nur auf eine Distanz von maximal 13 Zentimeter. Danach verschwindet sie und hat keine Wirkung auf größere Entfernung. In einem Atomkern mit seinem geringen Durchmesser reicht das aus, um die elektrostatische Abstoßung zwischen den Protonen zu überwinden. Doch die starke nukleare Kraft drängt die Protonen nicht so nahe zusammen, dass sie aneinanderstoßen. Sie hält eine gewisse Distanz. Diese bestimmt letztlich die Größe des Atomkerns. Das Pi-Meson oder Pion, das die starke Kernkraft vermittelt, wurde 1947 von britischen, brasilianischen und italienischen Physikern entdeckt: Cecil Powell (1903–1969), César Lattes (1924–2005) und Giuseppe Occhialini (1907–1993). Diese untersuchten kosmische Zerfallsprodukte. Hideki Yukawa erhielt für seine Entdeckung 1949 den Nobelpreis für Physik.

Der Zerfall der Dinge

Während die meisten Physiker sich Gedanken machten, wie die Atome zusammenhalten, untersuchten andere deren
Zerfall. Nachdem Henri Becquerel die
Radioaktivität entdeckt hatte, erarbeite-
ten Ernest Rutherford und der englische
Radiochemiker Frederick Soddy (1877–
1956) schon 1903 ein Modell des radioaktiven Zerfalls. Ein Atom eines schweren
Elements, so die Physiker, könne instabil

Das Kernkraftwerk Cattenom in Frankreich

RADIOAKTIVE ZERFALLSREIHE VON URAN-238

Wenn ein radioaktives Isotop zerfällt, wird es zu einem anderen Element, dem „Tochternuklid", das ebenfalls radioaktiv sein und weiter zerfallen kann. Die Zeit, die nötig ist, damit die Hälfte des Isotops zerfällt, nennt man „Halbwertzeit". Damit ist gleichzeitig die Lebensdauer festgelegt. Uran-238 zerfällt auf natürliche Weise zu Blei-206 und durchschreitet dabei 14 Zerfallsstufen wie unten angegeben.

Element	Strahlungsart	Halbwertszeit	Zerfallsprodukt
Uran-238	Alphastrahlung	4,5 Milliarden Jahre	Thorium-234
Thorium-234	Betastrahlung	24 Tage	Proactinium-234
Proactinium-234	Betastrahlung	1,2 Minuten	Uran-234
Uran-234	Alphastrahlung	240 000 Jahre	Thorium-230
Thorium-230	Alphastrahlung	77 000 Jahre	Radium-226
Radium-226	Alphastrahlung	1600 Jahre	Radon-222
Radon-222	Alphastrahlung	3,8 Tage	Polonium-218
Polonium-218	Alphastrahlung	3,1 Minuten	Blei-214
Blei-214	Betastrahlung	27 Minuten	Bismut-214
Bismut-214	Betastrahlung	20 Minuten	Polonium-214
Polonium-214	Alphastrahlung	160 Mikrosekunden	Blei-210
Blei-210	Betastrahlung	22 Jahre	Bismut-210
Bismut-210	Betastrahlung	5 Tage	Polonium-210
Polonium-210	Alphastrahlung	140 Tage	Blei-206

„Durch diesen Prozess wird weit mehr Energie frei, als uns das Proton lieferte, doch wir können nicht erwarten, ihn zur Energiegewinnung einsetzen zu können, da es ein ausgesprochen ineffizienter Prozess ist. Jeder, der in der Umwandlung von Atomen eine künftige Energiequelle sieht, redet Nonsens. Doch das Thema ist wissenschaftlich interessant, weil es ganz neue Einsichten in die Atomstruktur erlaubt."

Die *Times* vom 12. September 1933 über eine Rede von Ernest Rutherford zum Thema „Atomenergie"

werden, wenn es ein Alphateilchen verlöre (Heliumkern) oder ein Neutron unter Abstrahlung von Betateilchen (Elektronenstrahlung) zu einem Proton würde. In beiden Fällen ändere sich die Anzahl der

Enrico Fermi

Protonen im Kern, sodass aus dem Atom ein anderes Element würde. Die beiden sagten vorher, dass aus Radium Helium würde. Dies konnte Soddy 1903 nachweisen, während er mit dem schottischen Chemiker Sir William Ramsay zusammenarbeitete.

1913 erklärte Soddy, dass sich die Kernladungszahl um zwei verringere, wenn ein Alphateilchen abgestrahlt wird (da dabei zwei Protonen verloren gehen). Würde ein Betateilchen abgestrahlt, erhöhe sie sich hingegen um den Faktor 1 (da ein Neutron in ein Elektron und ein Proton zerfällt; das Elektron wird abgegeben, das Proton bleibt und erhöht die Kernladungszahl wieder). Soddy prägte für diese Variationen eines Elements mit unterschiedlichen Atommassen den Begriff „Isotope".

1919 fand Rutherford heraus, dass aus Stickstoff nach dem Beschuss mit Alphateilchen ein Sauerstoff-Isotop entsteht, da dabei ein Wasserstoff-Kern (ein einziges Proton) verloren gehe. Das war die erste Umwandlung eines Elements durch Menschenhand in ein anderes – was die Alchemisten jahrhundertelang versucht hatten. Damit war der Eintritt in die Welt der Atomphysik vollzogen. Zwischen 1920 und 1924 zeigten Rutherford und Chadwick, dass die meisten leichteren Elemente Protonen abgaben, wenn sie mit Alphateilchen bestrahlt wurden.

Der praktische Einsatz der Kettenreaktion

Die Umwandlung von einem Element ins andere kann künstlich ausgelöst werden. Außerdem wird dabei sehr viel Energie frei. Irène und Frédéric Joliot-Curie

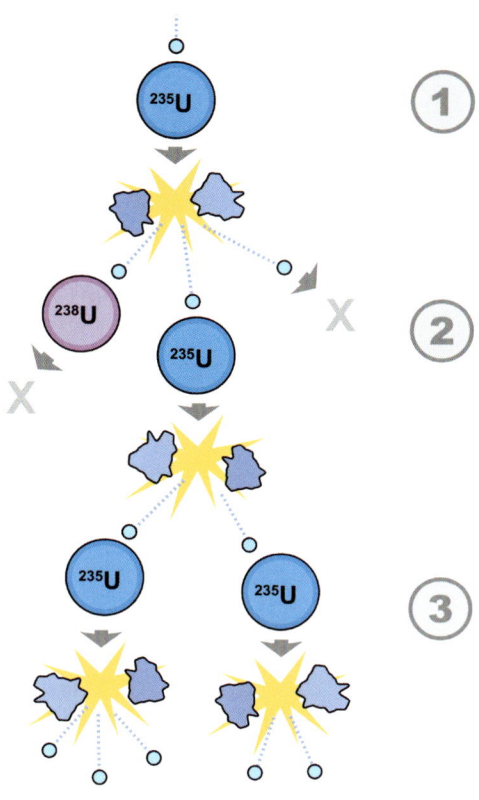

Die Kettenreaktion beim Zerfall von Uran-235 nach Bestrahlung mit Neutronen

hatten 1934 entdeckt, dass sie durch Bestrahlung einiger Elemente mit Alphateilchen diese zu instabilen Isotopen machen konnten. Der italienische Physiker Enrico Fermi (1901–1954) führte ihre Forschungen weiter. Er bestrahlte Uran mit Neutronen und dachte, er habe dabei ein neues Element entdeckt, das er Hesperium nannte. 1938 aber fand eine Gruppe von vier deutschen und österreichischen Wissenschaftlern heraus, dass Fermi in Wirklichkeit den Kern des Uranatoms in zwei etwa gleich große Teile gespalten hatte.

Der ungarische Physiker Leó Szilárd (1898–1964) fand heraus, dass die Neutronen, die bei einer Kernspaltung frei wurden, dazu benutzt werden konnten, dieselbe Reaktion bei anderen Atomen in Gang zu setzen. Damit hielt sich die Kettenreaktion selbst in Gang. Szilárd war in London, als Ernest Rutherford einen Vortrag über die Möglichkeit der Energiegewinnung durch Atomenergie

Chicago 1942: Der erste Atomreaktor, der mit der Kernspaltungs-Kettenreaktion arbeitete.

DIE BEFREITE WELT – ODER?

Leó Szilárd hatte sich von H. G. Wells und seiner Erzählung *The World Set Free* (1914) inspirieren lassen, in der ein neuer Waffentyp, eine „Atombombe", Zerstörung über die Welt brachte. Wells fiktionale Bombe explodierte mehrere Tage lang. So begann Szilárd, darüber nachzudenken, wie man nukleare Kettenreaktionen für den Bau einer Atombombe einsetzen konnte. Szilárd ging 1938 in die USA und überzeugte ein Jahr später Albert Einstein, gemeinsam mit ihm einen Brief an Präsident Roosevelt zu schreiben: Sie wollten die Atombombe bauen, um Nazideutschland zuvorzukommen. Daraus entwickelte sich das Manhattan Project. Szilárd sah seine Bemühungen als Möglichkeit, die Welt vor den Auswirkungen der Bombe zu schützen. Er hoffte, dass sie nur zur Drohung eingesetzt werden würde. Als die Kontrolle über die Forschung ans Militär überging, reagierte er mit dem Vorschlag, doch einen öffentlichen Atombombentest durchzuführen, um den Krieg mit Japan ohne Opfer zu beenden. Die US-Regierung lehnte ab. Tatsächlich ließ man 1945 Atombomben auf die japanischen Städte Hiroshima und Nagasaki fallen, was Hunderttausende Todesopfer forderte. Nach dem Krieg sagte Szilárd vorher, dass das nukleare Patt in einen Kalten Krieg münden würde. Er wandte sich von der Physik ab und der Molekularbiologie zu.

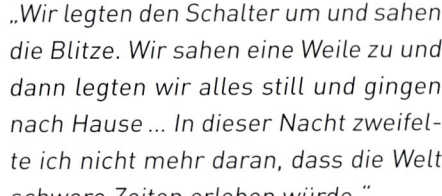

„Wir legten den Schalter um und sahen die Blitze. Wir sahen eine Weile zu und dann legten wir alles still und gingen nach Hause ... In dieser Nacht zweifelte ich nicht mehr daran, dass die Welt schwere Zeiten erleben würde."
Leó Szilárd 1938 nach einem Test der Uran-Kettenreaktion an der Columbia University

hielt, die in der Folge von der Times als Unsinn bezeichnet wurde. Szilárd reichte 1934 ein Patent für das Verfahren ein. Tatsächlich hatte er Patente auf die Kettenreaktion und den Atomreaktor (zusammen mit Enrico Fermi), obwohl er das Patent auf die Kettenreaktion 1936 an die britische Admiralität abgab. Szilárd war einer der wichtigsten „Beweger", was die Atomkraft anging (*siehe* ▸▸Kasten).

Frédéric Joliot-Curie legte 1939 experimentelle Beweise für die Kettenreaktion vor und bald forderten Wissenschaftler in vielen Ländern mehr Geld für die Forschung zur Atomspaltung: USA, Großbritannien, Frankreich, Deutschland und die Sowjetunion. Der erste Atomreaktor hieß Chicago-Pile-1 und ging im Dezember 1942 ans Netz. Er sollte Plutonium für die Verwendung in Atomwaffen herstellen.

Das Ende des klassischen Atoms

Schon mit Bohr wurde klar, dass das Verhalten innerhalb der Atome mit den Begriffen der klassischen Physik nicht mehr beschrieben werden konnte. Der

winzige Kern enthielt Protonen und Neutronen, die von der starken nuklearen
Kraft zusammengehalten werden. Im Rest
des Atoms finden wir leeren Raum, durch
den die Elektronen auf ihren Bahnen bewegen und fähig sind, unter bestimmten
Umständen auf eine höhere oder nied-
rigere Bahn zu „springen". Das unteil-
bare Atom war damit Geschichte. Doch
die zweite Hälfte des 20. Jahrhunderts
hielt noch weitere Überraschungen be-
reit: Man entdeckte Quarks, die von einer Kraft zusammengehalten wurden, die
durch sogenannte „Gluonen" vermittelt
wurde. Interessanterweise ist dies dieselbe Kraft, die die Protonen und Neutronen
zusammenhält. Tatsächlich ist der Zusammenhalt dieser beiden Teilchen eine Art
Restwechselwirkung. Wie die starke nukleare Kraft auf Quarks wirkt, ist noch viel
interessanter. Sie nimmt nämlich bei steigender Distanz nicht ab, sondern wird

*Die Detonation der Atombomben von Hiroshima
(links) und Nagasaki (rechts) im August 1945*

stärker, bis sie ihr Maximum erreicht, das
sie über Distanzen aufrechterhält, die sehr
viel größer sind als die Größe eines Protons
oder Neutrons. Gluonen wurden 1979
entdeckt, und zwar am Deutschen Elek-
tronen-Synchrotron in der Positron-Elek-
tron-Tandem-Ring-Anlage PETRA.

Protonen und Neutronen sind beide
Hadronen, die entweder aus drei Quarks
(Baryonen) oder einem Quark und einem Anti-Quark (Mesonen) bestehen.
Experimente am Linearen Teilchenbeschleuniger in Stanford zeigten 1968,
dass das Proton nicht unteilbar ist, sondern punktähnliche Objekte enthält, die
Richard Feynman „Partonen" nannte. Das
Quark-Modell war 1964 vorgestellt worden, doch man erkannte die „Partonen"
nicht sofort als Quarks. Quarks gibt es in

sechs verschiedenen *Flavours* oder Arten: *up* (nach oben), *down* (nach unten), *top* (ganz oben) *bottom* (ganz unten), *strange* (seltsam) und *charm* (bezaubernd), wobei *top* und *bottom* manchmal auch *truth* (echt) und *beauty* (schön) genannt werden. Antimaterie-Quarks haben Anti-Flavours, was dann „*Anti-strange*"- und „*Anti-up*"-Quarks ergibt. Wenn man sich fragt, warum das Gegenteil von „*strange*" (merkwürdig) nicht „normal" ist, dann wird schnell klar, dass in der subatomaren Welt einfach nichts normal ist.

Sowohl Protonen als auch Neutronen sind Baryonen. Sie sind die einzigen stabilen Hadronen, obwohl Neutronen nur innerhalb des Atomkerns stabil sind. Es gibt rund 40 bekannte oder vorausberechnete Baryonentypen und etwa 50 bekannte oder vorausberechnete Mesonen. Sie haben bizarre Namen wie „doppelt geladenes *bottom* Omega" (ein Baryon von unbekannter Masse und Lebensdauer). Manche existieren nur sehr kurz (wenn überhaupt) – wie zum Beispiel das Delta-Baryon, das nur eine Lebensdauer von $5{,}58 \times 10^{-24}$ Sekunden besitzt. Die ersten entdeckten Mesonen waren Kaonen und Pionen, die man 1947 in kosmischer Strahlung fand.

Die große Zahl subatomarer Teilchen vorzustellen würde den Rahmen dieses Buches sprengen, daher hier nur so viel: Wie viele von den aktuell postulierten Teilchen tatsächlich existieren, ist nicht klar. Einige wurden experimentell nachgewiesen, andere nicht. Bei einigen kennen wir weder Eigenschaften noch Funktion.

Materie und Antimaterie

1927 veröffentlichte Paul Dirac eine Wellengleichung des Elektrons, die die Erfordernisse der speziellen Relativitätstheorie erfüllte (*siehe* ▶▶ Seite 121). Erstaunlicherweise aber hatte sie zwei Lösungen: die

EIN QUARK IN EHREN

Der Begriff „Quark" wurde von einem der beiden Männer geprägt, die unabhängig voneinander 1964 ihre Existenz postulierten: Murray Gell-Mann. Er benannte sie nach dem Quaken von Enten, das seiner Ansicht nach wie „*kwork*" klang. Da ihm nicht gleich einfiel, wie man dies am besten schreibt, entschied er sich für „*quark*", nachdem er das Wort in James Joyces experimentellem Roman *Finnegan's Wake* gefunden hatte: „*Three quarks for Muster Mark!*" Dieser wiederum soll das Wort auf der Durchreise auf einem Bauernmarkt in Deutschland aufgeschnappt haben.

eine beschrieb das bekannte Elektron, die andere etwas, das dem Elektron glich, aber eine positive Ladung hatte. Anfangs versuchte Dirac, dies dem Proton zuzuordnen, doch dafür hatte es zu viel Masse. Weitere Forschungen ergaben, dass man mit genug Energie ein Teilchenpaar schaffen konnte, das identische Masse, aber entgegengesetzte Ladung aufwies. 1932 und 1933 fand Carl Anderson Spuren eines positiv geladenen Teilchens, wie Dirac es vorhergesagt hatte. Er nannte es Positron. Man hielt es für das erste Antimaterie-Teilchen, das je entdeckt worden war. Das Positron wird mittlerweile praktisch eingesetzt, nämlich bei der Positronen-Emissions-Tomographie. Heute wissen wir, dass alle Materieteilchen ein entsprechendes Antimaterie-Teilchen mit entgegengesetzten Eigenschaften haben.

Geisterteilchen

Eines der am schwierigsten zu fassenden Teilchen ist das Neutrino, das zuerst von Wolfgang Pauli 1930 „benutzt" wurde. Er brauchte es, um eine Gleichung lösen zu können. Beim Zerfall eines radioaktiven Atomkerns sollte die frei werdende Energie gleich der ursprünglich vorhandenen sein. Pauli fand heraus, dass dies nicht der Fall war. Es ging viel mehr Energie verloren, als gemessen werden konnte. Das aber bedeutete, dass irgendetwas abgestrahlt wurde, das der Detektor nicht erfassen konnte. Pauli bemerkte, dass während des Beta-Zefalls Elektronen offensichtlich jede beliebige Energiemenge bis zu einem gewissen Maximum haben konnten, das für jeden Kerntyp charakteristisch war. Bei diesem Sachverhalt wäre jedoch der Energieerhaltungssatz verletzt

Murray Gell-Mann, der den Quarks ihren Namen gab

worden. Pauli fand eine radikale Lösung: Er postulierte ein weiteres ungeladenes Teilchen, das nicht gequantelt war und bis zu einem vorbestimmten Maximum jeden Betrag an kinetischer Energie haben konnte. Er nannte dieses potenzielle Teilchen ein Neutron. Zwei Jahre später aber verwendete Chadwick diesen Begriff für sein Teilchen.

1933 schlug Enrico Fermi den Begriff „Neutrino" für das Pauli-Teilchen vor. Seiner Ansicht nach zerfiel ein Neutron in ein Proton und ein Elektron (was es auch außerhalb des Atomkerns tut) *und* in ein ungeladenes neues Teilchen, eben das Neutrino. Dieses würde während des Beta-Zerfalls zusammen mit dem Elektron abgegeben werden.

Neutrinos blieben gleichwohl lange reine Theorie, bis die amerikanischen Physiker Frederick Reines (1918–1998) und Clyde Cowan (1919–1974) sie 1953 tatsächlich experimentell dingfest machen konnten. Sie verwendeten große

„Ich habe heute etwas sehr Unartiges getan: Ich habe ein Teilchen postuliert, das nicht gemessen werden kann. Kein Theoretiker sollte so etwas tun."
Wolfgang Pauli in seinem Tagebuch von 1930

Wassertanks in einem Atomreaktor als „Neutrino-Kollektoren". Sie nahmen an, dass der Reaktor zehn Trillionen Neutrinos pro Sekunde abstrahlte und fanden innerhalb einer Stunde genau drei. Offensichtlich entwischten die meisten, doch die wenigen, die aufgefangen werden konnten, genügten als Beweis für ihre Existenz.

Neutrinos haben eine vernachlässigbare Masse und keine Ladung, daher schlüpfen sie durch alles hindurch. Würden Sie einen Neutrinostrahl gegen eine 3000 Lichtjahre dicke Wand richten, würde etwa die Hälfte der Neutrinos problemlos hindurchgehen. Es gibt heute noch Neutrinos, die vom Big Bang übrig sind, andere kommen von der Sonne und von explodierenden Sternen. Tatsächlich wird Ihr Körper jede Sekunde von etwa 100 Trillionen Neutrinos durchzogen. Atome sind ja größtenteils leerer Raum – der Kern

ist das Sandkorn im Fußballstadium, wenn Sie sich erinnern. Daher ist für die Neutrinos massenhaft Platz. Sie flitzen einfach durch alles hindurch. Weil sie keine Ladung haben, werden sie von Elektronen oder Protonen nicht abgelenkt.

Etwa zehn Jahre, nachdem das erste Neutrino entdeckt wurde, baute man in einer Goldmine in Süddakota einen Neutrino-Detektor: einen riesigen Tank, gefüllt mit einer chlorhaltigen Flüssigkeit. Wenn ein Neutrino mit einem Chloratom zusammenstößt, entsteht radioaktives Argon. Alle paar Monate finden die Forscher im Tank etwa 15 Argonatome. Der Detektor ist seit mehr als 30 Jahren in Betrieb.

Heute gibt es noch mehr Neutrino-Detektoren. Sie befinden sich unter der Erde und sind in alten Minen untergebracht, andere im Ozean, einer sogar tief im Eis der Antarktis. Die Neutrinos gelangen dort sehr leicht hin. Dass die Detektoren so massiv abgeschirmt sind, liegt daran, dass die Wissenschaftler sie nicht mit kosmischer Strahlung verwechseln möchten (die aus größeren Teilchen besteht und daher die dicken Eis- oder Erdschichten nicht durchdringen kann). Der Super-K-Neutrino-Detektor in Japan liegt in einem kuppelförmigen Tank mit 50 000 Tonnen Wasser und 13 000 Lichtsensoren. Wann immer ein Neutrino mit einem Wasseratom kollidiert, zeichnen diese den dabei entstehenden blauen Lichtblitz auf. Die Physiker können so den Weg des Elektrons verfolgen und schließen, welche Bahn das Neutrino genommen hat. Die

Der unterirdische MINOS-Detektor (Main Injector Neutrino Oscillation Search) *in Minnesota soll Neutrinos aufspüren.*

meisten Neutrinos kommen übrigens von der Sonne. 2001 entdeckten die Physiker, dass Neutrinos ebenfalls drei „Flavours" haben. Es gibt anscheinend sehr viel mehr Neutrinotypen, doch man kann bislang nur die erkennen, die Elektronen bilden, wenn sie mit Wasser interagieren. Die Flavours allerdings zeigen, dass Neutrinos eine Masse haben müssen.

Feynmans Arbeit über den Spin und die Rotation von Elektronen geht auf eine Eingebung zurück, die er hatte, als er einen kreisenden Teller sah:

„Eine Woche später war ich in der Cafeteria und irgendjemand, der herumalbert, wirft einen Teller in die Luft. Als der Teller in die Luft flog, sah ich, dass er eierte, und mir fiel auf, dass das rote Medaillon von Cornell, das auf dem Teller war, sich drehte. Es war ziemlich offensichtlich für mich, dass sich das Medaillon schneller drehte als der Teller eierte.

Ich hatte nichts zu tun und so fing ich an, die Bewegung des rotierenden Tellers zu berechnen. Ich entdeckte, dass das Medaillon bei sehr kleinem Winkel zweimal so schnell rotiert wie der Teller eiert – zwei zu eins [...]

Ich weiß nicht mehr, wie ich es machte, aber ich rechnete schließlich die Bewegung der Masseteilchen aus und wie die ganzen Beschleunigungen sich ausgleichen, sodass sich ein Verhältnis zwei zu eins ergibt. [...]

Ich arbeitete weiter Gleichungen von Taumelbewegungen aus. Dann dachte ich darüber nach, wie sich die Bahnen von Elektronen in der Relativität zu bewegen beginnen. Dann ist da die Dirac-Gleichung in der Elektrodynamik. Und ehe ich mich versah (es ging sehr schnell), ,spielte' – in Wahrheit: arbeitete – ich mit demselben alten Problem, das ich so liebte [...]

EINE RUNDE AUF DEM KARUSSELL

Das Karlsruhe Tritium-Neutrino-Experiment (KATRIN) wurde ersonnen, um die Masse eines Neutrinos zu erforschen. Der Detektor liegt in der Nähe von Karlsruhe und wird demnächst seine Messungen aufnehmen. Da der 200 Meter lange Vakuumtank nicht über Autobahnen transportiert werden konnte, wurde er auf dem Umweg über die Donau zum Schwarzen Meer und dann über das Mittelmeer und den Ärmelkanal den Rhein abwärts nach Leopoldshafen verfrachtet – 8600 Kilometer. Das dauerte insgesamt zwei Jahre.

Es ging mühelos. Es war, wie wenn man eine Flasche entkorkt: Alles floss mühelos heraus. [...] Die Diagramme und die ganze Geschichte, wofür ich den Nobelpreis erhielt, das kam von dem Herummachen mit dem eiernden Teller."

Richard Feynman, *Sie belieben wohl zu scherzen, Mr. Feynman*, München/Zürich 1987, S. 231f.

— Das letzte verborgene Teilchen

Antimaterie und Neutrinos waren von der Theorie vorhergesagt worden, noch bevor man sie tatsächlich entdeckt hatte. Mittlerweile jagen die Physiker einem anderen theoretisch vorhandenen Teilchen nach, dem Higgs-Boson, das gelegentlich auch als „Gottesteilchen" bezeichnet wird. Das Higgs-Boson ist das letzte noch fehlende Puzzlestück im sogenannten Standardmodell der physikalischen Welt. Es muss nicht in allen physikalischen Weltmodellen vorhanden

RICHARD FEYNMAN (1918 – 1988)

Feynman wurde in New York geboren. Sein Vater, der Uniformen für die Armee produzierte, interessierte sich sehr für Wissenschaft und Logik und führte seinen Sohn schon bald in diese Themengebiete ein. Feynman studierte am Massachusetts Institute of Technology (MIT) und in Princeton, bevor er am Manhattan-Projekt zur Entwicklung der Atombombe mitwirkte. Später ging er ans Caltech, ans California Institute of Technology. Feynman war ein charismatischer Professor, dessen Vorlesungen sehr beliebt waren. Er hatte auch ungewöhnliche Hobbys, zum Beispiel spielte er Bongo in einem Striptease-Lokal. Er entwickelte das mathematische Modell der Teilchenphysik und bewies, dass die Interaktion zwischen Elektronen (Positronen) so interpretiert werden kann, als tauschten die Elektronen virtuelle Photonen aus. Dies zeigte er in den Feynman-Diagrammen. Er fuhr einen Lieferwagen, den er mit seinen Diagrammen verziert hatte. Die Universität bewahrt ihn bis heute auf. Feynman lieferte außerdem die Grundlagen für den Quantencomputer und die Nanotechnologie. Er gehörte zu den bevorzugten Gesprächspartnern von Niels Bohr, der ihn sehr gerne aufsuchte, da Feynman sich als einer von nur wenigen Wissenschaftlern traute, ihm zu widersprechen oder ihn auf Fehler hinzuweisen.

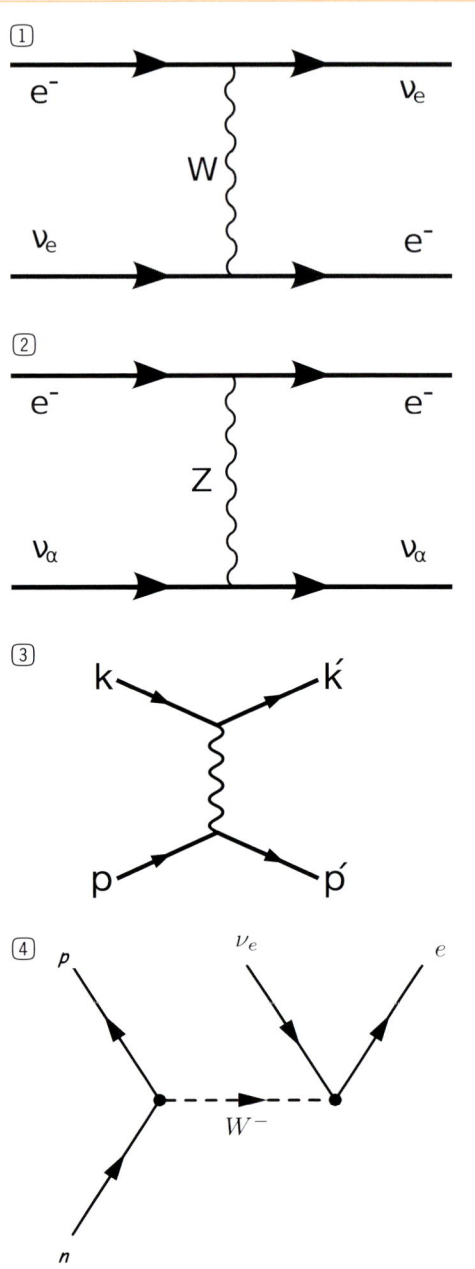

Die Feynman-Diagramme zeigen:

① *ein Neutrino, das mit einem geladenen Materiepartikel interagiert*

② *ein Neutrino, das mit einem neutralen Materiepartikel interagiert*

③ *eine Streuung*

④ *einen Neutronenzerfall*

Tunnel des LHC am CERN

sein, in anderen wiederum könnte es mehr als ein Higgs-Boson geben. Wenn wir wissen, ob das Teilchen existiert, können wir vielleicht entscheiden, welches Modell unserer Welt korrekt ist. Das Higgs-Boson ist ein Teil des Higgs-Feldes. Wenn Teilchen durch das Higgs-Feld fliegen, erhalten sie Masse. Wenn das Higgs-Boson existiert, ist es ein wesentlicher Bestandteil aller Materie und müsste daher überall zu finden sein. Die erste Beschreibung des Higgs-Bosons stammt von Peter Higgs, der sie 1966 veröffentlicht hat.

EIN NAME FÜR DAS NICHT-EXISTIERENDE

Viele Wissenschaftler wehrten sich gegen die Bezeichnung „Gottesteilchen" für das Higgs-Boson. 2009 veranstaltete man einen Wettbewerb, um ihm einen anderen Namen zu geben. Die beliebteste Bezeichnung beim Publikum war: das „Champagnerflaschen-Boson", aber es gingen auch Vorschläge wie das „Mastodon", das „Mysteron" und das „Nicht-Existon" ein.

Die Suche nach dem Higgs-Boson erfordert große Teilchenbeschleuniger wie den LHC, den *Large Hadron Collider*, am CERN in der Schweiz oder den Tevatron am Fermilab in den USA. Dort lässt man Protonen bei höchster Geschwindigkeit aufeinanderprallen, um auf diese Weise ein Higgs-Boson zu isolieren.

Sternenstaub

Im Großen Hadronen-Speicherring (LHC) versucht man, jene Bedingungen herzustellen, die zu Beginn des Universums geherrscht haben, wo Teilchen mit unglaublicher Kraft zusammengeballt wurden. Dass wir überhaupt eine Vorstellung davon haben, was bei der Geburt unseres Universums geschehen sein könnte, liegt daran, dass wir seit Jahrtausenden die Sterne beobachten und Theorien über ihre Natur aufstellen. Das nahm seinen Anfang schon in frühester Zeit, als der Mensch seinen Blick gen Himmel richtete, um mehr über sein Schicksal zu erfahren.

KAPITEL 6

Der Griff **NACH DEN STERNEN**

Wir wissen nicht, wann der Mensch zum ersten Mal die Sterne beobachtet hat, jedenfalls begann er schon früh, in den etwa 4000 Sternen, die sichtbar unseren Himmel bevölkern, Bilder und Konstellationen zu sehen. Da war es nur ein kleiner Schritt, bis über sie auch Geschichten erzählt wurden – Geschichten, die Grundlage religiöser Vorstellungen wurden. Andererseits versuchte man damit, das Unerklärliche verständlich zu machen – den Ursprung der Welt, der Jahreszeiten, der Sternen- und Planetenbewegungen am Himmel. Doch es gab auch in der Frühzeit schon Menschen, die Beobachtungen machten, Aufzeichnungen erstellten und sich dazu Theorien überlegten. Sie entwarfen Weltmodelle, die sie nach und nach verfeinerten. Diese frühen Astronomen waren die ersten Wissenschaftler überhaupt. Und vielfach lagen sie gar nicht im Konflikt mit den herrschenden religiösen Autoritäten, sondern arbeiteten Hand in Hand mit ihnen, zum Beispiel bei der Erstellung von Kalendern, die religiöse und praktische Bedeutung zugleich hatten.

Die Milchstraße – unser Heim im Universum und doch nur eine von Milliarden Galaxien

In Carnac in Frankreich stehen mehr als 3000 prähistorische Steine.

Sterne und Steine

Einige der ältesten, von Menschen errichteten Bauwerke zeigen, dass der Mensch in der Frühzeit Sonne, Mond und Sterne eingehend beobachtet hat. Die 3000 Megalithen von Carnac stammen aus einer Zeit zwischen 4500 und 3000 v. Chr. Sie hatten vermutlich eine astronomische Funktion. Auch in Stonehenge gibt es kreisförmig angeordnete Megalithen, errichtet vermutlich zwischen 3000 und

Stonehenge in der Nähe des englischen Salisbury könnte in prähistorischer Zeit astronomischen Zwecken gedient haben.

2200 v. Chr. Handelte es sich dabei vielleicht um ein Observatorium? Nach der Mittsommernacht schickt die Sonne ihre ersten Strahlen genau durch die Zentralachse von Stonehenge. Die Präzession der Erde (die Richtungsänderung der rotierenden Erdachse) hätte bewirkt, dass die Ausrichtung vor 4000 Jahren nicht ganz so präzise war wie heute. Doch für kultische Zwecke und Landwirtschaft wären die Daten immer noch präzise genug gewesen. Andere Forscher haben weitere astronomische Achsen gefunden, die nahelegen, dass Stonehenge das Resultat jahrzehnte- oder jahrhundertelanger astronomischer Beobachtungen ist.

Die Pyramiden von Gizeh in Ägypten sind noch genauer ausgerichtet. Sie wurden 2680 v. Chr. errichtet. Die vier Seiten der Pyramiden zeigen jeweils genau nach Norden, Süden, Osten und Westen. Es könnte sein, dass sie damit die Anordnung der zentralen Sterne im Sternbild Orion widerspiegeln sollen. Andere Pyramiden entsprechen vielleicht anderen Sternen der Konstellation Orion. Der Nil wäre dann die Milchstraße. Die früheste Darstellung astronomischer Gegebenheiten ist die

Die Pyramiden von Gizeh scheinen genau nach den Himmelsrichtungen ausgerichtet zu sein.

Sternenkarte an der Decke des Grabes von Senenmut, der unter Königin Hatschepsut (ca. 1473–1458 v. Chr.) oberster Baumeister und Astronom war. Auch die Mayas in Südamerika richteten ihre Bauwerke nach den Plejaden aus und nach Eta Draconis, einem Stern im Sternbild Draco.

Frühe Sterngucker

Es gibt keine Funde, die tatsächlich beweisen, dass Stonehenge oder die Pyramiden astronomischen Zwecken dienten, doch die ersten astronomischen Zeugnisse stammen aus eben jener Zeit. Chinesische Astronomen bauten schon ca. 2300 v. Chr. Observatorien zur Sternenbeobachtung. 2296 v. Chr. wurde dann ein erster Komet urkundlich erwähnt, ein Meteoritenschauer 2133 v. Chr. und eine Sonnenfinsternis 2136 v. Chr. Die chinesische Astronomie diente rein astrologischen Zwecken. Die Sterngucker wollten Sonnenfinsternisse und andere Himmelsphänomene vorhersagen, um wichtige Festtage oder Schlachten günstig zu beeinflussen oder Aussagen über den Gesundheitszustand ihrer Herrscher zu treffen. Irrtümer hatten fatale Folgen:

Zwei Astronomen wurden 2300 v. Chr. enthauptet, weil sie eine Sonnenfinsternis falsch vorhergesagt hatten.

In einem mehr als 6000 Jahre alten Grab in Xishuipo in der Provinz Henan in China wurde die Darstellung von drei Sternbildern des chinesischen Himmels gefunden, angefertigt aus Muscheln und Knochen. Sie zeigen vermutlich den Blauen Drachen, den Weißen Tiger und den Großen Bären. 3200 Jahre alte Orakelknochen tragen die Namen von Sternen, die in den 28 Mondhäusern stehen. Die Chinesen glaubten, dass bestimmte Himmelsphänomene auf wichtige Ereignisse auf der Erde vorausdeuteten. Von 1600 v. Chr. bis zum Ende des 19. Jahrhunderts unserer Zeitrechnung ernannte jede Königs- oder Kaiserdynastie eigene Sternenbeobachter. Daher sind die überlieferten Aufzeichnungen über die chinesische Astronomie außerordentlich zahlreich.

In der fruchtbaren Ebene zwischen Euphrat und Tigris (Mesopotamien) fanden mehrere Völker eine Heimstatt. Um 2600 v. Chr. lebten dort die Sumerer. Uns sind Zehntausende sumerischer Tontäfelchen überliefert, auf denen sich die ersten landwirtschaftlichen Almanache finden, die unter Verweis auf astronomische Daten Empfehlungen über Aussaat und Ernte abgeben.

Um etwa 1600 v. Chr. wurde Mesopotamien von den Babyloniern besiedelt. Ihre Astronomen sollten in staatlichem Auftrag Kalender erstellen und astrologische Vorhersagen treffen. Sie legten Sternenkataloge an und begannen, Langzeitaufzeichnungen von Planetenbewegungen, Sonnen- und Mondfinsternissen zu führen, um Letztere besser vorhersagen

zu können. Anscheinend haben sie bereits den 223-Monate-Zyklus von Mondfinsternissen entdeckt. Schon 800 v. Chr. hatten sie die genaue Stellung von Venus, Jupiter und Mars in Bezug auf die Sterne herausgefunden und festgestellt, dass manche Planeten rückläufig werden konnten.

Die Babylonier entwickelten einen Kalender mit zwölf Monaten, denen in bestimmten Abständen ein dreizehnter Monat folgte, um den Rhythmus der Sonne einzuhalten. In einigen Teilen Babylons gab es sogar schon eine Sieben-Tage-Woche. Die Babylonier waren es auch, die den Kreis in 360 Grade

Chinesische Darstellungen des Blauen Drachens und des Weißen Tigers auf Tonziegeln

einteilten. Daraus leiteten sie eine Zwölfteilung des Tages in sogenannte „*kaspu*" ab, die Zeit, die die Sonne braucht, um 30 Grad des Himmelskreises zurückzulegen. Mit diesem 30-Grad-Maß begannen sie, Winkel zu vermessen.

Da sie das Winkelmaß kannten, konnten sie auch die rückläufige Bewegung der Planeten messen. Wir wissen aus dem Studium ihrer Tontäfelchen, dass sie Planetenpositionen und Rückläufigkeiten vorhersagen konnten, ohne zu wissen, weshalb es zu diesen Bewegungen kam.

Von der Beobachtung zum Nachdenken

Während Chinesen, Sumerer und Babylonier die Position der Sterne getreulich aufzeichneten, machten die alten Griechen sich schon Gedanken über das Verhalten der Himmelskörper.

Etwa um 500 v. Chr. meinte Pythagoras, die Erde müsse eine Kugel sein und keine Scheibe. Im 5. Jahrhundert v. Chr. theoretisierte Anaxagoras, die Sonne müsse ein sehr heißer Stein sein, während der Mond ein von der Erde abgesplitterter kalter Stein sei. 270 v. Chr. meinte Aristarchos, die Erde drehe sich um die Sonne. Vorher hatten die Menschen geglaubt, die Erde stehe im Zentrum der Welt und Mond, Sterne, Sonne und Planeten kreisten um sie. Aristarchos berechnete die Größe von

Die chinesische Sternkarte von Dunhuang, etwa 700 n. Chr.

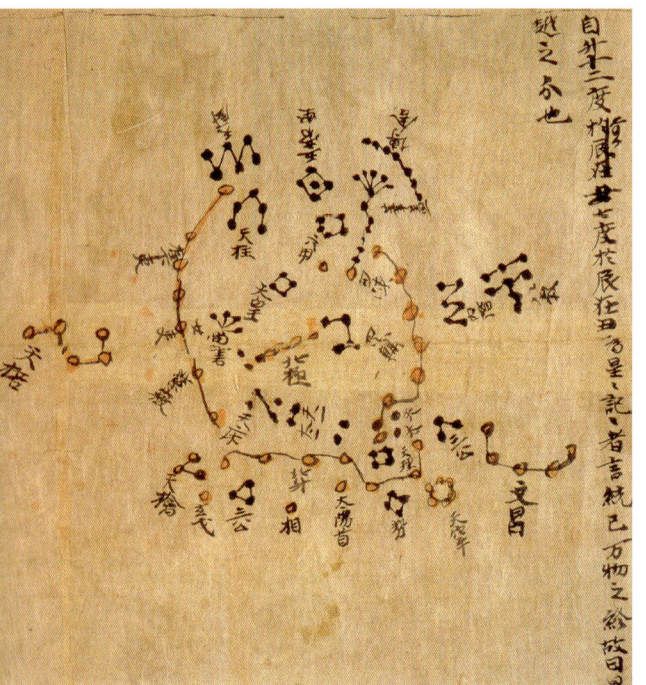

„Scheint es nicht wahrscheinlicher, dass der Äquator der Erdkugel in einer Sekunde (in der Zeit etwa, in der wir einen Schritt tun) ein Viertel einer britischen Meile (von denen sechzig einen Grad des Erdkreises ausmachen) hinter sich bringt, denn dass der Äquator des primum mobile *in derselben Zeit fünftausend Meilen zurücklegt mit unbeschreiblicher Geschwindigkeit ... schneller als die Flügel des Lichts ... wenn man nur bei der Wahrheit bleibt, dann ist die Erdbewegung klar."*
Edward Wright in der Einführung zu William Gilberts *De magnete* (1600), in dem erklärt wird, dass es wahrscheinlicher ist, dass die Erde sich um die eigene Achse dreht, als dass die Sonne sich alle 24 Stunden um die Erde dreht

Erde sein müsse – was nicht ganz stimmte. Bedauerlicherweise fand Aristarchos bei seinen Zeitgenossen kein Gehör. Kein Mensch konnte sich damals solche Entfernungen vorstellen, und so dauerte es 1800 Jahre, bevor Aristarchos' Modellvorstellung als richtig erkannt wurde.

Hipparchos – der größte Astronom der Antike?

Der griechische Astronom Hipparchos kam 190 v. Chr. in Nicäa zur Welt, verbrachte aber sein Leben größtenteils auf der Insel Rhodos. Bedauerlicherweise sind nur wenige seiner Werke überliefert. Wir sind diesbezüglich auf den Almagest von Ptolemäus angewiesen. Offensichtlich baute Hipparchos auf der Arbeit babylonischer Astronomen auf und erwies sich selbst als hervorragender Beobachter. Er

Sonne und Mond und ihre Distanz zur Erde. Da die Sonne so viel größer zu sein schien als die Erde, befand er, es sei unwahrscheinlich, dass der bedeutendere Körper um den unbedeutenderen kreise.

Er berechnete anhand der Winkel, die bei Halbmond das rechtwinklige Dreieck Erde-Mond-Sonne bilden, die Sonnenparallaxe und schloss daraus, dass die Distanz zwischen Erde und Mond das Sechzigfache des Erdradius betragen müsse, was an moderne Vorstellungen herankommt. Er schloss, dass die Sonne 19-mal weiter von der Erde entfernt sei als der Mond und etwa zehnmal so groß wie die

Hipparchos mit der von ihm entwickelten Armillarsphäre

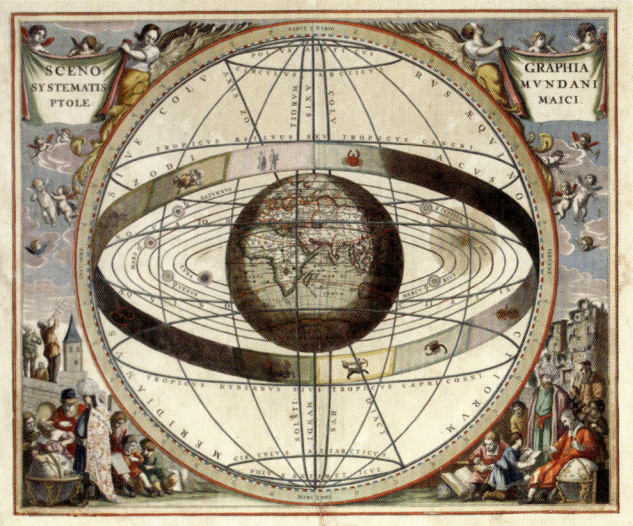

*Karte des ptolemäischen Universums von 1660/
1661 – die Erde befindet sich im Zentrum.*

soll die erste große Sternenkarte gezeichnet haben. Das chinesische *Gan Shi*, das aus dem 4. Jahrhundert v. Chr. stammt,

Ptolemäus mit einer Armillarsphäre, einem Modell der Welt

zeichnet die Position von 121 Sternen auf. Hipparchos beschrieb insgesamt 850 Sterne, die für das menschliche Auge sichtbar waren, und teilte sie nach Helligkeit in sechs Klassen ein. Dieses System wird noch heute verwendet. Er erstellte eine Liste sämtlicher Okkultationen der letzten 800 Jahre und entdeckte 134 v. Chr. einen neuen Stern im Sternbild Skorpion. Außerdem soll er die Trigonometrie ersonnen und die erste Armillarsphäre gebaut haben. Ptolemäus berichtet, Hipparchos habe die Kreisbewegung von Sonne und Mond erläutert, konnte sich aber die Planetenbahnen nicht erklären, daher hinterließ er dazu umfangreiche Aufzeichnungen, die belegten, dass die zeitgenössischen Theorien nicht griffen. Seine größte Leistung ist zweifelsohne die Erklärung der Präzession der Tagundnachtgleiche. Hipparchos maß das Jahr exakt und gab seine Dauer mit 365 Tagen, 5 Stunden und 55 Minuten an.

Ptolemäus und seine Sphären

Eigentlich hätte das heliozentrische Modell des Aristarchos weitergegeben werden sollen. Doch das geozentrische Modell, das Ptolemäus 140 n. Chr. vorstellte, fand mehr Anhänger. Dabei hatte er nicht einmal dieses selbst geschaffen. Er fasste nur in seinem *Almagest* die Vorstellungen zeitgenössischer Astronomen und Mathematiker zusammen. Ptolemäus zufolge befand sich die Erde im Zentrum einer Reihe konzentrischer Sphären. Auf diesen kristallenen Sphären kreisten Mond, Sonne und Planeten um die Erde. Die Griechen glaubten, dass der Kreis die absolut vollkommene Form sei. Da der Himmel ein Ort der Vollkommenheit sein

musste, mussten die Sphären kreisförmig sein. Damit allerdings ließen sich die beobachteten Planetenbahnen nicht erklären.

Damit das Modell funktionierte, mussten die kreisförmigen Bahnen der Planeten von der Erde weg bewegt werden. Venus und Merkur zum Beispiel kreisten um die Sonne. In Ptolemäus' Modell vollführten sie eine vollkommene Kreisbahn um die Sonne, die wiederum um die Erde kreiste. Mars, Jupiter und Saturn – die anderen für das nackte Auge sichtbaren Planeten – hatten ebenfalls einen anderen Mittelpunkt für ihre Kreisbahn. Ptolemäus nahm einen leeren Punkt am Himmel, der der Mittelpunkt dieser Bahnen zu sein schien, und ließ diesen kreisförmig um die Erde zirkulieren. Dieses Muster von geneigten Kreisbahnen erklärte nun die Bahn der Planeten und auch ihre mitunter rückläufig erscheinende Bewegung. Die Fixsterne hingegen saßen fest auf einer sehr weit entfernten Sphäre und bildeten sozusagen den Hintergrund.

Als man den Sternenhimmel immer genauer beobachten konnte, merkte man, dass das Modell des Ptolemäus die Planetenbahnen nicht erklären konnte und so fügte man Tricks und Ergänzungen hinzu. Es dauerte mehr als 1000 Jahre, bis man wagte, von diesem Modell wieder abzurücken.

— In die Dunkelheit und zurück —

Mit dem Verfall der griechischen Welt erfuhr auch die Astronomie einen Niedergang. Es gibt keine großen römischen Astronomen und bevor die arabische Wissenschaft das Fähnlein weitertrug, wurden kaum Fortschritte gemacht. 813 allerdings gründete al-Ma'mun in Bagdad eine astronomische Schule.

EIN WENIGER PLAUSIBLES MODELL DER WELT

Die Hindu-Mythologie sieht die Welt auf den Schultern von vier Elefanten ruhen, die ihrerseits auf dem Rücken einer Schildkröte stehen. Der Bestsellerautor Terry Pratchett nahm für seine Scheibenwelt-Romane hier verschiedene Anleihen. Natürlich stellt sich bei diesem Modell die Frage, worauf denn die Schildkröte steht. Auch darauf gibt es eine Antwort: „Auf einer anderen Schildkröte natürlich."

In Europa und Nordafrika tat sich hingegen nichts, nur die indischen Astronomen beobachteten den Himmel weiter, was die arabischen Astronomen später zu nutzen wussten. Der älteste indische Text über die Sterne, das *Jyotisha Vedanga*, entstand etwa um 1200 v. Chr., doch es geht darin vorzugsweise um Astrologie und religiöse Daten. Aryabhata (476 550) verfasste das erste wirklich astronomische Werk, das den Anfang des Tages auf die Mitternacht festlegte. Auch er war der Ansicht, dass sich die Erde um ihre eigene Achse drehte und die Sterne sich deshalb über den Himmel zu bewegen scheinen. Auch solle der Mond sein Licht von der Sonne empfangen.

BRAHMAGUPTA (598 – 668)

Der indische Mathematiker Brahmagupta kam in Bhinmal in Rajasthan zur Welt, das im Nordwesten Indiens liegt. Er leitete das Observatorium in Ujjain und hinterließ vier Texte über Mathematik und Astronomie, in denen u. a. zum ersten Mal die Null als Zahl behandelt wird. Brahmagupta behauptete, die Erde drehe sich um ihre eigene Achse und meinte, dass der Mond nicht weiter von der Erde weg sei als die Sonne. Außerdem war er der Ansicht, dass die Erde eher rund sei als flach. Auf das Argument, dann würden wir doch alle in den Weltraum fallen, antwortete er mit einem Konzept, das stark an die Schwerkraft erinnert (siehe unten). Er ersann Methoden, wie man die Position der Himmelskörper berechnen und Okkultationen vorhersagen konnte. Die Araber lernten die indische Astronomie vornehmlich aus dem Werk Brahmaguptas. Kankah, der 770 auf Einladung des Kalifen al-Mansur aus Ujjain nach Bagdad kam, nutzte Brahmaguptas *Brahmasphutasiddhanta* als Lehrwerk der Astronomie.

„Alle schweren Dinge werden zum Mittelpunkt der Erde gezogen … die Erde ist auf allen Seiten gleich. Alle Menschen auf der Erde stehen aufrecht und alle schweren Dinge fallen zur Erde aufgrund eines Naturgesetzes. Es ist die Natur der Erde, Dinge anzuziehen und zu behalten, so wie es die Natur des Wassers ist, zu fließen und die des Feuers, zu brennen und die des Windes, sich zu bewegen … die Erde ist das niedrigste Ding. Alle Samen kehren zu ihr zurück, in welcher Richtung man sie auch werfen mag, sie fallen unwillkürlich zu Boden.“

Brahmagupta im *Brahmasphutasiddhanta*

— Die arabischen Astronomen —

Die arabischen Wissenschaftler wandten erstmals die Mathematik auf die Bewegung der Sterne an. Die islamische Astronomie brauchte einen verlässlichen Kalender, weil die Zeiten für das Gebet und für das Fasten bestimmt werden mussten. Außerdem musste man in jeder Lage angeben können, wo die heilige Stadt Mekka lag. Also suchten sie Unterstützung am Sternenhimmel, wie der Koran es empfahl. Außerdem riet der Koran seinen Gläubigen, der eigenen Erfahrung zu vertrauen, wo die Griechen ihre Zuflucht zur Vernunft genommen hatten. Die Betonung der eigenen Erfahrung führte zur Ausbildung einer wissenschaftlichen Tradition, die zu jener Zeit nicht ihresgleichen hatte.

Außerdem ist der Islam gegen die Nutzung der Astronomie für Vorhersagezwecke. Als Mohammeds Sohn starb und eine Sonnenfinsternis eintrat, warnte der Prophet seine Schüler, darin ein Zeichen Gottes sehen zu wollen, denn die Sonnenfinsternis sei in erster Linie ein Naturphänomen, das nichts über das menschliche Leben aussage. Dadurch unterschied sich die arabische Astronomie von Anfang an von der indischen und chinesischen, die vor allem astrologischen Zwecken dienten.

Zwischen 700 und 825 konzentrierten sich die arabischen Astronomen auf die Übersetzung griechischer, indischer und persischer Werke über Astronomie. Erst als al-Ma'mun das „Haus der Weisheit" in Bagdad einrichtete, begannen sie mit eigenen Forschungen. Als das Papier im 8. Jahrhundert aus China in den heutigen Irak gelangte, erleichterte dies die

Wissensvermittlung ganz erheblich. Von 825 bis zur Einnahme Bagdads durch die Mongolen 1258 war das Haus der Weisheit der intellektuelle Mittelpunkt der Welt.

Das erste eigenständige astronomische Werk dieser Tradition war das 830 veröffentlichte *Zij al-Sindh* von Muhammad ibn Musa al-Chwarizmi (ca. 780–850). Es enthält Regeln, die die Bewegungen der Sonne, des Mondes und der fünf bekannten Planeten angeben. Wir kennen al-Chwarizmi zwar in erster Linie als Mathematiker (die latinisierte Form seines Namens wurde als Bezeichnung für den Algorithmus verwendet), doch er verbesserte auch die Sonnenuhr und erfand den Quadranten, mit dem der Höhenwinkel der Gestirne gemessen werden konnte. Ihm folgte Habash al-Hasib al-Marwazi (ca. 796–869), der das *Buch der Körper und Entfernungen* verfasste. Er

Arabische Himmelskarte der nördlichen Erdhalbkugel von 1275.

gab den Durchmesser des Mondes mit 3037 Kilometer an (tatsächlich sind es 3470 Kilometer) und seine Distanz von der Erde mit 346 344 Kilometer (tatsächlich 384 402 km). 964 veröffentlichte der persische Astronom Abd al-Rahman al-Sufi (903–986) Position, Höhenwinkel, Helligkeit und Farbe sämtlicher Sterne. In seinem Buch findet sich die erste Erwähnung des Andromedanebels. 1006 beschrieb der Ägypter Ali ibn Ridwan (988–1061) die hellste Supernova der Geschichte. Er meinte, sie habe die zwei- bis dreifache Helligkeit der Venus besessen und ein Viertel der Helligkeit des Mondes. Sie wurde auch von Astronomen in China, Japan, der Schweiz, im Irak und möglicherweise sogar von den indigenen Stämmen in Nordamerika gesehen.

Die Fortschritte der arabischen Astronomen stießen bald an Grenzen, da sie immer noch daran glaubten, die Erde

Dass zu einer ganz bestimmten Tageszeit gebetet werden musste, führte zur Entwicklung des arabischen Kalenders.

Der Krebsnebel ist der Überrest einer Supernova, die von den Astronomen 1054 beobachtet und beschrieben wurde.

sei der Mittelpunkt des Universums und die Unendlichkeit sei unmöglich. Ja'far Muhammad ibn Musa ibn Shakir allerdings stellte schon im 9. Jahrhundert die These auf, dass die Körper am Himmel denselben Gesetzen gehorchten wie die auf der Erde (was die Griechen nicht geglaubt hatten). Im 11. Jahrhundert versuchte sich Ibn al-Haytham zum ersten Mal an einem astronomischen Experiment. Er verwendete spezielle Apparate, um zu testen, wie der Mond das Sonnenlicht reflektierte. Seine Berechnungen ergaben, dass die Mitte des Himmels weniger dicht sein musste als die Luft auf der Erde, und er widersprach der aristotelischen Behauptung, die Milchstraße sei ein Phänomen der Erdatmosphäre. Er maß ihre Parallaxe und

schloss, dass sie sehr weit entfernt sein musste. Auch er beschrieb die Schwerkraft als „Kraft, die alles zum Mittelpunkt der Erde zieht". Seiner Ansicht nach wirkte diese Kraft auch zwischen den Himmelskörpern. Al-Haytham meinte wie der Inder Brahmagupta, die Erde rotiere um ihre eigene Achse. Al-Biruni schrieb später zum (recht kurzgefassten) Werk des Inders einen Kommentar und fand an dessen These mathematisch nichts auszusetzen.

Doch auch die islamische Wissenschaft stieß an ihre Grenzen, weil man den Astronomen vorwarf, sie versuchten, Gott in die Karten zu schauen. Daher sind die verbesserten Instrumente und die Weiterentwicklung der Mathematik der wichtigste Beitrag der arabischen Wissenschaft vom 8. bis zum 12. Jahrhundert. So wurde sie zur Wegbereiterin des europäischen Fortschritts in der Renaissance, wo das Buch des Himmels neu geschrieben wurde.

DAS WERKZEUG DES FRÜHEN ASTRONOMEN

Die ältesten astronomischen Hilfsmittel sind die Tontäfelchen aus Babylon, die den Himmel in drei konzentrische Kreise aufteilen, die wieder in je zwölf Abschnitte unterteilt sind. In diesen 36 Feldern finden sich die Namen der Sternbilder und einfache Zahlen, die möglicherweise die Monate des babylonischen Kalenders angeben.

Ein Astrolabium zeigt die Positionen der Planeten und Sterne und beruht auf der Annahme, dass die Erde im Mittelpunkt des Universums stehe. Astrolabien sind vermutlich irgendwann im 1. Jahrhundert entstanden. Das älteste überlebende Objekt stammt aus Arabien und kann auf die Jahre zwischen 927 und 928 datiert werden. Die islamische Mythologie erklärt die Entstehung des Astrolabiums wie folgt: Ptolemäus sei auf einem Esel geritten und habe seine Himmelssphäre in der Hand gehalten. Sie sei zu Boden gefallen und von seinem Esel zertreten worden, wodurch Ptolemäus die Idee mit dem Astrolabium kam.

Die Armillarsphäre ist ein dreidimensionales Modell eines Astrolabiums. Es ordnet Sterne und Planeten auf Ringen an, die um die Erde verlaufen.

Ein Quadrant dient dazu, den Höhenwinkel eines Himmelskörpers über dem Horizont zu messen. Erstmals wird der Quadrant um 150 bei Ptolemäus erwähnt. Die islamischen Astronomen bauten große Quadranten, der berühmteste ist wohl der, den der dänische Astronom Tycho Brahe (1546–1601) in seinem Observatorium auf der Uranienburg auf der Insel Ven verwendete.

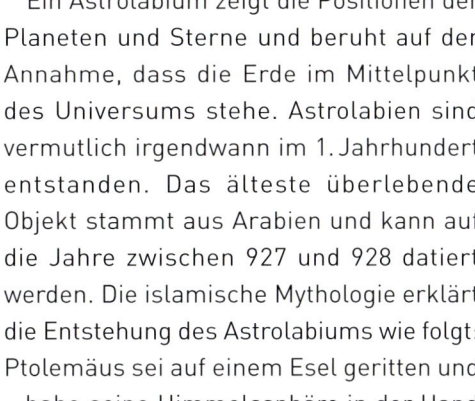

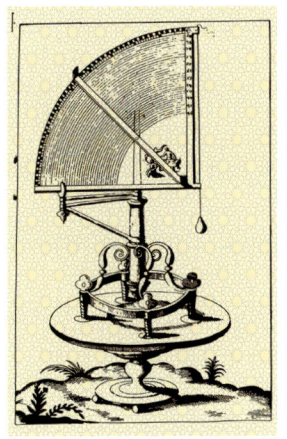

Astronomische Instrumente:
Astrolabium (oben), Armillarsphäre
(ganz links), Quadrant (links)

Der große Gaststar

Im Juli 1054 war für 23 Tage ein Stern am Himmel sichtbar, der so hell war, dass man ihn sogar tagsüber wahrnehmen konnte. Die chinesischen Astronomen nannten ihn „Gast-Stern" im Sternbild des Stiers. Sie schrieben, dass er viermal heller leuchtete als die Venus. Er blieb insgesamt 653 Tage sichtbar, während derer er in aller Welt gesehen wurde. Der japanische Dichter Fujiwara no Sadaie schrieb über den Stern. Die Töpfer der Anasazi und Mimbres in Nordamerika hielten ihn auf ihren Gefäßen, die sie mit Sternbildern verzierten, fest. Der „Gaststar" war die Supernova, die den Krebsnebel entstehen ließ. Nachdem der neue Stern wieder vom Himmel verschwunden war, entdeckte der englische Arzt und Astronom John Bevis (1695–1771) erst 1731 den Nebelrest mit seinem Teleskop.

DIE SCHARFÄUGIGEN MAYAS

Der Dresdner Kodex ist eine authentische Handschrift der südamerikanischen Mayas aus dem 11. oder 12. Jahrhundert. Er verzeichnet erstaunlich genau die astronomischen Positionen von Mond und Venus etwa 300 bis 400 Jahre vor dem Zeitpunkt der Abfassung. Für die Mayas war die Venus der wichtigste Stern nach der Sonne. Sie scheinen aber auch die Nebel im Zentrum des Sternbilds Orion gekannt zu haben. Jedenfalls gibt es dafür eine mythologische Erklärung. Die Mayas scheinen die Einzigen zu sein, die diesen Nebel ohne Fernrohr und mit bloßem Auge erkannten.

Die Erde bewegt sich – wieder

Gut 2000 Jahre, nachdem Aristarchos behauptet hatte, die Erde drehe sich um die Sonne, wurde die Idee von den Astronomen wieder aufgegriffen. In der christlichen Welt war dies allerdings eine gefährliche Behauptung, denn die Kirche lehrte, dass der Himmel vollkommen und unwandelbar sei, der Mensch die Krone der Schöpfung und Mittelpunkt von Gottes Plan. Wie also konnte da die Erde irgendwo an den Rand der Schöpfung rücken, ja

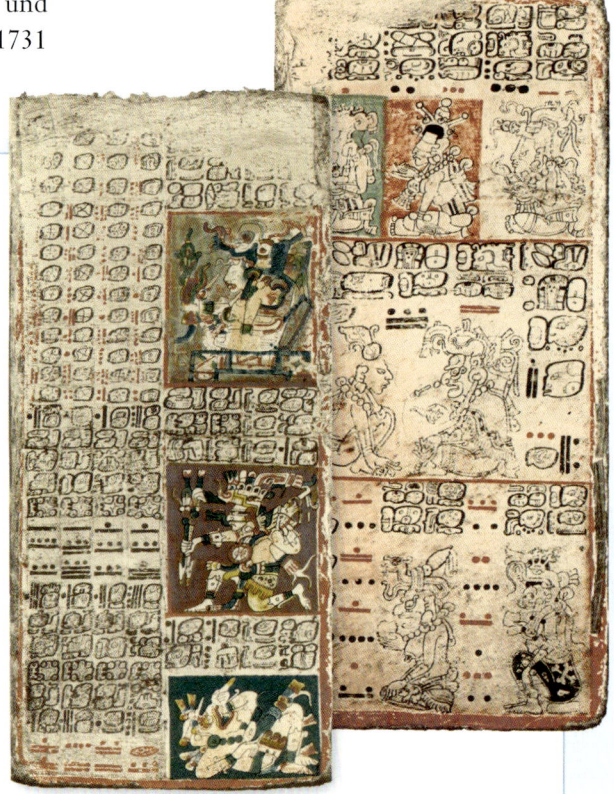

> „Als Gott die Welt erschuf, schuf Er alle Himmelsbahnen nach Seinem Gutdünken und Er verlieh Ihnen einen Impetus [Impuls], sodass sie sich selbst bewegen konnten, ohne dass Er sich darum kümmern musste ... der Impetus, den er den Himmelskörpern gab, nahm danach nicht mehr ab, da die Himmelskörper keine Neigung zu einer anderen Bewegung hatten. Außerdem gab es auch keinen Widerstand, der diesen Impetus gebremst oder abgelenkt hätte."
>
> Jean Buridan, französischer
> Philosoph des 14. Jahrhunderts

sich der Sonne unterordnen? Die Idee an sich war schon Häresie.

Mit der Zeit wurden die Probleme mit dem ptolemäischen Modell immer offensichtlicher. Das Auffälligste war sicherlich die mangelnde Erklärung der Veränderungen der Mondbahn durch den gravitativen Einfluss der Sonne, die seit der Antike bekannt waren. Allmählich geriet das ptolemäische Modell also immer mehr in Zweifel. Es war vor allem der deutsche Mathematiker und Astronom Johannes Müller (1436 – 1476), den wir unter seinem latinisierten

Kopernikus

Namen Regiomontanus kennen, der hier erste Zweifel anmerkte. Doch es dauerte noch einige Zeit, bis Nikolaus Kopernikus (1473 – 1543) die Überlegung zu äußern wagte, es wäre für sämtliche astronomischen Probleme eine sehr viel bessere Lösung möglich, wenn man annehme, dass die Erde um die Sonne kreise und nicht umgekehrt. Kopernikus konnte sich vor allem mit den kleinen Tricks nicht anfreunden, die Ptolemäus eingeführt hatte, um zu erklären, dass die von der Erde aus wahrgenommene Bahn der Planeten nicht kreisförmig war. Kopernikus suchte nach einem festen Mittelpunkt des Universums.

Obwohl er seine Überlegungen bis 1510 abgeschlossen hatte, ließ er doch nur wenige Menschen daran teilhaben. Erst 1543, kurz vor seinem Tod, veröffentlichte er sein bahnbrechendes Werk *De Revolutionibus Orbium Coelestium (Über die Umschwünge der himmlischen Kreise)*. Der Drucker Rheticus hatte es erst halb fertig, als er aus Nürnberg abberufen wurde. Fertiggestellt wurde der Druck von einem Protestanten, Andreas Osiander, der ein Vorwort hinzufügte, in dem stand, Kopernikus gehe nicht wirklich davon aus, dass die Sonne Mittelpunkt des Universums sei. Er stelle hier nur ein mathematisches Modell vor, das bestimmte Beobachtungen erklären helfe. Das Vorwort sollte jeglicher Kritik durch die Kirche zuvorkommen, doch die Kirche beachtete das Buch gar nicht. Nur die Protestanten protestierten. Kopernikus starb kurz nach Veröffentlichung und hat vermutlich kein gedrucktes Exemplar in der Hand gehalten. Sein Buch wurde weitgehend ignoriert, die 400 gedruckten Exemplare verkauften sich nicht.

Dennoch ist dies die Schrift, die die Astronomie und mit ihr die ganze Wissenschaft revolutionieren sollte.

Doch auch mit Kopernikus' Modell gab es Probleme. Die Fixsterne saßen angeblich auf einer unsichtbaren Sphäre weit jenseits des am weitesten entfernten Planeten. Damit die Bewegung der Sterne nicht erkennbar war, mussten sie wirklich sehr weit weg sein. Damit können wir heute leben, im 16. Jahrhundert aber stellte sich sofort die Frage, warum Gott so viel leeren Raum zwischen den Planeten und den Sternen lassen sollte. Und wenn die Erde sich tatsächlich bewegte, wieso schwappte dann der Ozean nicht über? Andererseits war es Kopernikus gelungen, die Planetenbewegung ohne irgendwelche Tricks zu erklären.

Kopernikus hatte die Planeten in zwei Gruppen eingeteilt: Merkur und Venus waren der Sonne näher als die Erde. Mars, Jupiter und Saturn waren weiter weg. (Die anderen Planeten waren zu jener Zeit

noch unbekannt.) Kopernikus errechnete auch, wie lange jeder Planet brauchte, um die Sonne zu umkreisen, sowie die Entfernung der Planeten von der Sonne. Auch dies passte zu seiner Zweiteilung der Planeten und lieferte einen weiteren Beleg für die Stimmigkeit des Modells.

Steter Wandel

Tycho Brahe war eine schillernde Figur: ein Adliger, der als Baby gekidnappt worden war, irgendwann einen Teil seiner Nase in einem Duell einbüßte und später eine goldene und silberne Prothese trug. Er interessierte sich schon als Junge brennend für den Sternenhimmel und begann bald mit eigenen Beobachtungen, die er so genau wie irgend möglich vornahm. 1569 ließ er sich einen riesigen Quadranten bauen, der einen Radius von etwa sechs Metern hatte. Die Skala war so groß, dass sie auf zehn Bogensekunden genau unterteilt werden konnte und erlaubte extrem präzise Messungen. Leider wurde dieses Gerät 1574 bei einem Sturm zerstört.

1572 beobachtete Tycho Brahe einen sehr hellen neuen Stern im Sternbild Kassiopeia. Da der Himmel ja als für alle Ewigkeit unveränderlich galt, löste diese Beobachtung Befremden aus. Brahe zeichnete seine Position über mehrere Monate auf, um festzustellen, ob es sich etwa um einen Kometen handelte, der sich vor dem Hintergrund der Fixsterne bewegte. Er konnte ihn 18 Monate lang beobachten, während derer er zwar verblasste, aber seine Position nicht änderte. Brahe veröffentlichte seine Beobachtungen in

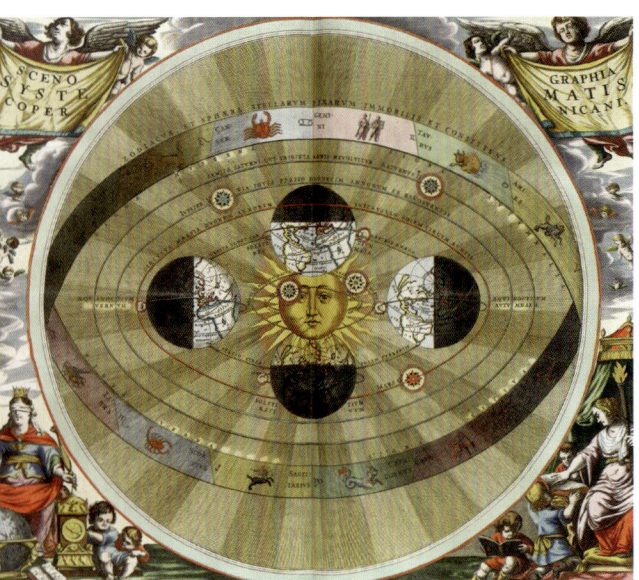

Das kopernikanische Modell des Sonnensystems, bei dem die Planeten um die Sonne kreisen

DIE ERDE – NUR EIN TEIL DES UNIVERSUMS

Wir sehen uns alle gerne im Mittelpunkt. Die Vorstellung, dass die Erde und damit der Mensch nicht Mittelpunkt des Sonnensystems sein könnte, war beunruhigend. Doch die Astronomen nahmen einfach an, dass das Sonnensystem im Zentrum des Universums stehe. Erst sehr viel später erkannte man, dass die Milchstraße eine Galaxie war. Nun nahm man an, dass diese das Zentrum sei, ja eigentlich das ganz Universum darstelle. Und wieder wurde man enttäuscht: Die Milchstraße ist eine Galaxie, die zwar zahllose Sterne enthält, doch das Universum enthält zahllose Galaxien. Unser Sonnensystem steht nicht im Mittelpunkt der Milchstraße und diese nicht im Zentrum des Universums. Wir sind astronomisch gesehen unbedeutende Wesen auf einem unbedeutenden kleinen Planeten in einem ganz gewöhnlichen Sonnensystem, das Teil einer ganz normalen Galaxie ist – also nichts Besonderes.

der Schrift *De Nova Stella* und nannte das Phänomen „Nova". Außerdem machte er Studien zur Parallaxe – das Phänomen, dass sich die Position eines nahen Sterns in Bezug auf die Fixsterne zu verändern scheint, wenn der Beobachter sich bewegt. Da er keine feststellen konnte, nahm er dies als Beweis, dass Kopernikus' heliozentrisches Weltbild falsch sei.

Trotz seiner wissenschaftlichen Arbeiten ging auch Brahe davon aus, dass Himmelsereignisse auf Veränderungen auf der Erde vorausweisen konnten, zum Beispiel auf die Religionskriege des 16. und 17. Jahrhunderts.

Auch dass die Erde sich angeblich bewegte, konnte er nicht glauben. Würde die Erde sich durch den Raum bewegen, meinte er, dann müsste ein Stein, den man von einem Turm fallen ließe, in einiger Distanz vom Fuß des Turmes aufkommen, weil die Erde sich ja in der Zwischenzeit weiter bewegt habe. Gassendi widerlegte dieses Argument 1640 (*siehe* ▸▸Seite 75).

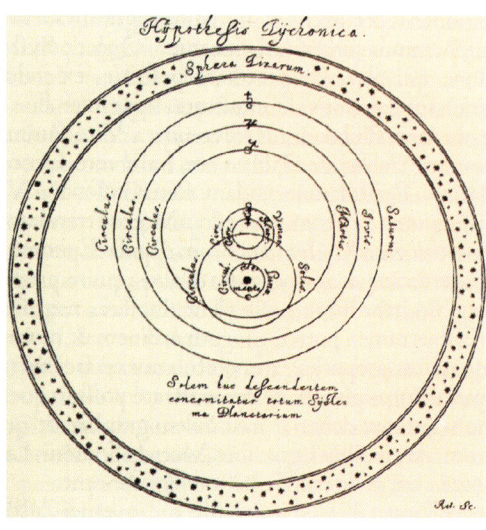

Tycho Brahes Abhandlung über die Astronomie (links) und sein Modell des Sonnensystems (oben)

1577 machte Tycho Brahe erneut eine weltbewegende Entdeckung. Dieses Mal sah er einen Kometen. Seine Beobachtungen bewiesen, dass der Komet kein lokales Phänomen sein konnte, wie man damals glaubte, sondern dass er sich zwischen den Planeten bewegen musste. Infolgedessen konnte das ptolemäische Modell mit seinen festen, kristallinen Sphären, auf denen die Planetenbahnen lagen, nicht stimmen. Der Komet hätte diese sonst einfach durchschlagen. Im Grunde war diese Entdeckung gleichermaßen revolutionär wie der neue Stern.

Brahe veröffentlichte seine Überlegungen zur Astronomie zwischen 1587 und 1588 und stellte ein neues Modell des Universums vor. Er behielt die statische Erde aus dem ptolemäischen Modell bei, ließ aber die anderen Planeten um die Sonne kreisen, die ihrerseits ihre Bahn um die Erde zog.

Damit war Schluss mit den „Epizyklen" und „Deferenten", die Ptolemäus brauchte, um den Beobachtungsbefund der Planetenbahnen von der Erde aus mit seinem Modell zu vermitteln. Die Idee der Kristallsphären war endgültig vom Tisch. Zum ersten Mal hingen die Planeten ohne Stütze im All.

— Johannes Kepler (1571 – 1630) —

Kepler war ein wenig jünger als Brahe und ein ebenso begabter Astronom, der jedoch einen anderen Ansatz verfolgte als dieser. Keplers Begeisterung für die Astronomie geht auf das Jahr 1577 zurück, als seine Mutter den Sechsjährigen mitnahm, um den Großen Kometen zu beobachten (den auch Brahe gesehen hatte). Kepler

konnte selbst keine Beobachtungen machen, weil er schlecht sah, hatte er doch als Kind die Pocken gehabt. Er studierte die Sterne mithilfe seines Fachgebiets, der Mathematik. Zunächst hatte Kepler das Priesterexamen gemacht, doch in Tübingen lehrte man damals auch Mathematik und Astronomie und Kepler war der beste Student. Sein Lehrer Michael Mästlin lehrte zwar offiziell das ptolemäische Weltbild, doch seine besten Studenten weihte er im Geheimen in die kopernikanische Astronomie ein.

Kepler war nicht vermögend. Er verdiente sich sein Studium mit dem Erstellen von Horoskopen. Anders als Brahe aber hielt Kepler das für reine Zeitverschwendung. Doch es gelang ihm, sich auf diese Weise ein Einkommen und die Gunst einflussreicher Personen zu sichern.

1597 veröffentlichte er sein eigenes Modell des Universums, das Kopernikus' Entdeckungen mit einigen recht bizarren antiken Theorien verknüpfte. Seiner Ansicht nach liefen die sechs Planeten (einschließlich der Erde) auf Bahnen, die von einer Reihe von Sphären bestimmt wurden, die auf oder zwischen den fünf platonischen Körpern der euklidischen Geometrie angeordnet sind. Interessanter allerdings ist, dass seiner Ansicht nach die Planeten von einer „Kraft" (*vigor*) angetrieben würden, die von der Sonne

Tycho Brahe

ausgehe. Diese Kraft nehme mit zunehmender Distanz zur Sonne ab. Damit wurde erstmals in der Geschichte eine Kraft als Ursache der Planetenbewegung angenommen (wenn man die Theorie, sie würden von Engeln getragen, ausschließt).

Zwei für einen bei den Prager Astronomen

1597 ging Tycho Brahe nach Prag, um dort offizieller Kaiserlicher Astronom für den Kaiser des Heiligen Römischen Reiches und Königs von Böhmen, Rudolph II., zu werden. Dort begegnete Kepler ihm zum ersten Mal. Brahe hatte zwar unglaubliche Mengen an Beobachtungsdaten zusammengetragen, besaß aber nicht die mathematischen Fähigkeiten, sie sinnvoll auszuwerten. Kepler seinerseits verfügte zwar über die nötigen Fähigkeiten, hatte aber keine Daten. Im Grunde wären das ideale Bedingungen gewesen, doch die Beziehung der beiden gestaltete sich schwierig. Kepler kehrte zunächst einmal zu seiner Familie nach Graz zurück und wartete darauf, dass Brahe Kaiser Rudolph II. Geld für seine, Keplers, Forschungen entlockte. Doch ehe die Verhandlungen abgeschlossen waren, wurden Kepler und andere Protestanten aus der Stadt Graz verbannt, weil sie nicht zum Katholizismus übertreten wollten. Von nun an lebte er am Hofe Rudolphs II. als Flüchtling. Irgendwann bewilligte der Kaiser die Mittel für eine Anstellung Keplers, der Brahe bei neuen Planetenbeobachtungen

unterstützen sollte. Diese sollten Grundlage der Rudolfinischen Tafeln zur Vorhersage der Planetenbewegungen werden. Brahe überließ Kepler jedoch nur einen Teil seiner Daten und behielt den anderen zurück. Als er 1601 schwer erkrankte und im Sterben lag, überließ er Kepler seine gesamten Aufzeichnungen und Instrumente, damit dieser das Rudolfinische Projekt weiterführen konnte. Innerhalb weniger Wochen wurde Kepler zum Kaiserlichen Mathematiker ernannt und hatte damit Zugriff auf die beste astronomische Ausstattung, die sich in Europa finden ließ – nicht einmal ein Jahr nachdem er als mittelloser Flüchtling nach Prag gekommen war.

Der Posten als Kaiserlicher Mathematiker hieß natürlich auch, dass Kepler Astrologe des Kaisers war. Er musste also einen Teil seiner Zeit für seiner Ansicht nach idiotische Vorhersagen opfern. Den Rest aber konnte er mit seinen Berechnungen zubringen, die letztlich zu seinen wichtigsten Entdeckungen führten: dass jeder Planet in einer elliptischen Bahn kreist, dass der gemeinsame Brennpunkt dieser Bahnen die Sonne war und dass die Planeten sich, wenn sie näher an der Sonne waren, schneller bewegten. Keplers Entdeckungen machten ihn keineswegs zum Superstar, tatsächlich hatten sie auf sein Leben nur geringen Einfluss. Viele Menschen konnten mit der Idee, dass die Erde nicht der Mittelpunkt des Universums ist, zu jener Zeit nichts anfangen. Erst als Isaac Newton Keplers Entdeckungen nutzte und mit der Schwerkraft erklärte, weshalb die Umlaufbahn der Planeten elliptisch ist, wurde die Bedeutung seines Denkens klar.

Religiöse Auseinandersetzungen und persönliche Tragödien verhinderten, dass Kepler

Ein Astronom des 19. Jahrhunderts mit seinem Teleskop

Linsenfernrohr aus der Mitte des 18. Jahrhunderts (rechts), Nachbau von Newtons Spiegelteleskop von 1672 (ganz rechts).

seine Arbeit weiter verfolgte. Seine Frau starb (er heiratete erneut), seine Mutter wurde als Hexe angeklagt und musste mehrere Monate im Gefängnis verbringen, bevor sie wieder auf freien Fuß gesetzt wurde.

Sein drittes Gesetz formulierte er erst 1618: Die Quadrate der Umlaufzeiten zweier Planeten verhalten sich wie die Kuben der großen Bahnhalbachsen (Abstand zur Sonne). Der Mars beispielsweise ist von der Sonne 1,52-mal weiter entfernt als die Erde. Ein Marsjahr dauert 1,88 Erdenjahre: $1{,}52^2 = 3{,}53 = 1{,}88^3$. Die Rudolfinischen Tafeln wurden 1627 veröffentlicht und waren damit das erste moderne Regelwerk zur Bestimmung der Planetenbewegungen.

Das Unsichtbare sichtbar machen

Tycho Brahe arbeitete mit einem Teleskop und maß Tag für Tag die Position der Sterne mit dem Kompass und dem Quadranten. Ab 1610 arbeitete auch Kepler mit einem Teleskop, das ihm Galileo

Galilei zum Geschenk gemacht hatte, damit er seine Beobachtungen bestätigen konnte. Mit der Erfindung des Teleskops veränderte sich die Welt der Astronomie und unsere Vorstellungen vom Universum. Plötzlich wurde klar, wo der Unterschied zwischen Sternen und Planeten lag. Manche Planeten hatten eigene Monde, ja man begann sogar anzunehmen, dass es möglicherweise andere Welten geben könnte. Die Milchstraße war nun deutlich als Sternenband zu erkennen und die Sterne waren plötzlich unzählbar geworden.

Das erste astronomische Teleskop wurde von Leonard Digges (1520–1559) in England gebaut, doch erst als sein Sohn Thomas (1546–1595) zwölf Jahre nach dem Tod seines Vaters dessen Arbeiten veröffentlichte, wurde dessen Bedeutung erkannt. Thomas war erst 13 Jahre alt, als sein Vater starb, und kam in die Obhut des berühmten Mathematikers John Dee (1527–1609), der Astrologe und Alchemist am Hof von Königin Elizabeth I. war. In dessen gut bestückter Bibliothek las der junge Thomas Kopernikus' Werk. 1576 gab er dann eine überarbeitete Version

von seines Vaters Schrift *Prognostication Everlasting* heraus. Er fügte nicht nur eine Darstellung von Kopernikus' heliozentrischem Weltbild hinzu, sondern auch seine Ausführungen zu der Unendlichkeit des Universums. Dass die Fixsterne auf einer weit entfernten Kristallsphäre sitzen sollten, leuchtete Thomas Digges nicht ein. Seiner Ansicht nach war das Universum grenzenlos und die Flucht der Sterne setzte sich bis ins Unendliche fort. Er begründete seine Meinung nicht, doch vermutlich kam er durch seine Beobachtung der Milchstraße dahinter, die sich als Sternenband herausstellte. Da Digges auf Englisch schrieb und nicht in der Gelehrtensprache Latein, verbreiteten sich seine Ideen schnell im Volk. Er trug viel dazu bei, dass das kopernikanische Modell endlich akzeptiert wurde.

Zur selben Zeit wurde die Kirche auf die ihrer Ansicht nach häretische Vorstellung von der Sonne im Zentrum der Welt aufmerksam. Schuld daran mögen die Ideen Giordano Brunos (1548–1600) gewesen sein, den man als Ketzer auf dem Scheiterhaufen verbrannte. Bruno war Hermetiker und befand das heliozentrische Weltmodell für glaubwürdiger. Verurteilt wurde er deshalb aber nicht. Auf den Scheiterhaufen kam er, weil er Christus für gottgeschaffen, aber nicht für Gott hielt (Arianismus), womit er sich gegen die kirchliche Trinitätslehre stellte. Außerdem wurde er der Magie für schuldig befunden. Nach dem Prozess gegen ihn war die Kirche für die Häresie des heliozentrischen Modells sensibilisiert. Tatsächlich hatte Giordano Bruno Einsichten, die seiner Zeit weit voraus waren. Er glaubte zum Beispiel, dass es sich bei den weit

entfernten Sternen möglicherweise um Sonnen mit eigenen Welten handelt, in denen Menschen leben könnten.

Galilei, der Meister des Universums

Der leidenschaftlichste Anhänger des Fernrohrs war zweifellos Galilei, der 1604 begann, die von Kepler ebenfalls beobachtete Supernova zu studieren. Auch er bemerkte, dass sie sich nicht bewegte und daher weiter entfernt sein musste als die anderen Sterne. Galilei baute seine für die damalige Zeit sehr starken Teleskope (*siehe* ▶▶ Seite 41) selbst. 1610 hatte er ein

GALILEI IM WELTRAUM

Die NASA schickte 1989 eine Raumsonde ins All, die den Namen „Galileo" trug. Sie sollte den Jupiter und seine Monde untersuchen, was 1995 auch geschah. Dabei durchquerte sie einen Asteroidengürtel, in dem sie einen winzigen Mond, Dactyl, entdeckte, der um den Asteroiden Ida kreiste. 1994 machte die Sonde Aufnahmen vom Einschlag des Kometen Shoemaker-Levy 9 auf dem Jupiter. Eine Atmosphärensonde maß Winde von 720 Stundenkilometern Geschwindigkeit, bevor sie zerstört wurde. Galilei vollführte elf Umkreisungen und zeichnete dabei Daten von Jupiter und seinen Monden auf. Sie erforschte den Vulkanmond Io und den Eismond Ganymed. 2003 wurde die Sonde bewusst zerstört.

Instrument, das um das Dreißigfache vergrößern konnte. Damit beobachtete er als Erster die vier hellsten Jupitermonde (die man heute als „galileische" Monde kennt). (Der größte der Jupitermonde, heute „Ganymed", wurde schon 364 v. Chr. von dem chinesischen Astronomen Gan De mit bloßem Auge entdeckt.) Anfangs glaubte Galilei noch, die Monde seien Fixsterne in der Nähe des Jupiter, doch eingehende Dauerbeobachtung zeigte ihm, dass sie sich bewegten. Als einer plötzlich verschwand, wurde ihm klar, dass er wohl hinter dem Jupiter sein musste und vermutlich um den Planeten kreise. Es handelte sich um die erste Beobachtung von Objekten, die nicht Sonne oder Erde waren und um etwas kreisten. Für die damalige Kosmologie war dies ein Erdbeben. Bis 1892 wurden allerdings keine weiteren Jupitermonde entdeckt, obwohl wir heute 67 kennen, die einen relativ stabilen Orbit um den Planeten haben. Möglicherweise finden sich ja noch viele kleinere Planetenmonde.

1610 beobachtete Galilei außerdem die Phasen der Venus (die den Mondphasen ähneln). Dies zeigte, dass die Venus um die Sonne kreiste und dabei meist nur ein Teil von ihr beleuchtet wurde. Auf der Grundlage dieser Beobachtung entschieden sich die meisten Astronomen im 17. Jahrhundert für das heliozentrische Weltbild.

Und das war noch nicht alles. Galilei beobachtete auch die Saturnringe, obwohl er sich ihre Natur nicht erklären konnte. Ihm war klar, dass die Milchstraße ein Sternenband war und dass die Mondoberfläche Krater und Berge aufwies. Er unterschied zwischen Planeten und

Der Asteroid Ida mit seinem Mond Dactyl. Ida ist 56 Kilometer lang, Dactyl nur 1,6 Kilometer.

Sternen. Seiner Ansicht nach waren Sterne ferne Sonnen. Er schätzte sogar ihre Distanz von der Erde aufgrund ihrer Helligkeit. Obwohl er dabei für die nahen Sterne nur eine Distanz annahm, die das Mehrhundertfache der Distanz zwischen Erde und Sonne betrug, und für die mit dem Teleskop gerade noch sichtbaren Sterne die Zahl auf ein Mehrtausendfaches erhöhte (was in jedem Fall immer noch viel zu wenig war), wurde durch seine Zahlen klar, dass das Argument der Gegner des Kopernikus, die Sterne könnten nicht weit entfernt sein, unglaubhaft war. Außerdem wies er darauf hin, dass die Sterne sich nicht alle in einer Entfernung befanden, sondern über das Weltall verstreut seien. Diese Beobachtungen nahm er in sein Buch *Sidereus Nuncius* (Sternenbote) auf, das er 1610 veröffentlichte. Er beobachtete sogar den Neptun, doch wurde ihm nicht bewusst, dass es sich dabei um einen Planeten handelte. Er entdeckte die Sonnenflecken, die schon von dem

UND SIE BEWEGT SICH DOCH!

Es heißt, Galilei habe nach seinem Widerruf beim Verlassen des Gerichts den berühmt gewordenen Ausspruch getan: *„Eppur si muove!"* – *„Und sie bewegt sich doch!"* Die älteste Quelle für dieses Zitat stammt aus der Zeit 100 Jahre nach seinem Tod. Es gilt allerdings als unwahrscheinlich, dass er diese Worte in Hörweite der Inquisitoren gesprochen haben soll.

aus Jesuitenmönchen stützte seine These, dass die Milchstraße eine Ansammlung von Sternen sei, Saturn eine seltsame ovale Form mit seitlichen „Ohren" habe (die man damals noch nicht als Ringe erkannte), der Mond eine unregelmäßige Oberfläche habe, der Jupiter vier Monde besäße und die Venus Phasen habe. Während er in Rom war, wurde Galilei Mitglied einer der ältesten wissenschaftlichen Akademien der Welt, der *Accademia dei Lincei*.

Das gute Verhältnis zur Kirche aber sollte nicht von Dauer sein. Er veröffentlichte 1613 eine Abhandlung über die Sonnenflecken, in der er zum ersten Mal für das kopernikanische Weltbild eintrat.

deutschen Astronomen Johann Fabricius (1587–1616) und dem Engländer Thomas Harriot (1560–1621) gesehen worden waren. Er aber schloss daraus, dass die Sonne sich alle 25 Tage um die eigene Achse drehte. Die Sonnenflecken nahmen für Galileis Leben eine entscheidende Bedeutung an.

Galileis Zeichnung der Sonnenflecken, die er 1612 mit seinem Teleskop entdeckt hatte.

Papst Paul V. (1552–1621)

Wer das Schwert mit Gott kreuzt

Galileis Beobachtungen stützten das kopernikanische Weltbild, das von einer sich drehenden Erde und der Sonne im Zentrum ausgeht. Da er Giordano Brunos Schicksal noch lebhaft vor Augen hatte, bemühte sich Galilei zunächst nicht um die öffentliche Anerkennung seiner Anschauung. Anfangs konnte die Kirche sich gar für Galileis Forschungen begeistern. Der Renaissancegelehrte suchte 1611 Papst Paul V. auf, und ein Komitee

BESTSELLER AUS DEM JAHR 1610

Galilei schickte am 13. März 1610 ein Vorabexemplar der *„Sidereus Nuncius"* (Nachricht von den Sternen) an den Hof der Familie Medici nach Florenz. Schon am 19. März war die ganze Auflage von 550 Stück ausverkauft. Galilei beschreibt darin die Ergebnisse seiner Beobachtungen des Mondes, der Sterne und der Jupitermonde mit dem Fernrohr. Er nennt die Vorteile der Sternenbeobachtung mit diesem Instrument und liefert eine Bauanleitung eines gut funktionierenden Fernrohrs. Das Buch wurde in zahlreiche andere Sprachen übersetzt. Innerhalb von fünf Jahren war es sogar auf Chinesisch erhältlich.

Schon 1615 wurde dieses Weltbild von der Kirche als „närrisch und absurd … und folglich als Ketzerei" verdammt. Bald darauf wies man Galilei an, die kopernikanischen Entdeckungen weder zu glauben, noch zu verteidigen oder zu lehren. Andernfalls würde man ihn der Inquisition überantworten. Anfangs schlug er die Warnung noch in den Wind. 1629 schrieb er seinen *Dialog über die zwei Weltsysteme*, in dem die Verteidiger der jeweiligen Auffassung über ihre Meinung diskutierten. Er veröffentlichte ihn noch mit Zustimmung der Kirche, die ihm nur auferlegte, das kopernikanische System nicht ausdrücklich zu unterstützen. Der päpstliche Zensor bestand darauf, dem Buch ein Vorwort voranzuschicken, das die kopernikanische Sicht als reine Hypothese bezeichnete. Dieses Vorwort könne Galilei vom Ausdruck her ruhig verändern, wenn

es inhaltlich gleich bliebe. Galilei veränderte das Vorwort, doch allein die Tatsache, dass der Verteidiger des ptolemäischen Modells Simplicio hieß, also „Simpel", überzeugte Papst Urban VIII., dass sich Galilei über ihn und die Kirche lustig machte. Galilei wurde nach Rom zitiert, wo man ihn der Häresie anklagte – weil er „die falsche Lehre, nach der die Sonne das Zentrum der Welt" sei, unterstütze. Galilei ließ sich überzeugen, auf „schuldig" zu plädieren, um der Folter zu entgehen. Er gestand öffentlich, dass er in seiner Unterstützung für das kopernikanische Modell zu weit gegangen sei.

Er wurde zu lebenslänglicher Haft verurteilt, die man von 1634 an in Hausarrest

HINTER DEM MOND

Galileis *„Dialog"* und Kopernikus' Schrift *„Von der Bewegung"* blieben auf dem kirchlichen Index der verbotenen Bücher, selbst als das Verbot von Büchern über das heliozentrische Weltbild 1758 aufgehoben war. Noch 1820 verweigerte der Zensor der Kirche einem Buch die Druckerlaubnis, weil es das heliozentrische Weltbild als Tatsache behandelte. Der Einspruch dagegen war allerdings erfolgreich, sodass Galileis und Kopernikus' Bücher 1835 vom Index gelöscht wurden. Die katholische Kirche entschuldigte sich öffentlich für die Behandlung des großen Gelehrten – aber erst im Jahr 2000. Papst Johannes Paul II. zählte den Galilei-Prozess zu den Irrtümern, die die Kirche in den letzten 2000 Jahren begangen hatte.

HALLEY ALS KATALYSATOR

Als Edmond Halley im Jahr 1684 Newton aufsuchte, sprachen sie über ein Problem, das die Astronomen schon eine Weile beschäftigte – die Frage nämlich, ob das inverse Abstandsquadratgesetz irgendetwas damit zu tun haben könnte, dass die Planeten auf ihrer Bahn blieben. Halley hatte darüber bereits mit Robert Hooke und Christopher Wren diskutiert. Er fragte Newton, was für einen Einfluss es wohl auf den Planeten haben würde, wenn die Kraft, die zwischen ihm und der Sonne wirke, reziprok zum Quadrat seiner Entfernung von der Sonne wäre. Newton meinte, das habe er schon durchgerechnet, es würde sich auf jeden Fall eine elliptische Bahn ergeben. Resultat dieses Gesprächs war, dass Newton endlich die *Principia* veröffentlichte, an denen er seit Jahren gearbeitet hatte und die zum einflussreichsten wissenschaftlichen Text aller Zeiten werden sollten.

EDMVND. HALLEIVS LL.D.
GEOM. PROF. SAVIL. & R.S. SECRET.

umwandelte. Er blieb bis zu seinem Tod 1642 in Haft.

Während der letzten Jahre seines Lebens arbeitete er an seinem bedeutsamsten Werk: *Discorsi e dimostrazioni matematiche intorno a due nuove scienze* (Gespräche und mathematische Darlegungen rund um zwei neue wissenschaftliche Ansätze).

Dies war das erste wissenschaftliche Lehrbuch der Neuzeit. Es erläuterte eingehend die wissenschaftliche Methode und gab mathematische bzw. physikalische Erklärungen für Phänomene, die bislang nur auf philosophischer Ebene abgehandelt worden waren. Das Buch wurde aus Italien herausgeschmuggelt und in Leiden in den Niederlanden gedruckt. Es übte einen überragenden Einfluss auf die Wissenschaft in ganz Europa aus – Italien ausgenommen.

Die Vermessung des Himmels

Die Entwicklung des Teleskops erlaubte den Astronomen, sehr viel genauere Sternkarten zu zeichnen. Die Rivalität mit den Franzosen, die ebenfalls ein Observatorium eingerichtet hatten, führte dazu, dass auch die *Royal Society* in London schon bald über ein Observatorium verfügte. Das *Royal Observatory* wurde 1675 in Greenwich gegründet, John Flamsteed (1646 – 1719) wurde der erste Königliche Astronom. Flamsteed begann seine Korrespondenz mit dem jungen Edmond Halley (1656 – 1742), der selbst ein begeisterter Sterngucker war. Dieser hatte ein Teleskop von mehr als sieben Meter Länge mit nach Oxford genommen, wo er

studierte. Halley schickte Flamsteed seine Korrekturen an den damals gültigen Sternkarten und wurde bald persönlicher Schützling des Hofastronomen. Flamsteed erstellte einen neuen Sternenkatalog der nördlichen Hemisphäre. Halley bot sich an, den südlichen Sternenhimmel zu kartographieren. Nach der königlichen Genehmigung dieses Projekts machte sich der junge Wissenschaftler an die Arbeit, wobei er von seinem Vater großzügig unterstützt wurde und das Dreifache von Flamsteeds Salär bezog.

— Weißt du, wie viel Sternlein — stehen...

Die Teleskope wurden immer besser und so konnten die Astronomen zahlreiche Probleme lösen, die ihre Zunft seit jeher beschäftigten. Galilei war es, der die „Ohren" des Saturn entdeckt hatte, die ein paar Jahre später plötzlich verschwunden waren. 1655 begann Huygens, mit seinem Bruder Constantijn an einem Teleskop zu arbeiten, das die chromatische Aberration

beseitigte – die farbigen Ränder um das Gesehene. Dann richtete er ein Teleskop mit 50-facher Vergrößerung auf den Saturn. 1652 entdeckte er den größten Saturnmond Titan und vier Jahre später die Ringe: „... der Planet ist von einem dünnen, flachen Ring umgeben, der ihn nirgendwo berührt und sich zur Ekliptik neigt." Woraus der Ring bestand, war aber nicht klar, zunächst nahm man an, er sei fest oder flüssig. Erst 1675 entdeckte Giovanni Cassini einen Spalt im Ringsystem. Die Cambridge-Universität stellte die Frage nach der Natur der Ringe 1855 in einem berühmten Essay-Wettbewerb. Gewonnen wurde er von James Clerk Maxwell, der bewies, dass es sich bei den Saturnringen um eine Ansammlung winziger Festkörper handelte, alles andere wäre notwendig instabil. Nur die Entfernung des Saturn von der Erde ließ das System wie eine kontinuierliche Struktur wirken. 1895 wurde Maxwells Theorie durch Spektroskopie bestätigt.

DER NEWTON-KOMET C1680/V1

Newtons Komet von 1680 war der erste, der mit einem Teleskop beobachtet wurde. Er soll übrigens im Jahr 11037 wiederkehren. Newton nutzte seine Messergebnisse, um Keplers Überlegungen zu überprüfen.

Newtons Zeichnung des Orbits seines Kometen von 1680, die dessen Parabelform veranschaulicht

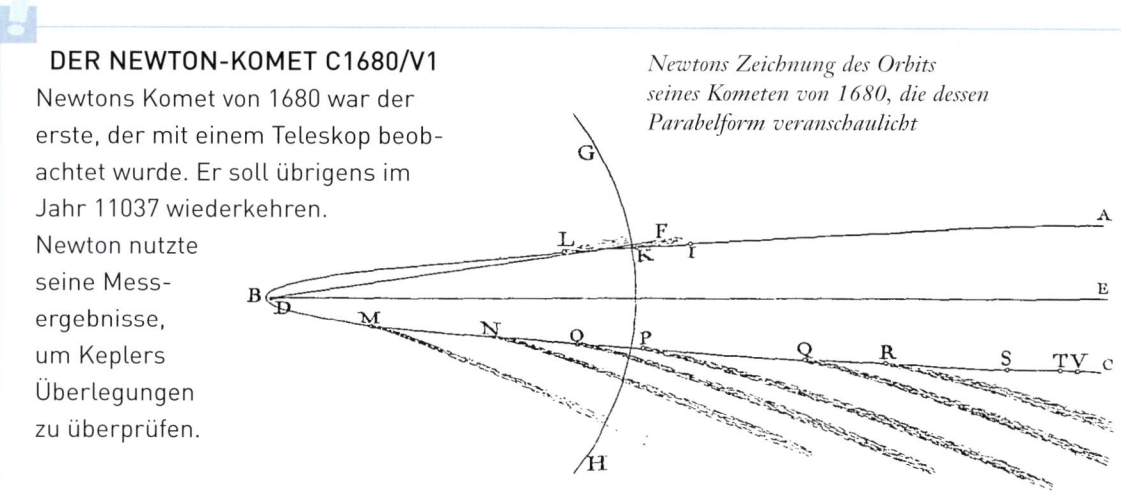

Weit, weit entfernt ...

Cassini wurde vor allem wegen seiner Arbeiten zur Entfernung zwischen den Planeten und der Größe der Sonne berühmt. Vorher verfügte man nur über die Schätzungen von Aristarchos aus dem Jahr 280 v. Chr. In der Folge ermöglichte Kopernikus die Festlegung von Verhältniszahlen, was die Entfernung der Planeten voneinander anging, doch die genaue Distanz war immer noch unbekannt. 1671 aber standen Sonne, Erde und Mars in einer Linie und die Entfernung zwischen Erde und Mars belief sich auf den geringstmöglichen Wert. Cassini war damals Direktor des Pariser Observatoriums, das in diesem Jahr eröffnet worden war. Er schickte einen Kollegen, Jean Richer, nach Cayenne in Südamerika, um dort Beobachtungen anzustellen, während er selbst in Paris blieb und observierte. Zwischen Paris und Cayenne lagen genau 10 000 Kilometer, so konnte Cassini die Entfernung des Mars von der Erde mit trigonometrischen Methoden berechnen. Dann wandte er Keplers

Im 17. Jahrhundert standen Sonne, Erde und Mars in einer Linie, so konnten die Astronomen die Größe der Sonne und ihre Entfernung von der Erde berechnen.

Planetengesetze an und schloss, dass die Sonne 138 Millionen Kilometer von der Erde entfernt war. Dieser Wert liegt nur 9 Prozent unterhalb des heute angenommenen Werts von nicht ganz 150 Millionen Kilometern. Weitere Berechnungen ergaben, dass die Sonne 110-mal größer ist als die Erde. Nach der Veröffentlichung von Newtons *Principia* und seiner Formulierung der Gravitation wurde deutlich, dass die Masse der Sonne 330 000-mal so groß war wie die der Erde.

— Kometen – richtig gesehen —

Die Freundschaft zwischen Halley und Newton trug noch weitere Früchte: Sie entwickelten gemeinsam eine Theorie der Kometenbewegung. Newton zeigte in den *Principia*, wie die Bahn eines Kometen sich berechnen ließ, wenn man über einen Zeitraum von zwei Monaten drei bestimmte Punkte misst. Dann verglich er

DER VENUSTRANSIT

Noch vor Cassini sagte der englische Astronom Jeremiah Horrocks (1618–1641) einen Venustransit voraus: Ein Venustransit ist das Vorbeiziehen des Planeten Venus vor der Sonne. Er würde es ermöglichen, die Entfernung zwischen Sonne und Erde genauer zu berechnen. Horrocks hatte selbst 1639 einen Venustransit beobachtet, zwei Jahre vor seinem Tod. Der nächste war 1761 fällig und dann wieder 1769. Halley schlug vor, die Distanz per Triangulation zu berechnen. Bei der Triangulation misst man den Winkel zu einem Objekt von zwei verschiedenen Orten aus, deren genauer Abstand zueinander bekannt ist. Mit dieser Methode berechnete man

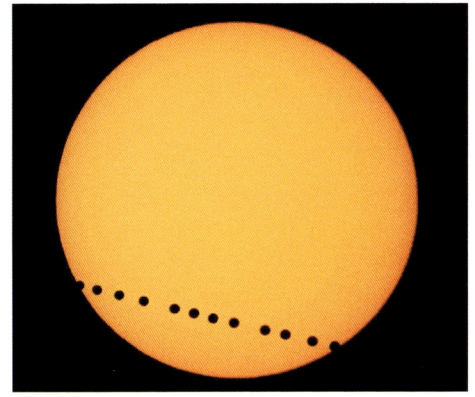

gewöhnlich die Höhe von Gebäuden oder Bergen. Mithilfe der Erde-Sonne-Distanz, die wir heute als Astronomische Einheit (AE) kennen, konnte man dann die Größe des gesamten Sonnensystems berechnen.

Halley starb 19 Jahre, bevor der nächste Transit zu erwarten war, seine Idee wurde aber von anderen umgesetzt. Als das vorhergesagte Datum näher rückte, machten sich Astronomen in alle Länder auf, um ihre Messungen durchzuführen. Der Transit war schwer zu vermessen, doch da man viele verschiedene Daten von allen möglichen Punkten auf der Erdkugel hatte, gelang es, die Erde-Sonne-Distanz auf 153 Millionen Kilometer zu kalkulieren. Das liegt nur wenig über der heute angenommenen Zahl von 149 597 870 Kilometer für die Astronomische Einheit. So hatten die Astronomen schon Ende des 18. Jahrhunderts eine recht klare Vorstellung von der Größe unseres Sonnensystems. Damit waren die Grundlagen für die moderne Astronomie geschaffen, in der sich das Interesse bald ferneren Himmelskörpern zuwandte.

Während des Venustransits ist der Planet als kleiner schwarzer Punkt sichtbar, der über die Sonne wandert.

die Daten von insgesamt 23 Kometen. Seiner Ansicht nach folgten Kometen einer Parabelbahn. Sie kamen von außerhalb des Sonnensystems, flogen einmal um die Sonne und machten sich dann wieder in den äußeren Weltraum davon. Heute nennt man sie „nicht-periodische"

Kometen. Da Newton keine Lust hatte, all diese Berechnungen durchzuführen, überließ er Halley diese Arbeit. Auch er nahm an, dass die Planetenbahn grundsätzlich parabolisch sein müsse, bis er entdeckte, dass der Komet von 1607 (den Kepler beschrieben hatte) dem von 1680,

den er selbst gesehen hatte, sehr ähnlich war. Später kam er dahinter, dass die beschriebene Bahn auch auf einen schon 1531 beobachteten Kometen passte. Also schloss er, dass es sich bei allen dreien um dasselbe Himmelsobjekt handeln müsse, das keiner Parabelbahn folgte, sondern eine weite Ellipse um die Sonne vollführte. Halley sagte vorher, dass derselbe Komet 1758 wieder auftauchen würde, da seine Berechnungen eine periodische Wiederkehr alle 76 Jahre nahelegten. Und tatsächlich stellte sich der Komet pünktlich zum Weihnachtstag 1758 wieder ein, 16 Jahre nach Halleys Tod.

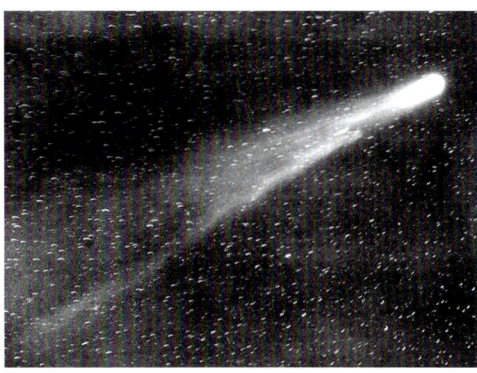

— Der Halleysche Komet und — seine Geschichte

Der Halleysche Komet wurde vermutlich bereits 467 v. Chr. im alten Griechenland und in China beobachtet. Ein Meteor, so groß wie „eine Wagenladung", fiel dabei herab und blieb im alten Griechenland etwa 500 Jahre lang eine beliebte Attraktion. Die erste sichere Erwähnung stammt aus China, wo er 240 v. Chr. gesehen wurde. Die nächste Erwähnung erfolgte 164 v. Chr. auf einem babylonischen Tontäfelchen. Münzen, die den armenischen König Tigranes den Großen zeigen, lassen über seinem Kopf einen Kometenschweif erkennen, was zum Wiederauftauchen im Jahr 87 n. Chr. passen würde. Am nächsten kam der Komet der Erde 837, als er eine Distanz von nur 0,03 AE (Astronomische Einheiten) aufwies, also etwa 4,5 Millionen Kilometer. Der Halleysche Komet ist auch

Das erste Foto des Halleyschen Kometen (links)

Der Teppich von Bayeux (unten) zeigt die Sichtung des Halleyschen Kometen von 1066, was damals als Omen betrachtet wurde.

DER KOMET GIBT'S UND DER KOMET NIMMT'S

„Ich kam mit dem Halleyschen Kometen 1835 auf die Welt. Er kommt nächstes Jahr wieder und ich glaube, ich werde mit ihm sterben. Es wird die größte Enttäuschung meines Lebens sein, wenn ich nicht mit dem Halleyschen Kometen abgehen kann. Der Allmächtige hat ganz ohne Zweifel gesagt: ‚Da sind diese beiden irren Freaks. Sie sind zusammen auf die Welt gekommen, dann sollen sie auch zusammen wieder verschwinden.'"

Mark Twain, 1909

Twain wurde am 30. November 1835 geboren, genau zwei Wochen, nachdem der Halleysche Komet der Sonne am nächsten kam (Perihel). Er starb am 21. April 1910, dem Tag nach dem nächsten Perihel.

sein Schweif spektroskopisch untersucht. (Bei der Spektroskopie wird die chemische Zusammensetzung von Gasen durch Untersuchung ihrer Spektrallinien ermittelt, *siehe* ▸▸ Seite 116). Die Spektrallinien machten (unter anderem) deutlich, dass sein Schweif das giftige Gas Zyan enthielt. Der Astronom Camille Flammarion (1842–1925) meinte daraufhin, wenn er je so nahe an der Erde vorbeiflöge, dass diese in den Schweif geriete, würde wohl „alles Leben auf Erden ausgelöscht" werden. In der Folge gaben zahllose Menschen völlig sinnlos Geld für Gasmasken, Anti-Kometen-Pastillen und -Schirme aus. Natürlich überstand die Erde das Vorbeirasen des Halleyschen Kometen ohne Probleme.

Bei der Rückkehr des Kometen 1986 schickte man zwei Sonden zu seiner Erforschung aus: Giotto und Vega. Beide fanden heraus, dass der Kern des Kometen vergleichsweise klein ist (15 km lang und 9 km breit und dick). Seine Atmosphäre (Koma) erstreckt sich 100 000 km um ihn herum. Das Koma entsteht, wenn festes Kohlenmonoxid und Kohlendioxid an der Oberfläche von den Sonnenstrahlen zu Gas sublimiert werden. Der Halleysche Komet besteht aus vielen kleinen Felsbrocken, die lose zusammenhalten und mit einer Periode von 52 Stunden rotieren. Die beiden Sonden erstellten eine Karte von der Oberfläche, die einen Krater aufwies sowie zahlreiche Erhöhungen und Vertiefungen.

auf dem Teppich von Bayeux dargestellt und möglicherweise auch auf Giottos Anbetung der Heiligen Drei Könige – als Stern von Bethlehem (bei dem es sich vermutlich nicht um den Halleyschen Kometen handelte, da er erst 12 n. Chr. wieder sichtbar wurde).

1910 kam der Komet der Erde erneut ziemlich nahe (0,15 AE). Damals wurde er zum ersten Mal fotografiert und

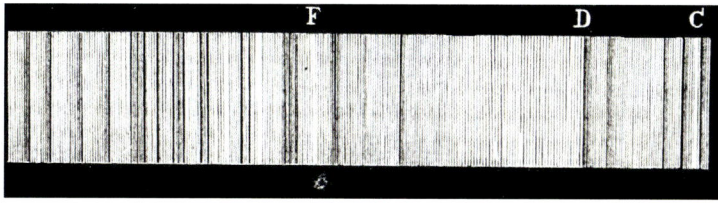

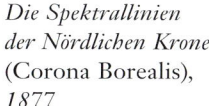

Die Spektrallinien der Nördlichen Krone (Corona Borealis), 1877

Williamina Fleming

Spektroskopie – neue Methoden

Ende des 19. Jahrhunderts entwickelte man neue Methoden zur Untersuchung von Sternen. Man studierte ihr Spektrum mithilfe der Spektroskopie. Wenn Licht durch ein Gas hindurchgeht, werden einige Wellenlängen vom Gas absorbiert, weswegen jede Gaswolke ein charakteristisches Spektrallinienmuster aufweist. Wenn man also das von einem Stern ausgesandte Licht analysiert, lässt sich daraus auf seine chemische Zusammensetzung schließen. Der amerikanische Astronom Henry Draper (1837–1882), Pionier der Sternenfotografie, war der Erste, der 1872 das Spektrum eines Sterns fotografierte. Seine Bilder von Wega zeigten klare Spektrallinien. Er machte mehr als 100 Fotos von den Spektrallinien der Sterne, bevor er 1882 starb. 1885 begann Edward Pickering (1846–1919) als

Direktor des Observatoriums am Harvard College, die Sternphotometrie zu nutzen, um detaillierte Sternkarten anzufertigen. Drapers Witwe unterstützte das Vorhaben und man begann mit der Erstellung des ehrgeizigen Henry-Draper-Sternkatalogs. Er wurde unter dem Titel *Draper Catalogue of Stellar Spectra* 1890 veröffentlicht und klassifiziert 10 351 Sterne.

Pickering ärgerte sich schrecklich über die Inkompetenz seiner Assistenten und meinte, selbst sein Hausmädchen würde das besser machen. Sein Hausmädchen war die Schottin Williamina Fleming (1857–1911), die mit ihrem Mann nach Amerika emigriert, dann aber schwanger sitzen gelassen worden war. Sie arbeitete für Pickering, um sich und ihren Sohn zu ernähren. Und so übernahm Fleming tatsächlich die Arbeit, die Sterne zu katalogisieren und klassifizieren. Dabei entwickelte sie ein System: Sie ordnete jedem Stern einen Buchstaben zu, je nachdem, wie viel Wasserstoff in seinem Spektrum beobachtet worden war. (A stand für den höchsten

Annie Jump Cannon

Wert.) In neun Jahren katalogisierte Fleming mehr als 10 000 Sterne. Sie entdeckte 59 Gasnebel, 310 veränderliche Sterne, 10 Novae und den Pferdekopf-Nebel. Pickering übertrug ihr die Beaufsichtigung eines großen Frauenteams, die man *computers* nannte, Rechnerinnen. Diese Frauen erledigten die Berechnungen zur Klassifizierung der Sterne. (Die Frauen erhielten dafür nur 25 bis 50 Cent pro Stunde, weniger als die Sekretärinnen jener Zeit.) Fleming und andere Frauen des Teams, zum Beispiel Henrietta Swan Leavitt (1868–1921) sowie Henry Drapers Nichte Antonia Maury (1866–1952), wurden zu angesehenen Astronominnen ihrer Zeit.

Auch Annie Jump Cannon (1863–1941) war eine der „Pickering-Frauen". Sie verbesserte Williamina Flemings System der Klassifizierung, indem sie die Temperatur der Sterne zum Maßstab nahm. Anders als Fleming hatte Cannon Physik studiert und sich gerade der Astronomie zugewandt, als sie anfing, für Pickering zu arbeiten. Da sie als Kind Scharlach gehabt hatte, war sie vollkommen taub. Und doch vermittelte sie, wenn Maury und Fleming über neue Klassifizierungsmethoden stritten. Cannon klassifizierte die Spektrallinien als O, B, A, F, G, K, M. (Das Merksätzchen dazu lautet: „*Oh, Be A Fine Girl, Kiss Me.*" – *Ach, sei ein nettes Mädel, küss mich.*) Dieses System ist als Harvard-Klassifikation bekannt und wird immer noch verwendet. Später wurden numerische Untergruppen von 0 bis 9 entwickelt, um das System zu verfeinern (Morgan-Keenan-System). Die römischen Ziffern von I bis V geben die Helligkeit an. Cannon übernahm später das ganze Katalogprojekt.

PARALLAXE

Die Parallaxe dient dazu, die Entfernung zu einem Objekt zu berechnen, indem man es von zwei verschiedenen Punkten aus beobachtet. Bei einem Stern wird dieser im Abstand von sechs Monaten zweimal fotografiert. Dann misst man, wie weit der Stern sich in Bezug auf die Fixsterne im Hintergrund bewegt zu haben scheint. Mithilfe der Triangulation lässt sich dann feststellen, wie weit der Stern von der Erde entfernt ist.

Wie die Parallaxe funktioniert, können Sie sich ganz einfach vor Augen führen. Halten Sie einen Bleistift mit ausgestreckter Hand vor sich hin und sehen Sie ihn dann zuerst NUR mit dem rechten, dann NUR mit dem linken Auge an. Sie werden feststellen, dass der Bleistift sich relativ zum Hintergrund scheinbar verschoben hat.

Mit all seinen Ergänzungen hat der Draper-Katalog mittlerweile 359 083 Sterne registriert und klassifiziert. Cannon selbst klassifizierte mindestens 230 000 Sterne, mehr als alle früheren Astronomen zusammen. Sie war die erste Frau, die von der Universität Oxford die Ehrendoktorwürde verliehen bekam, und die erste Frau, die in die *American Astronomical Society* (AAS) aufgenommen wurde.

Der Blick ins All

Die Triangulationsmethode, mit der Cassini im 17. Jahrhundert die Distanz zum Mars bestimmt hat, lässt sich auch anwenden, um die Entfernung zu nahe gelegenen Sternen zu ermitteln. Dabei nimmt man die Position der Erde im Abstand von exakt sechs Monaten, um die Basislänge für die Triangulation zu erhalten. Da die Distanz Erde – Sonne 1 AE beträgt, wird

diese Basislänge 2 AE sein. Diese Distanz ist groß genug für präzise Messungen. Im Lauf von sechs Monaten wird ein Stern im Vergleich zum Hintergrund seine Position verändert haben. Man nutzt also die Parallaxe (*siehe* ▶Kasten Seite 171).

Huygens hatte früher schon versucht, die Entfernung von der Erde zum Sirius zu schätzen, indem er dessen Helligkeit mit der der Sonne verglich. Da Sirius fast so hell erschien wie die Sonne, nahm er an, der Stern würde 27 664 Mal weiter weg sein. Die Aufgabe war gleichwohl schwierig, weil er Sirius ja nachts beobachten musste, die Sonne aber tagsüber.

Obwohl das Prinzip, die scheinbare Bewegung eines Sterns über den Himmel zu messen, um seine Entfernung zu berechnen, vernünftig erscheint, war dazu eine technische Ausrüstung erforderlich, die den frühen Astronomen nicht zur Verfügung stand. Die erste exakte Berechnung mittels Parallaxe wurde von dem deutschen Wissenschaftler Friedrich Bessel (1784–1846) durchgeführt, der 1838 für 61 Cygni (ein Doppelstern im Sternbild Schwan) eine Distanz zur Erde von 10,3 Lichtjahren angab. Der Schotte Thomas Henderson (1798–1844) hatte 1832 die Entfernung zu Alpha Centauri errechnet, dies aber erst 1839 publiziert. Sobald die Entfernung eines Sterns bekannt ist, ist es in Umkehr der Huygensschen Gleichungen möglich, seine Helligkeit zu berechnen.

Dennoch waren die Instrumente nicht präzise genug. Man vermaß immer noch mit dem Auge und die Fotografie war ja auch noch nicht erfunden. Im Jahr 1900 kannte

Der Hipparcos-Satellit maß die Parallaxe von mehr als 100 000 Sternen.

WELTRAUMTELESKOPE

Das *Hubble Space Telescope* (HST) wurde 1990 mit einem Space Shuttle an Ort und Stelle gebracht und verdankt seinen Namen einem berühmten Astronomen. Es ist ein optisches Teleskop, das in einer Umlaufbahn um die Ede kreist. Da es im Weltraum arbeitet, liefert es Bilder von extremer Klarheit – ohne Interferenzen von Hintergrundlicht oder Ablenkung durch die Erdatmosphäre. Weltraumteleskope wurden erstmals 1923 geplant, lange bevor man sie tatsächlich bauen konnte.

HST-Bild von zwei Galaxien, die sich aufgrund der Gravitation anziehen

man erst 60 Parallaxen. Das Aufkommen der Fotografie beschleunigte den Prozess dann erheblich. In den nächsten 50 Jahren errechnete man weitere 10 000 Parallaxen. Zwischen 1989 und 1993 war der Satellit Hipparcos der Europäischen Raumfahrtbehörde unterwegs und maß die Parallaxen von 118 000 Sternen. Damit und mit anderen Messergebnissen erstellte man den Tycho-2-Katalog, der Daten für mehr als zweieinhalb Millionen Sterne in der Milchstraße angab.

Für weiter entfernte Sterne hingegen ist die Parallaxe nicht von Nutzen. Henrietta Swan Leavitt entwickelte deshalb eine andere Methode. Sie nutzte Daten von den Cepheiden. Cepheidensterne pulsieren in regelmäßigen Intervallen von einem bis zu mehreren Hundert Tagen. Sobald man die Entfernung zu einem Cepheidenstern ermittelt hat, kann man mit der Leavitt-Gleichung, die die Pulsationsperiode mit der Leuchtkraft in Verbindung bringt, die Distanz zu allen Cepheiden ermitteln. Plötzlich konnte man die Entfernungen innerhalb und außerhalb der Milchstraße berechnen. Der Mensch musste feststellen, dass das Universum sehr viel größer war als gedacht.

1918 nutzte der amerikanische Astronom Harlow Shapley (1885 – 1972) die Cepheiden-Methode, um Kugelsternhaufen zu untersuchen, von denen er glaubte, sie

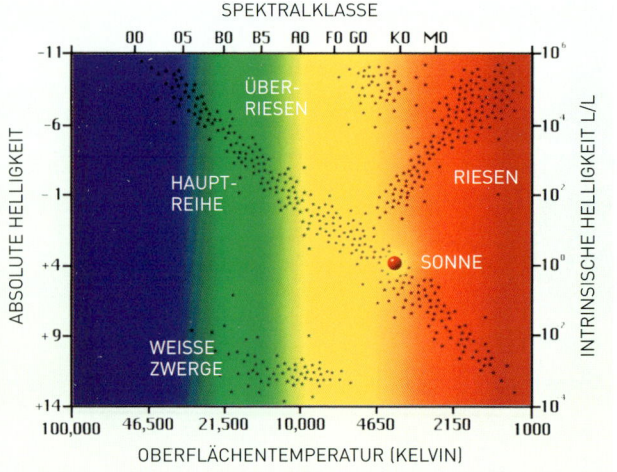

SPEKTRALKLASSE

ABSOLUTE HELLIGKEIT

INTRINSICHE HELLIGKEIT L/L

ÜBER-RIESEN

HAUPT-REIHE

RIESEN

SONNE

WEISSE ZWERGE

OBERFLÄCHENTEMPERATUR (KELVIN)

Hertzsprung-Russell-Diagramm, bei dem die Helligkeit auf der y-Achse und die Temperatur auf der x-Achse abgetragen wird. Die Farbe verändert sich mit der Temperatur.

Hertzsprung schließlich ein renommierter Berufsastronom wurde, war er immer noch „Amateur", als er seine Ergebnisse zwischen 1905 und 1907 in einer unbedeutenden Fotozeitschrift veröffentlichte. Keiner der Berufsastronomen ging auf seine Entdeckung ein. Dem amerikanischen Astronomen Henry Norris Russell (1877–1957) fiel die Beziehung zwischen Helligkeit und Farbe ebenfalls auf, doch er publizierte sie 1913 in einer bekannten astronomischen Fachzeitschrift. Darüber hinaus drückte er seine Resultate in einem Graphen aus. Heute nennt man diesen Graphen das Hertzsprung-Russell-Diagramm.

lägen innerhalb der Milchstraße. Er stellte fest, dass die Milchstraße sehr viel größer war als angenommen und dass unser Sonnensystem keineswegs im Zentrum lag. Im Winter 1923/24 fand der amerikanische Astronom Edwin Hubble (1889–1953) Cepheiden außerhalb der Milchstraße, genauer gesagt im Andromedanebel. Er berechnete die Distanz zu ihnen auf etwa 1 Million Lichtjahre. (Tatsächlich liegt der Andromedanebel von uns zweieinhalb Millionen Lichtjahre entfernt.)

Streifen von den Sternen

Der dänische Chemie-Ingenieur Ejnar Hertzsprung (1873–1967) studierte Astronomie und Fotografie in seiner Freizeit. Er entdeckte die Beziehung zwischen der Farbe und der Helligkeit eines Sterns. Obwohl

Ejnar Hertzsprung

Henry Russell

Die Farbe eines Sterns – genauer gesagt, die Wellenlänge des Lichts, das er ausstrahlt – ist ein Indikator für seine Temperatur. Und doch hängt die Helligkeit eines Sterns auch von seiner Größe ab. So wie ein Heizkörper mehr Wärme abstrahlt als ein Zündholz, ist die Größe eines Sterns genauso wichtig wie seine Temperatur. Ein großer roter Stern strahlt mehr Energie ab als ein kleiner blauer, obwohl die Oberflächentemperatur des blauen Sterns höher sein mag. Das Hertzsprung-Russell-Diagramm gab den Astronomen erste Hinweise darauf, was sich im Innern der Sterne abspielte.

Arthur Eddington

Das geheime Leben der Sterne

Arthur Eddington war der britische Astronom, der die Expedition zur Beobachtung der Sonnenfinsternis von 1917 leitete. Sie bestätigte Einsteins Relativitätstheorie, doch Eddington fand auch heraus, dass die massereichsten Sterne die hellsten waren, was nur sinnvoll ist. Damit die Gravitation den Stern nicht zerquetscht, muss er enorme Mengen Energie produzieren. Je größer die Masse, desto stärker die Gravitation, desto mehr Energie ist nötig, um ihr zu widerstehen. Eddington entdeckte auch, dass die innere Temperatur der Sterne weitgehend gleich ist, wie groß er auch sein mag und wie heiß seine Oberfläche ist. Bald war ihm klar, dass die Energie in den Sternen

Kernenergie sein musste – eine andere Möglichkeit gab es nicht, damit ein Stern über Jahrmillionen einfach weiter leuchten konnte.

Zunächst nahm man an, dass die Sonnenenergie von radioaktiven Isotopen wie Radium stammt, doch die Halbwertzeit des Radiums war viel zu kurz. Der entscheidende Durchbruch gelang im *Cavendish Atomic Research Center* in Cambridge. 1920 benutzte der britische Chemiker und Physiker Francis Aston ein Massenspektrometer, um die Masse von Wasserstoff und Helium zu messen. Das Wasserstoffatom besitzt ein Proton, der Heliumkern zwei Protonen und zwei Neutronen. Aston entdeckte, dass vier Wasserstoffkerne eine etwas höhere Masse hatten als ein Heliumkern. Er wusste außerdem, dass Wasserstoff und Helium die häufigsten Elemente in der Sonne waren. Eddington wiederum, der mit Einsteins

Massen-Spektrometer für die Messung stabiler Kohlenstoff- und Sauerstoff-Isotope.

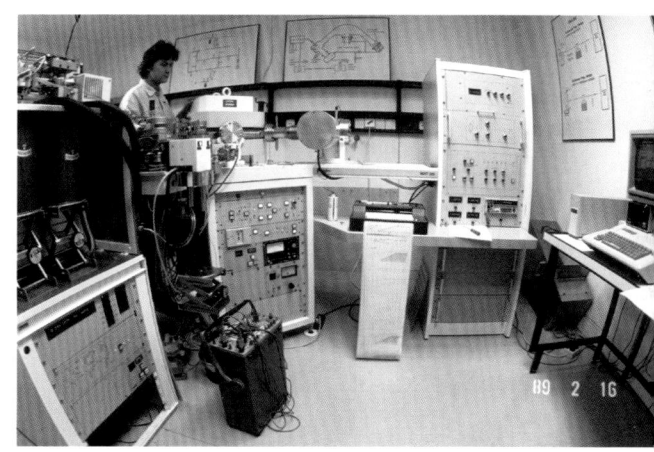

> *„Ein Stern verfügt über ein gewaltiges Energiereservoir, dessen Natur wir nicht kennen. Dieses Reservoir kann eigentlich nichts anderes sein als die subatomare Energie, die, wie wir mittlerweile wissen, in aller Materie im Übermaß vorhanden ist. Manchmal träumen wir davon, dass der Mensch eines Tages wissen wird, wie er sie nutzen und sich dienstbar machen kann, denn dieses Reservoir ist nahezu unerschöpflich. In der Sonne ist genug Energie, um sie für weitere 15 Milliarden Jahre leuchten zu lassen."*
>
> Arthur Eddington, 1920

Werk vertraut war, wandte die Gleichung $E = mc^2$ auf die Sonne an und kam dahinter, dass die Sonnenenergie durch Kernfusion im Innern der Sonne entsteht, wobei die Wasserstoffkerne zu Helium verschmolzen werden. Der winzige Masseunterschied, den Aston registriert hatte, war für die frei werdende Energie verantwortlich.

Wie die Kernspaltung schwerere in leichtere Elemente verwandelt, indem sie

den Atomkern aufbricht, verwandelt die Kernfusion leichtere Elemente in schwerere, indem sie die Atomkerne verschmilzt. Da die Sonne aber aus einer Unmenge von Gasen bestand, hieß das, dass sie noch für mehrere Millionen Jahre Energie haben würde. Später erkannte man, dass alle Elemente außer Wasserstoff, Helium und Lithium im Innern der Sterne oder der Supernovae entstehen.

Lauschen auf das Nichts

Wir haben es also im Weltall mit Entfernungen und Zahlen zu tun, die sich die frühen Astronomen nicht einmal hätten träumen lassen, doch es gibt auch Dinge dort draußen, die man mit einem optischen Detektor (Teleskop) nicht aufspüren kann. Wenn wir aber die nicht sichtbaren Bereiche des elektromagnetischen Spektrums nutzen wie zum Beispiel Radiowellen, dann können wir damit noch tiefer in den Kosmos vordringen.

Die Ursprünge der Radioastronomie liegen bei dem rührigen Erfinder Thomas Alva Edison (1847–1931), der in einem Brief von 1890 meinte, er und ein Kollege könnten einen Empfänger für die Radiowellen der Sonne bauen. Doch sollte er dieses Gerät je gebaut haben, hat er damit sicherlich keine Radiowellen von der Sonne empfangen. Auch der britische Physiker Sir Oliver Lodge (1851–1940) konnte mit seinen Versuchen zwischen 1897 und 1900 keinen Beleg für Radiowellen finden, die von der Sonne stammten. Die ersten

Metallspiegel aus Heliostat (bedeckt mit schwarzem Papier)

Papierblatt

Metall-kasten (mit Alufolie bedeckt)

Galvanometer

Wheatstone-Brücke

Metall

Papier

Die Ausrüstung von Wilsing und Scheiner zur Erforschung der Radiowellen der Sonne

NIKOLA TESLA (1856 – 1943)

Nikola Tesla kam im Kaiserreich Österreich zur Welt, auf dem Gebiet des heutigen Kroatien. Er brach zweimal die Universität ab und den Kontakt zu Familie und Freunden. (Seine Freunde glaubten gar, er sei in der Mura ertrunken.) 1884 wanderte er in die USA aus.

Tesla arbeitete an Möglichkeiten zur drahtlosen Kommunikation, Röntgenstrahlung, Elektrizität und Energiegewinnung. In den USA war er zunächst für Edison tätig, kündigte jedoch nach einer Auseinandersetzung über sein Gehalt. Später gründete er eine eigene Firma. Er galt als fleißiger Erfinder, aber auch als Querkopf und Exzentriker, den man nicht leicht in Projekte einbinden konnte. Seine Behauptung, er habe Radioübertragungen von Aliens auf dem Mars oder der Venus empfangen, trugen nicht gerade zu einem guten Ruf bei.

1904 entzog ihm das US-Patentamt sein Patent auf das Radio und gab es stattdessen an Guglielmo Marconi, der 1909 für die Erfindung des Radios sogar den Nobelpreis erhielt. Nach Auseinandersetzungen mit Marconi und Eddington und der Zerstörung seiner Telefunken-Radiostation auf Long Island durch die Marine, die vermutete, dass Tesla dort Spionage betrieb, erlitt er immer größere finanzielle Einbußen, was an seinen Nerven zerrte. Er entwickelte eine gewisse Besessenheit, was die Zahl Drei und Tauben anging.

Der letzte Sargnagel für seine Reputation war seine Doktorarbeit über die „Todesstrahlen", die „*konzentrierte Teilchenstrahlen durch die Luft senden würden, die von so enormer Energie seien, dass sie 10 000 feindliche Flugzeuge auf eine Entfernung von 200 Meilen pulverisieren... und ganze Armeen auf einen Schlag töten würden.*" Tesla verbrachte die letzten zehn Jahre seines Lebens im Hotel *New Yorker*. Als er 1943 starb, ließ die US-Regierung zwei Lastwagen voller Aufzeichnungen wegschaffen, weil sie angeblich ein enormes Sicherheitsrisiko darstellten.

Wissenschaftler, die sich damit eingehend befassten, waren die Astronomen Johannes Wilsing (1856–1943) und Julius Scheiner (1858–1913), die in Deutschland arbeiteten. Ihrer Ansicht nach mussten solche Detektoren scheitern, weil die Radiowellen vom Wasserdampf in der Atmosphäre absorbiert wurden.

Charles Nordmann, ein französischer Student, meinte, wenn die Atmosphäre die Radiowellen aus dem Weltraum blockiere, dann müsse man die Antenne in ausreichender Höhe anbringen und installierte eine solche auf dem Montblanc. Doch auch er konnte keine Radiowellen von der Sonne auffangen – allerdings hatte er

*Mit dem Hubble-Weltraumteleskop aufgenomme-
nes Bild vom Sternbild Schütze, woher das von
Jansky aufgefangene Signal kam*

Ionosphäre postulierten, einer Schicht io-
nisierter Teilchen in der oberen Atmosphäre, die die Radiowellen ebenfalls ab-
halten würde. (Die Ionosphäre ist bei der
Radiokommunikation allerdings von enormer Bedeutung. Nur weil sie von der Ionosphäre abprallen, können Radiowellen
lange Distanzen überwinden.) Diese ent-
täuschenden Schlussfolgerungen scheinen
den Eifer der Forscher gedämpft zu haben, jedenfalls gab es 30 Jahre lang keine
Versuche mehr, Radiowellen aus dem All
aufzufangen.

Der Durchbruch kam 1932, als der
amerikanische Ingenieur Karl Jansky
(1905–1950) von der *Bell Telephone Com-
pany* in New Jersey engagiert wurde, um
Radio-Interferenzen bei der Übermitt-
lung transatlantischer Telefongespräche
zu klären. Er benutzte eine große Richt-
antenne und fand ein Signal unbekannten
Ursprungs, das sich alle 24 Stunden wiederholte. Er vermutete damals, dass es von
der Sonne kommen könnte, merkte dann

*Radioteleskop im Astronomischen Zentrum
von Yebes in Spanien*

einfach nur Pech. Seine Ausrüstung hätte funktioniert, wenn die Sonnenaktivität eines ihrer Maxima erreicht hätte, wo
die Strahlung ein Höchstmaß erreicht.
Unglücklicherweise war 1900 ein Jahr,
in dem die Sonnenaktivität schwächer
war, und so registrierte Nordmann keine Strahlung. Doch Max Plancks Arbeit
über Schwarzkörperstrahlung und Licht-
quanten wies auf ein anderes Problem hin.
Wenn man Plancks Gleichungen nutzte, um den Teil der Sonnenstrahlung zu
berechnen, der zum Radiowellenbereich
(Wellenlänge von 10 bis 100 Zentimeter)
gehörte, wurde klar, dass die Strahlung
sehr schwach sein würde – zu schwach,
um mit Instrumenten jener Zeit registriert zu werden. Ein weiterer Schlag
kam 1902, als die Ingenieure Oliver Hea-
viside (1850–1935) und Edwin Ken-
nelly (1861–1939) die Existenz einer

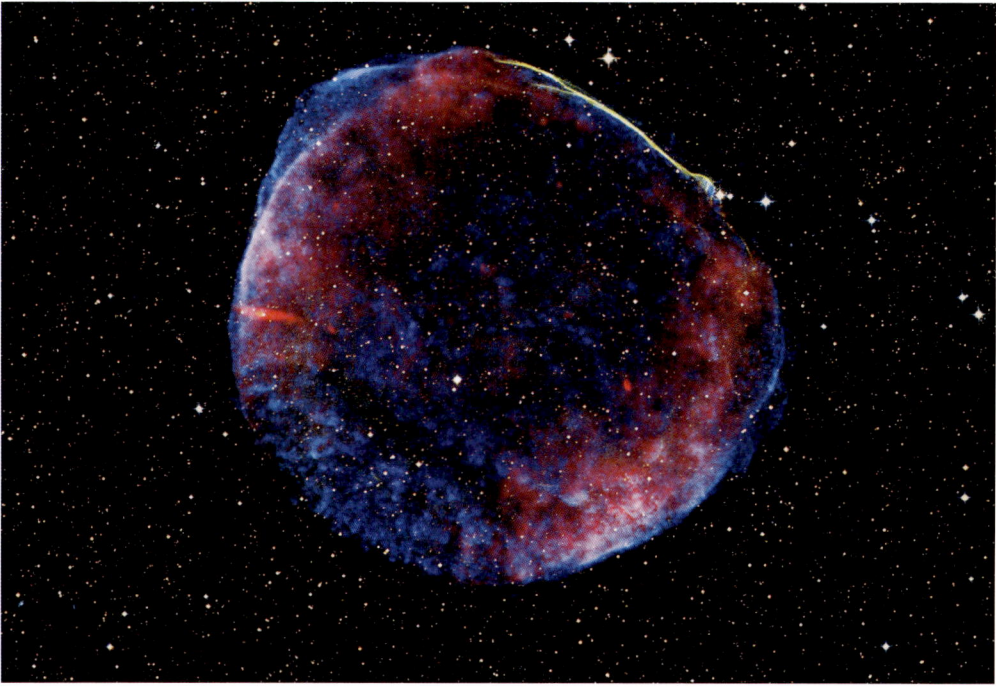

Radioquelle PKS 1459-41 – Reste der Supernova von 1006 (SN 1006), deren Explosion vor etwa 7000 Jahren stattfand und die im Jahr 1006 von der Erde aus beobachtet wurde

aber, dass die Periode nur 23 Stunden und 56 Minuten betrug, also nicht ganz einen Tag. Sein Freund, der Astrophysiker Albert Skellett, meinte, es scheine von den Sternen zu kommen. Mit Sternenkarten identifizierten sie die Milchstraße als mögliche Quelle, genauer gesagt, das Zentrum der Galaxie rund um das Sternbild Schütze. Jansky meinte, das Signal müsse von einer Gaswolke im Herzen der Galaxie kommen und wollte an dem Thema weiterarbeiten, seine Arbeitgeber aber wiesen ihm ein anderes Projekt zu, sodass er seine Arbeiten einstellen musste. Seine bedeutende Entdeckung war gleichzeitig Beginn und Ende seiner Karriere als Astronom. Der amerikanische Amateur-Astronom und Nachrichtentechniker Grote Reber (1911–2002) aber interessierte sich für das Thema und baute 1937 ein Parabol-Radioteleskop in seinem Hinterhof auf.

Ihm gelang es, den Himmel erstmals systematisch auf Radiowellen aus dem Weltall „abzuhorchen".

1942 entdeckte dann der Aufklärungsoffizier der britischen Armee James Hey (1909–2000) Radiowellen von der Sonne. Und bald war die Radioastronomie eine angesehene Disziplin: Martin Ryle (1918–1984) und Antony Hewish von der Universität Cambridge zeichneten in den frühen Fünfzigerjahren alle Radioquellen am Himmel auf und erstellten den *Second* und den *Third Cambridge Catalogue* (2C, 3C) aller Radioquellen im All.

Heute schaltet man Radioteleskope häufig zusammen und richtet sie auf eine Stelle am Himmel aus, um möglichst

viele Daten zu sammeln. Jedes Teleskop hat eine parabolische Metallschüssel, die die Radiowellen auf die Antenne bündelt. Mit der Interferometer-Technik von Ryle und Hewish können die Daten kombiniert werden. Gleiche Signale verstärken einander, störende werden ausgeblendet. So lassen sich die schwachen Strahlen effektiv bündeln. Um das Problem der Ionosphäre und des Wasserdampfs in der Atmosphäre zu umgehen, werden die Teleskope an möglicht hoch gelegenen Orten aufgestellt.

Radioteleskope eignen sich gut, um die Sonne und Planeten des Sonnensystems zu erforschen. Besonders sinnvoll sind sie jedoch für weiter entfernte Objekte, die für optische Teleskope nicht mehr erreichbar sind. Mit ihrer Hilfe konnten Quasare und Pulsare entdeckt werden.

Quasare – gewaltig und weit entfernt

Quasar ist die Abkürzung für *quasistellar object* (sternenähnliches Objekt). Sie sind sehr energiereich und weisen eine starke Rotverschiebung (*siehe* Seite 191) auf, was auf eine extreme Entfernung schließen lässt. Mittlerweile sind etwa 200 000 Quasare bekannt, die sich alle in einer Entfernung von 780 Millionen bis 28 Milliarden Lichtjahren Entfernung befinden – die größte uns bisher bekannte Entfernung. Die ersten Quasare wurden in den späer 1950er-Jahren ausfindig gemacht und von dem niederländischen Astronomen Maarten Schmidt beschrieben. Die von ihnen ausgehende starke Strahlung kann auf Gravitationsenergie zurückgehen, wie sie von großen Schwarzen Löchern ausgehen. Bis zu 10 Prozent ihrer Masse wird

in flüchtige Energie umgewandelt (*siehe* Seite 187). Eine Kernfusion, wie sie in einem Stern stattfindet, würde nicht ausreichen, um die Leuchtkraft (in Form von Licht oder elektromagnetischer Strahlung) eines Quasars zu erreichen, die über solche Entfernungen hinweg auf der Erde wahrnehmbar ist. Selbst die bei der Explosion einer Supernova freigesetzte Energie ist nur für einige Wochen wahrnehmbar, während ein Quasar fortdauert. Der am weitesten entfernte sichtbare Quasar ist um den Faktor 2 Milliarden (2×10^{12}) heller als unsere Sonne. Da diese Objekte Milliarden Lichtjahre entfernt sind, gehen sie vermutlich auf einen Zeitpunkt nahe der Entstehung des Universums zurück.

Auf und davon

Im Lauf des 20. Jahrhunderts hat sich unser Verständnis von Astronomie und Raumphysik sehr gewandelt. Das wichtigste Ereignis war vermutlich die Verbindung von Raum und Zeit zu einem einzigen Begriff: das Raum-Zeit-Kontinuum, das im folgenden Kapitel behandelt werden soll.

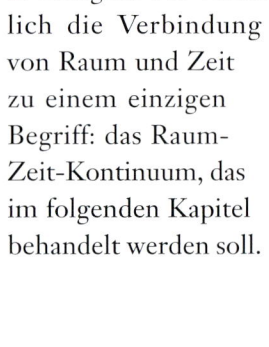

Maarten Schmidt

PULSARE – ROTIERENDE ENERGIESTRAHLUNG

Ein Pulsar (ein Kunstwort aus *pulsating source of radio emission* = pulsierende Radioquelle) ist ein hoch magnetisierter rotierender Sternenkörper. Er entsteht, nachdem ein massereicher Stern seinen Brennstoff verbrannt hat und zu einem unvorstellbar dichten Teil seiner Masse zusammenfällt, was man auch Neutronenstern nennt. Sein Name geht auf die Wahrnehmung seiner rotierenden Energiestrahlung als Pulsieren zurück, sobald seine Rotationsachse auf die Erde gerichtet ist und dabei wie das Licht eines Leuchtturms erscheint. Die Intervalle können zwischen 1,4 Millisekunden bis 8,5 Sekunden variieren. Im Lauf von 10 bis 100 Millionen Jahren nimmt die Geschwindigkeit immer mehr ab, weshalb die meisten Pulsare (etwa 99 Prozent) mittlerweile nicht mehr pulsieren.

Der erste Pulsar wurde 1967 von der damals 24-jährigen Studentin Jocelyn Bell Burnell entdeckt. Den Nobelpreis für diese Entdeckung erhielt 1974 jedoch ihr Studienleiter Antony Hewish und nicht sie. 2007 wurde sie von Königin Elizabeth II. als *Dame Commander of the Order of the British Empire* in den Adelsstand erhoben. Durch Beobachtungen eines Pulsars in einem binären System (in dem ein Pulsar einen Neutronenstern mit einer Umlaufzeit von acht Stunden umkreist) konnten die ersten Gravitationswellen nachgewiesen werden, wodurch ein anderer Teil von Einsteins allgemeiner Relativitätslehre bestätigt wurde.

Jocelyn Bell Burnell

Bei der Rotation eines Pulsars gelangt seine Strahlung als Pulsieren zur Erde.

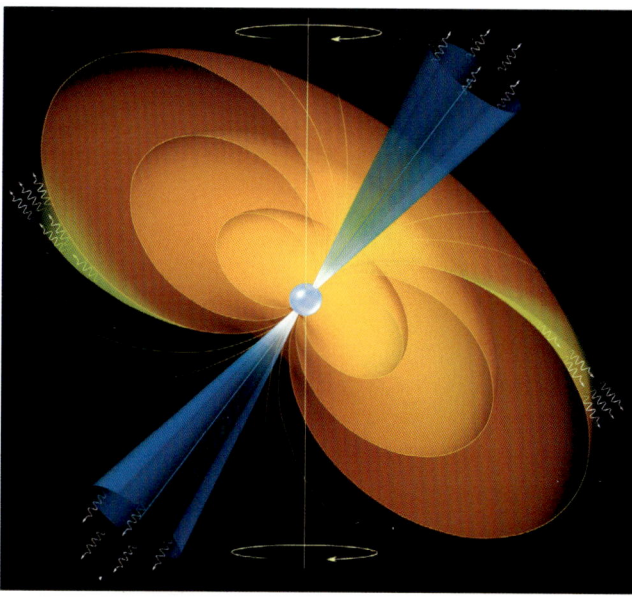

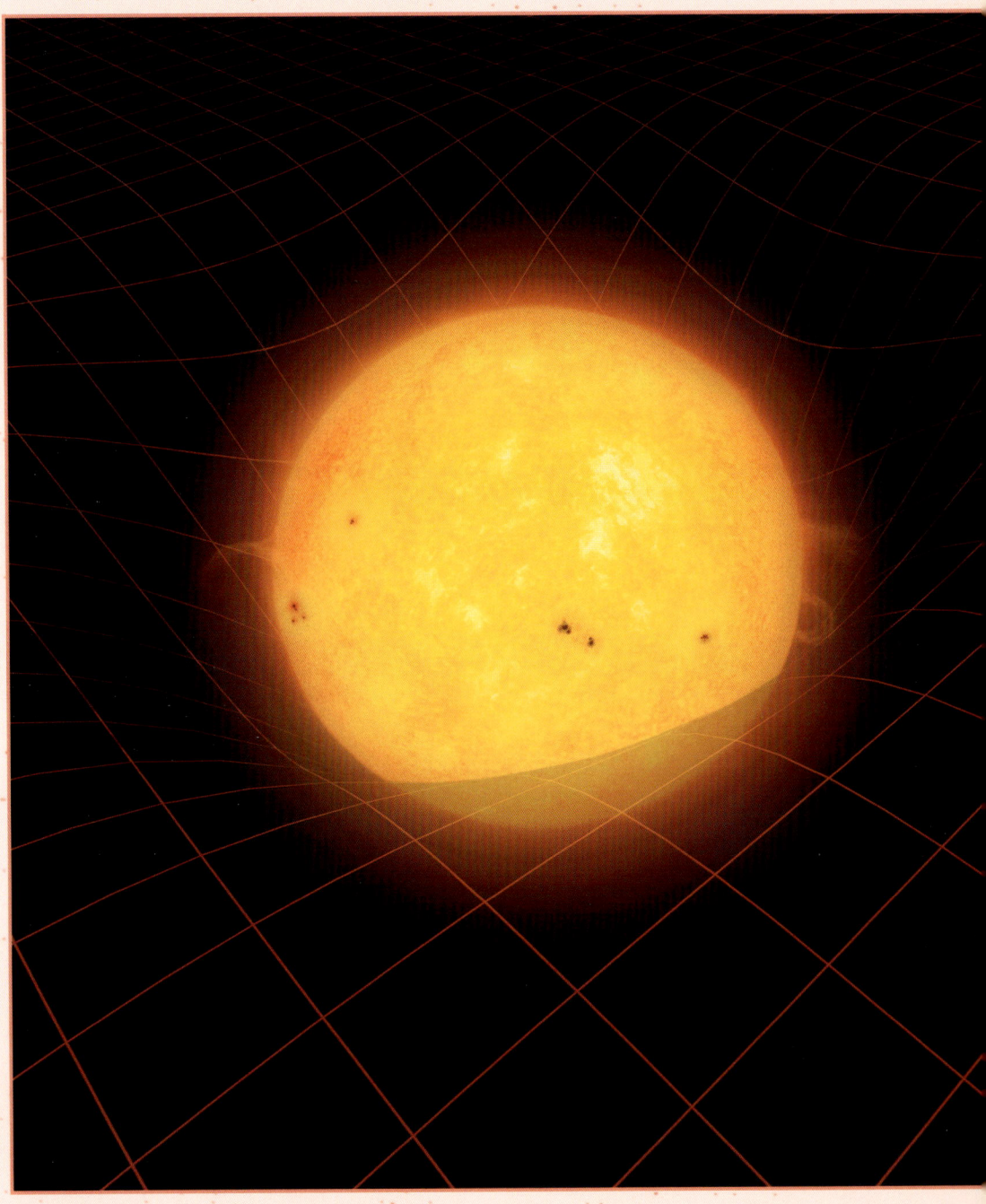

KAPITEL 7

RAUM-ZEIT-
Kontinuum

Jahrtausendelang starrte der Mensch in den Weltraum und wunderte sich über seine seltsame Beschaffenheit – und das war's. Wir richteten den Blick zu den Sternen, zu Sonne und Mond und versuchten herauszufinden, was sie mit der Erde zu tun hatten. Die Bewegungen von Sonne und Mond waren unsere Uhr. Sie maßen Stunden, Tage, Monate und Jahre. Zeit war das eine, der Raum das andere. Seit Beginn des 20. Jahrhunderts aber hat sich unsere Beziehung zu beidem gewandelt. Nach Einstein wuchsen sie zu einem Kontinuum zusammen. Wenn man nun den Raum untersucht, geht es nicht mehr nur darum, was „dort draußen" passiert, sondern darum, wie Vergangenheit und Zukunft unseres Universums waren und sein werden.

Ein Stern krümmt die Raumzeit durch seinen Gravitationseffekt.

Eine kurze Geschichte der Zeit

Obwohl das Verstreichen der Tage deutlich sichtbar ist, wird das, was ein Jahr ist, nur deutlich, wenn wir mitzählen. Der früheste Beleg dafür, dass Menschen Aufzeichnungen zur Zeit machen, ist gut 20 000 Jahre alt. Möglicherweise kamen die ersten Formen von Mathematik und Astronomie auf, als der Mensch begann, die Planetenbewegungen aufzuzeichnen, um ihren künftigen Ort vorherzusagen.

Den Tagesablauf maß man mit einem Gnomon, einem „Schattenstab": Man steckte einen Stab senkrecht in den Boden und konnte an seinem Schatten ablesen, welche Tageszeit gerade war. Dieses Prinzip wurde auch für die Sonnenuhr verwendet und blieb jahrhundertelang die beste Messmethode für die Zeit. Im 17. Jahrhundert maß Galilei dann die Bewegungen eines Pendels mit seinem eigenen Puls und entdeckte, dass der Schwung des Pendels regelmäßig war. Es braucht immer dieselbe Zeit. Wenn der Schwingungsbogen abnimmt, wird das Pendel automatisch langsamer. So bleibt das Zeit-Intervall gleich.

Galilei konzipierte eine Pendeluhr, die jedoch nicht zu seiner Zeit gebaut wurde. Christiaan Huygens schuf 1656 die erste

> „Meine Seele lechzt danach, dieses höchst verwickelte Rätsel zu lösen. Ich gestehe vor Dir, o Herr, ich weiß immer noch nicht, was Zeit ist."
>
> Hl. Augustinus

Überrest einer Klepsydra, einer im alten Griechenland und in Ägypten gebräuchlichen Wasseruhr

Pendeluhr. Später nutzte Robert Hooke die natürliche Oszillation einer Feder, um die Zeitmessung der Uhr zu steuern. Bis 1927 wurde die Zeit mit mechanischen Mitteln gemessen. In diesem Jahr entdeckte der Ingenieur Warren Marrison, der für die Bell Telephone Laboratories in New Jersey arbeitete, dass man Zeit viel genauer messen konnte, wenn man die Schwingungen eines Quarzkristalls in einem Stromkreis aufzeichnete.

Morgen und morgen und morgen

Uhren messen die lineare Zeit, was für das menschliche Leben durchaus sinnvoll ist. Aber ist an der Zeit tatsächlich nicht mehr dran? Buddha und Pythagoras stellten ungefähr zur selben Zeit, nämlich um 500 v. Chr., fest, dass die Zeit nicht immer linear verläuft. Ihrer Ansicht nach konnte die Zeit durchaus zyklisch verlaufen und der Mensch wiedergeboren werden. Platon ging davon aus, dass die Zeit

Mit dem Uhrwerk konnten erstmals präzise Zeitangaben gemacht werden.

zu Beginn des Seins geschaffen wurde. Aristoteles allerdings meinte, Zeit existiere nur, wenn es Bewegung gebe. Dazu ersann der Philosoph Zenon von Elea (ca. 490 – 430 v. Chr.) ein Paradox, das zeigt, dass es weder Zeit noch Bewegung wirklich gibt. Wenn wir die Zeit in immer kleinere Abschnitte unterteilen, wird der von einem Pfeil in dieser Zeit zurückgelegte Weg immer kleiner, bis

er – im gegenwärtigen Augenblick, der keine Ausdehnung mehr hat – zum Stillstand kommt. In diesem Fall aber kann er sich nicht bewegen, denn die Zeit besteht schließlich aus einer unendlichen

„…. absolute, wahre, mathematische Zeit … fließt ihrer eigenen Natur nach gleichmäßig dahin ohne Beziehung zu irgendetwas in der Außenwelt.“

Isaac Newton

Hl. Augustin

Reihe von gegenwärtigen Momenten, in der aber, wie wir gesehen haben, keine Bewegung stattfindet. Der christliche Philosoph Augustinus (354–430 n. Chr.) kam zu dem Schluss, dass Zeit nur existierte, wenn es eine Intelligenz gab, die sie registrierte. Denn nur die Erinnerung an vergangene Momente oder die Erwartung künftiger Augenblicke dehnt die Zeit über den gegenwärtigen Moment hinaus aus.

Der französische Mathematiker Nicolas Oresme (1323–1382) fragte sich bereits, ob die Himmelszeit – die Zeit, die durch die Bewegung der Himmelskörper bestimmt wurde – „synchron" war: ob es eine Einheit gäbe, die die Bewegung aller Körper in ganzen Zahlen auszudrücken erlaubte. Seiner Ansicht nach musste der Schöpfer die Himmelskörper so geschaffen haben. Das hieße allerdings, dass das Fehlen eines allgemeinen Maßes für alle Himmelskörper bedeuten würde, es gäbe keinen Gott.

Raum und Zeit vereint

Unsere persönliche Erfahrung von Zeit ist eigentlich recht simpel. Die Zeit bewegt sich von der Vergangenheit in die Gegenwart und läuft weiter in die Zukunft. Sie lässt sich nicht zurückdrehen, vorspulen oder anhalten. Sie läuft vielmehr stets im gleichen Takt und nur in eine Richtung. Kein Wunder also, dass wir jahrtausendelang annahmen, dies sei die wahre Natur der Zeit. Aber das stimmt vielleicht gar nicht.

Alles ist relativ

Jede Bewegung ist relativ zur Position oder Bewegung dessen, der sie beobachtet. Wenn Sie durch den Raum gehen, wird jemand, der im selben Raum steht, Ihre Geschwindigkeit auf ungefähr 5 Stundenkilometer schätzen. Sie und der Beobachter aber befinden sich auf einer rotierenden Kugel, die mit fast 30 Kilometer pro Sekunde durch den Raum fliegt. Bemerkbar macht sich allerdings nur Ihre Bewegung durch den Raum. Ein Beobachter auf einem fernen Planeten (mit einem guten Teleskop) würde allerdings auch die Bewegung der Kugel wahrnehmen. Die Geschwindigkeit, mit der ein Objekt sich bewegt, hängt vom Bezugsrahmen ab. Bewegung kann nur in Bezug auf etwas anderes – ein Objekt, einen Beobachter – gemessen werden. Der Bezugsrahmen kann ein Zimmer sein, ein Schiff (wie bei Galilei), ein Planet oder eine Galaxie.

Einstein aber fand die Ausnahme zu dieser allgemeingültigen Regel: Licht ist immer mit derselben Geschwindigkeit unterwegs – ganz egal, mit welcher Geschwindigkeit sein Beobachter sich bewegt.

EXTREME GRAVITATION: SCHWARZE LÖCHER

Schwarze Löcher sind „Singularitäten" in der Raumzeit. An dieser Stelle ist die Gravitation so stark, dass nicht einmal mehr das Licht entkommen kann. Alles, was dem Rand eines Schwarzen Lochs zu nahe kommt, wird gnadenlos verschluckt. Schwarze Löcher bilden sich, wenn Sterne in sich zusammenfallen. Sie werden dann winzig klein, mitunter nicht größer als ein Atomkern, und sind von außerordentlicher Dichte. Um einem Schwarzen Loch zu entkommen, müssten Sie schneller sein als das Licht. Die Größe eines Schwarzen Loches misst sich an seinem Ereignishorizont – dem Rand, jenseits dessen es kein Entkommen gibt. Ein Astronaut, der in ein Schwarzes Loch stürzt, bemerkt vielleicht gar nichts Besonderes, wenn er den Ereignishorizont überschreitet. Ein Beobachter wird allerdings von außen sehen, wie die Zeit für diese Person immer langsamer wird. Der Astronaut bleibt am Rande des Ereignishorizonts, als stünde die Zeit still.

Die Idee mit den Schwarzen Löchern (nicht für den Namen) stammt von zwei voneinander unabhängigen Personen: 1795 von Pierre-Simon Laplace (1749–1827) und 1784 von John Michell (1724–1793).

Michell sprach von einem Stern, der so dicht sei und eine so starke Anziehungskraft besitze, dass selbst Licht von ihm nicht entweichen konnte, und nannte das Phänomen einen „dunklen Stern". Der deutsche Physiker Karl Schwarzschild (1873–1916) griff die Idee kurz vor seinem Tod wieder auf, während er das Kraftfeld von Sternen berechnete. Der Begriff „Schwarzes Loch" geht auf den amerikanischen Professor für theoretische Physik John Archibald Wheeler (1911–2008) zurück, der das Phänomen so bezeichnete, als es 1967 bewiesen werden konnte.

Ganz egal, wie schnell Sie sind, ein Lichtstrahl wird mit 299 792 458 Meter pro Sekunde an Ihnen vorbeizischen. Da die Lichtgeschwindigkeit konstant ist, können andere Dinge das nicht sein – eines dieser Dinge ist die Zeit. Und tatsächlich: Wenn wir uns der Lichtgeschwindigkeit nähern, wird die Zeit langsamer und der Raum gestaucht. 1971 wurde Einsteins Behauptung experimentell bewiesen. Eine Atomuhr in einem sehr schnellen Flugzeug maß eine minimal geringere Zeit als dieselbe Uhr auf der Erde. Doch es hat wenig Sinn, sein Leben

*Mit dem Hubble-Weltraumteleskop aufgenom-
menes Bild einer Supernova: der helle Fleck links
unten auf dem Bild*

deshalb in einem Überschallflieger verbringen zu wollen: Sie müssten die Erde
180 Milliarden Mal umkreisen, um eine
Sekunde Lebenszeit zu sparen.

Einsteins Theorie der allgemeinen
Relativität wurde 1915 veröffentlicht und
ging noch weiter. Damit verknüpfte er
Raum, Zeit und Materie und nutzte die
Gravitation, um deren Verhalten zu erklären. Materie krümmt die Raumzeit. Wir
müssen uns das so vorstellen, als werfe
man einen schweren Ball auf eine ge-
spannte Decke. Wo der Ball liegen bleibt,
bekommt die Decke eine Delle. Wie andere Objekte, auch das Licht, sich in diesem
gekrümmten „Raum" bewegen, beschreiben wir mit dem Konzept der Gravitation. Werfen wir dem schweren Ball nämlich einen kleinen, leichten hinterher,
wird er in Richtung des ersten rollen, weil
die „Decke" Raumzeit hier eben schon

gekrümmt ist. Diese Krümmung war
schon vor Einstein behauptet worden: Der
deutsche Mathematiker Bernhard Riemann (1826–1866) hatte die These aufgestellt, die jedoch erst nach seinem Tod
1867/68 publiziert wurde. Einstein ging
allerdings noch weiter als Riemann, denn
er gab uns Gleichungen, mit deren Hilfe
man diesen Effekt berechnen konnte.

— Vor langer Zeit in einer weit —
entfernten Galaxis

Doch Zeit und Raum sind für uns noch auf
andere Weise verknüpft: Wenn wir heute
unseren Blick ins Universum richten, sehen wir keineswegs, was sich dort gerade
abspielt. Wir tun vielmehr einen Blick in
die Vergangenheit, weil das Licht so lange
braucht, um uns zu erreichen. Selbst das
Licht der Sonne ist acht Minuten alt, bevor es bei uns ankommt. Wäre die Sonne
vor zwei Minuten ausgeschaltet worden,
würden wir sie immer noch sechs Minuten
scheinen sehen.

Das Licht des uns am nächsten liegen-
den Sterns Proxima Centauri braucht vier
Jahre und drei Monate, um uns zu erreichen. Einer der hellsten Sterne, die je entdeckt wurden, war eine Supernova, die
1988 zum ersten Mal beobachtet wurde.
Da eine Supernova nur entsteht, wenn ein
Stern explodiert, ist der Stern schon nicht
mehr da. Er war fünf Milliarden Lichtjahre
entfernt. Das Licht, das uns 1988 erreich-
te, wurde also vor fünf Milliarden Jahren
beim Tod des Sterns ausgesandt. Damals
hat unser Sonnensystem noch gar nicht
existiert. Keplers Supernova von 1604 war
etwa 20 000 Lichtjahre entfernt – der Stern
erstarb also etwa um die Zeit, als Mammuts
durch das vereiste Europa zogen.

Zurück zum Ursprung

Solange man nicht wusste, was Sterne und Planeten genau waren, gab es keine Möglichkeit herauszufinden, wie sie entstanden waren. Mit wenigen Ausnahmen überließ man dies ohnehin der Religion. Erzbischof James Ussher (1581–1656) errechnete, dass die Schöpfung (die mit dem Alter des Universums gleichgesetzt wird) am 22. Oktober 4004 v. Chr. ins Dasein trat. Er nutzte dazu die Genealogie der biblischen Väter. Andere Kulturen kalkulierten andere Daten. Für die Mayas entstand die Welt am 11. August 3114 v. Chr. Das Judentum entschied sich für den 22. September oder den 29. März 3760 v. Chr. Die Hindutradition der Puranas hingegen ging sehr viel weiter zurück, nämlich 158,7 Billionen Jahre. So mancher Philosoph meinte, das Universum habe es immer schon gegeben. Aristoteles zum Beispiel hielt das Universum zwar für begrenzt, aber doch für ewig.

— Aus dem Chaos

Anaxagoras stellte im 5. Jahrhundert die Theorie auf, das Universum habe seinen Anfang in einer Ansammlung träger, undifferenzierter Masse gehabt. Nach einer Ewigkeit, in der nichts geschah, begann der Geist (sein Begriff für die Naturgesetze des Universums), auf die Materie einzuwirken und sie in eine wirbelnde Bewegung zu versetzen. In der Folge bildete dichtere Materie Klumpen, weniger dichte wurde nach außen gedrängt. Auf diese Weise formten sich Körper, das weniger Dichte füllte den Raum zwischen ihnen. Seine Vorstellung ist im Grunde dem Modell heutiger Astronomen nicht unähnlich. Die Sonnensysteme bildeten sich, während präplanetare scheibenförmige Gas- und Staubwolken sich immer schneller drehten. Die zentrifugalen und zentripetalen Kräfte wirkten zusammen und ließen die Planeten entstehen. Anaxagoras kam nur durch die Kraft seiner Logik (und seines Vorstellungsvermögens) auf diese Idee.

Die Philosophen Demokrit und Leukipp (5. Jahrhundert v. Chr.) glaubten ebenfalls, der Kosmos habe sich gebildet, als eine wirbelnde Bewegung die Atome zu Materie verklebt habe. Da das Universum in Raum und Zeit unendlich ist und eine unendliche Menge Atome enthält, werden alle möglichen Welten und Konfigurationen auch tatsächlich existieren. Dass es uns und unsere Welt gibt, ist also kein Sonderfall der Existenz, sondern war letztlich unvermeidlich. Da alles in ständigem Wandel begriffen ist, entsteht und vergeht der Kosmos, und seine unzerstörbaren Atome finden in einem neuen Kosmos eine andere Verwendung. Heute wissen wir, dass die Atome eines zerstörten Sterns sich im Kosmos wiederfinden.

René Descartes beschrieb ein Universum voller „Wirbel", in dem der Raum

> „[Der Geist ersann] diese Bahnen, in der nun Sterne und Sonne und Mond ziehen. Er trennte Luft und Äther. Das Dichte trennte sich vom Dünnen, das Heiße vom Kalten, das Helle vom Dunklen und das Trockene vom Nassen."
>
> Anaxagoras, *Fragment B12*

Descartes' Vorstellung vom All: Regionen, in denen Materiewirbel um ein Zentrum rotieren (1644)

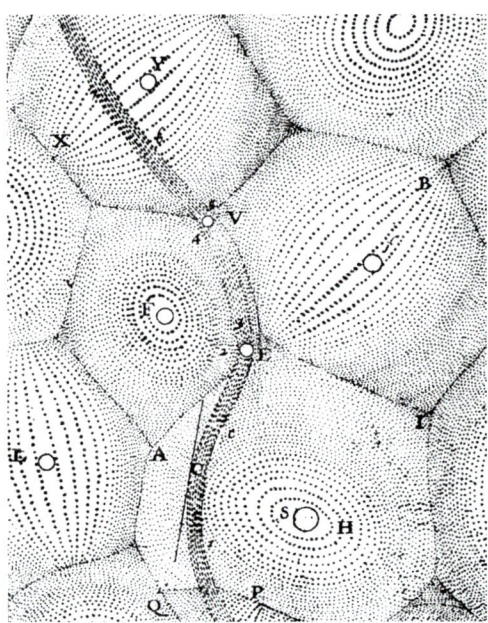

nicht leer war, sondern mit Materie gefüllt. Diese wirbelte herum und brachte das hervor, was man später die Gravitation nennen würde. 1687 stellte Newton die Theorie von einem grenzenlosen Universum auf, das sich ewig gleich bleibt und in dem die Materie (großräumig betrachtet) gleichmäßig verteilt ist. Sein Universum erklärte zwar die Gravitation, blieb aber ansonsten instabil. Dieses Modell blieb uns bis ins 20. Jahrhundert erhalten. Selbst Einstein glaubte daran – bis er das Gegenteil bewies.

Das moderne Universum

Einsteins Gleichungen zur allgemeinen Relativität funktionieren nicht ohne „Schmiermittel". Einstein glaubte ja, dass das Universum statisch sei. Also fügte er eine „kosmologische Konstante" ein, damit die Gleichungen aufgingen. Andere

Die Philosophen der Stoa im 3. Jahrhundert v. Chr. glaubten, dass das Universum eine Insel sei, die in einem Meer aus Leere schwamm und in ständigem Wandel begriffen sei. Das stoische Universum pulsiert, es verändert seine Größe und wird manchmal komplett umgestaltet. Da alles miteinander verbunden ist, wirkt sich das, was an einem Ort geschieht, unweigerlich auf alles andere aus. Diese Idee finden wir in der Quantenphysik wieder (*siehe* ▸ Seite 125).

nach ihm sollten seine Gleichungen anders interpretieren. Zuerst war es der russische Kosmologe Alexander Friedmann (1888–1926), der auf die Idee kam, das Universum dehne sich aus. Er entwickelte Einsteins Gleichungen weiter und erstellte ein mathematisches Modell für solch ein Universum, das er 1922 publizierte. Leider starb er im Folgejahr mit nur 37 Jahren an Typhus und seine Arbeit wurde ignoriert. Einstein war einer der wenigen, der Friedmanns Aufsatz überhaupt gelesen hatte, doch er lehnte die Idee rundweg ab. Bald aber wurde klar, dass Friedmann recht gehabt hatte und Einstein musste seine kosmologische Konstante streichen.

Der amerikanische Astronom Edwin Hubble (1889–1953) wies 1929 nach, dass ferne Galaxien sich in alle Richtungen von uns wegbewegen. Hubble hatte die Galaxien spektroskopisch untersucht. Ihm war aufgefallen, dass ihr Licht gegen

ROTVERSCHIEBUNG

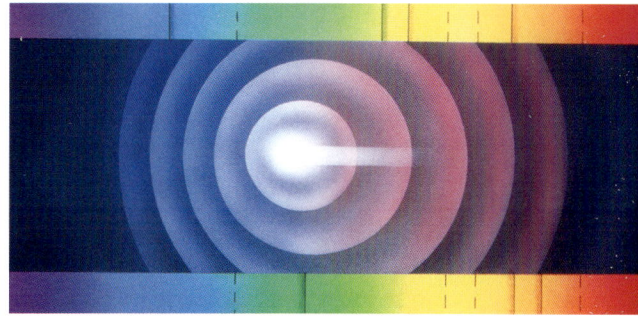

Wenn das Licht eines Sterns spektrographisch untersucht wird, erkennt man, dass es in Richtung der blauen Wellenlängen verschoben ist, wenn er sich auf den Beobachter zubewegt (Blauverschiebung). Bewegt er sich hingegen vom Beobachter weg, ist das Spektrum in den roten Bereich verschoben. Man nennt dies den Doppler-Effekt. Etwas Ähnliches kennen Sie vermutlich von Schallwellen. Die Sirene eines Polizeiautos klingt höher, wenn es auf Sie zufährt, denn dabei werden die Schallwellen gestaucht. Sie klingt tiefer, wenn das Auto von Ihnen wegfährt, weil dabei die Wellenlängen „gestreckt" werden. Die Rotverschiebung, die Hubble beobachtete, hing allerdings nicht vom Doppler-Effekt ab (obwohl eine Entfernung der Galaxien genau solch eine Rotverschiebung mit sich bringen würde). Was sich streckt, ist der Raum zwischen unserer Galaxie und den anderen, denn das Universum dehnt sich auf diese Weise aus. Die Wellenlänge des Lichts, das diesen Raum durchmisst, wird gedehnt. Licht von längerer Wellenlänge erscheint röter, daher die Rotverschiebung. Dass das Spektrum der Galaxien röter erscheint, zeigt, dass sie weiter entfernt sind. Der Erste, der die Rotverschiebung einiger Galaxien bemerkte, war der amerikanische Astronom Vesto Slipher (1875–1969), der sie 1917 beschrieb. Doch erst Hubble bemerkte, dass die Rotverschiebung auf alle Galaxien zutrifft und dass die fernsten Galaxien sich am schnellsten entfernen. Er veröffentlichte dies unter dem Titel: *A Relation Between Distance and Radial Velocity Among Extra-Galactic Nebulae (Eine Beziehung zwischen Entfernung und Radialgeschwindigkeit zwischen extragalaktischen Nebeln).*

das rote Ende des Spektrums verschoben war – die sogenannte „Rotverschiebung" (siehe oben). Dies nahm man als Beweis, dass das Universum tatsächlich expandierte. In der Folge nahm Einstein Friedmanns Modell und änderte es dahingehend ab, dass das Universum zwischen Expansion und Kontraktion schwankt: zunächst der *Big Bang* (Urknall), nach dem alles auseinanderdriftet, dann gewinnt allmählich die Gravitation die Oberhand und alles zieht sich im *Big Crunch* („Das große Zusammenkrachen") wieder zusammen. Die dabei entstehende Singularität führt zu einem erneuten Big Bang. Der Zyklus geht ewig so weiter, doch da Raum und Zeit eins sind, kennen sie weder Anfang noch Ende.

Vom kosmischen Ei zum Urknall

Die moderne Vorstellung vom Universum wurde mit den Ideen des Priesters und Physikers Georges Lemaître (1894–1966) geboren. Lemaître stellte die These auf, das Universum sei irgendwann einmal ein unendlich kleiner und dichter Punkt gewesen – was man heute eine Singularität nennt. Lemaître allerdings sprach von „Uratom" oder „kosmischem Ei". Ein Ereignis von unvorstellbaren Kräften, das wir heute Big Bang (Urknall) nennen, sorgte dafür, dass dieses Ei explodierte. Es transformierte alle Materie im Universum und blies sie hinaus in den Raum.

Lemaître stellte seine Idee von einem expandierenden Universum 1927 bei der *Solvay Physics Conference* in Belgien vor – zusammen mit dem, was wir heute als „Hubble-Fluss" kennen: Die Geschwindigkeit ferner Objekte, die sich von der

GEORGE GAMOW (1904–1968)

George Gamow kam in Odessa zur Welt, das damals noch zum russischen Kaiserreich gehörte. Gamow war ein unglaublich erfolgreicher und vielseitiger Physiker, der eine Reihe wichtiger Entdeckungen machte. Seine Eltern waren beide Lehrer, seine Mutter aber starb, als Gamow erst neun Jahre alt war. Im 1. Weltkrieg wurde seine Schule durch Bomben zerstört und Gamow musste zu Hause bleiben. Er wurde von seinem Vater selbst unterrichtet. Gamow arbeitete mit einigen der bedeutendsten Physiker unserer Zeit zusammen, u. a. mit Rutherford und Bohr. Zweimal versuchte er, aus Sowjetrussland zu fliehen: einmal, indem er 250 km mit einem Kajak übers Schwarze Meer Richtung Türkei paddelte, einmal, indem er über Murmansk nach Norwegen floh. Beide Versuche schlugen aufgrund des schlechten Wetters fehl. Schließlich gelang es ihm, zusammen mit seiner Frau während der *Solvay Physics Conference* in Belgien 1933 zu fliehen. 1934 wurde er Bürger der USA.

Gamows Arbeit umfasste Quantenmechanik ebenso wie Astronomie. Er stellte als Erster das „Tröpfchenmodell" des Atoms auf, welches den Atomkern wie ein Tröpfchen nuklearer Flüssigkeit betrachtet. Er beschrieb, was im Innern Roter Riesen abläuft und erstellte eine noch heute gültige Theorie zum Alphazerfall. Seiner Ansicht war der Grund, dass 99 Prozent der Materie im Universum Wasserstoff und Helium enthalten, der Big Bang (Urknall). Er sagte die Entdeckung der kosmischen Hintergrundstrahlung voraus, die ein Nachhall des Big Bangs vor mehreren Milliarden Jahren sei und schätzte, dass sich die Temperatur mittlerweile auf 5 Kelvin über dem absoluten Nullpunkt abgekühlt habe. Als Penzias und Wilson 1965 die Hintergrundstrahlung entdeckten, fanden sie heraus, dass sie 2,7 Kelvin über dem absoluten Nullpunkt lag.

Erde entfernen, ist proportional zu ihrer Distanz von der Erde. Lemaître diskutierte darüber mit Einstein, aber Einstein lehnte die Theorie ab. Er hielt Lemaîtres Mathematik zwar für korrekt, erachtete seine Physik allerdings als grauenerregend. Hubbles Entdeckung bewies, dass Lemaîtres Physik korrekt war: Die Rotverschiebung im Spektrum ferner Galaxien ist direkt proportional zu ihrer Distanz von der Erde.

Trotz seines Erfolgs wurde Lemaîtres Theorie vom „kosmischen Ei" bespöttelt, selbst von Eddington, der selbst eine Theorie vom expandierenden Universum vorgelegt hatte. Die Bezeichnung *Big Bang* geht tatsächlich auf eine sarkastische Bemerkung des britischen Astronomen Fred Hoyle (1915–2001) zurück, der die *Steady-State*-Theorie vertrat, der zufolge das Universum sich im Wesentlichen gleich bleibt. Hoyles Theorie, die er zusammen mit einigen anderen Wissenschaftlern verfasste, geht auf das Jahr 1948 zurück. Sie besagt, dass das Universum zwar expandiere, aufgrund der ständig neu entstehenden Materie letztendlich jedoch stabil bliebe. Das Hauptargument gegen die Big-Bang-Theorie war, dass ja dann irgendwo noch ein letzter Rest Strahlung vom Urknall erkennbar sein müsste. Der Physiker George Gamow (*siehe* ▶▶ Kasten S. 192) meinte, diese Energie müsse sich mittlerweile stark abgekühlt haben und nur im Mikrowellenbereich messbar sein. Dies wurde 1965 bestätigt, als die Radioastronomen Arno Penzias und Robert Wilson durch Zufall die kosmische Hintergrundstrahlung entdeckten (*siehe* ▶▶ Kasten oben rechts). Danach entschieden sich die meisten Astronomen für die Big-Bang-Theorie.

EIN NOBELPREIS AUS ZUFALL

1978 erhielten Arno Penzias und Robert Wilson den Nobelpreis für Physik für ihre Entdeckung der kosmischen Mikrowellen-Hintergrundstrahlung, die sie eigentlich gar nicht gesucht hatten. Penzias und Wilson richteten an den Bell Laboratories in Holmdel eine hochempfindliche Antenne für Mikrowellenstrahlung in den Himmel, weil sie die Interferenzen ausfindig machen wollten, die ihre Arbeit störten. Diese waren einfach nicht loszuwerden. Die Strahlung war konstant und kam aus allen Himmelsrichtungen gleichermaßen – es handelte sich um die Hintergrundstrahlung, die der Big Bang im Weltraum hinterlassen hat. An der Princeton-Universität hatten Robert Dicke, Jim Peebles und David Wilkinson Instrumente gebaut, um nach eben dieser Strahlung suchen zu können. Ihnen war sofort klar, was Penzias und Wilson gefunden hatten. Als Dicke von der Entdeckung hörte, meinte er zu seinen Mitarbeitern: „Jungs, wir sind überholt worden."

— Sag mir, wieviel Sternlein — stehen?

Die frühesten Sternenkataloge listeten nur jene Sterne auf, die mit bloßem Auge sichtbar waren. Als die Technik sich verbesserte, zuerst mit immer besseren Fernrohren und dann mit Radioteleskopen, wurde die Anzahl der Sterne plötzlich immer größer. Der Draper-Sternenkatalog (*siehe* ▶▶ Seite 170) nannte schon 359 083 Sterne. Doch die geschätzte Anzahl der

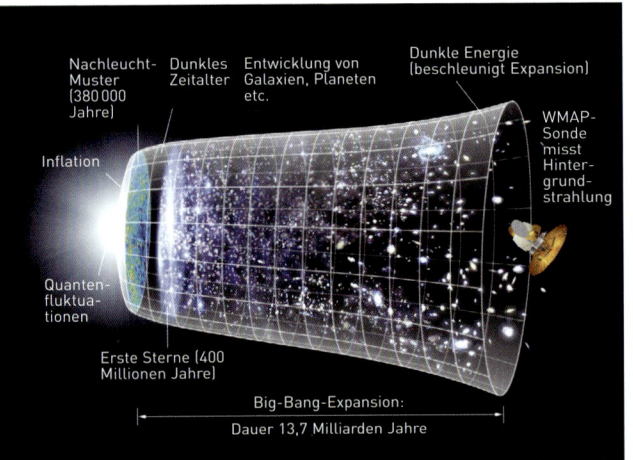

Wie das Universum sich nach dem Big Bang (Urknall) entwickelt hat

Sterne im Universum übersteigt die Zahl der uns bekannten bei Weitem. Außerdem wird sie ständig höher. Ende 2010 schätzte man, dass das Universum zwischen 10^{22} und 10^{24} Sterne enthielte. Seitdem ein Forscherteam um Pieter van Dokkum am Keck-Observatorium in Hawaii rote Zwergsterne in Galaxien außerhalb der Milchstraße entdeckt hat, vermutet man, dass es bis zu zwanzigmal mehr sein könnten.

Das beobachtbare Universum

Wir haben verschiedene Methoden, um das Alter des Universums zu schätzen: Wir messen die Menge der radioaktiven Isotope wie Uran-238 und ihrer Zerfallsprodukte (Nukleokosmochronologie), wir messen die Expansionsgeschwindigkeit und rechnen zurück, wann die Expansion eingesetzt haben muss und wir sehen uns Sternhaufen an und versuchen, nach den darin enthaltenen Sternentypen ihr Alter zu kalkulieren. Aktuell ist die vermutlich genaueste Schätzung für das Alter des Universums 13,7 Milliarden Jahre. Sie gründet auf den Daten einer Nasa-Sonde, der *Wilkinson-Microwave-Anisotropy-Probe* (WMAP), die die kosmische Hintergrundstrahlung vermessen hat.

Der fernste Quasar ist etwa 28 Milliarden Lichtjahre entfernt (*siehe* ▶▶ Seite 180). Das scheint unmöglich, wenn das Universum nur 13,7 Milliarden Jahre alt ist. Doch diese Anomalie lässt sich damit erklären, dass die Raumzeit zwischen Erde und Quasar sich vergrößert hat. Das Licht, das uns jetzt vom Quasar erreicht, wurde vor etwa 12,7 Milliarden Jahren ausgesandt, als der Quasar noch näher an der Erde lag. Doch da sich mittlerweile der Raum zwischen den beiden Punkten vergrößert hat, ist der Quasar weiter entfernt. Obwohl

Explosion einer Supernova in optischem Licht (links), UV-Licht (Mitte) und Röntgenstrahlung (rechts)

weder Licht noch ein fester Körper mit einer höheren als der Lichtgeschwindigkeit durchs All reisen kann, kann die Raumzeit sich mit jeder beliebigen Geschwindigkeit ausdehnen. Man geht davon aus, dass das beobachtbare Universum (das wir mit dem richtigen Instrumentarium theoretisch beobachten könnten) sich über 93 Milliarden Lichtjahre erstreckt. Das heißt nicht, dass es eine Grenze hat. Dahinter könnte immer noch Materie liegen, doch sie ist so weit entfernt, dass ihr Licht uns noch nicht erreicht hat.

Wie viele Universen?

Das Wort „Universum" bedeutet eigentlich, dass es nur eines davon gibt. Mittlerweile aber gehen nicht wenige Wissenschaftler davon aus, dass wir in einem Multiversum leben, von denen das unsere nur eine Form ist. Die theoretischen Physiker Hugh Everett III. und Bryce DeWitt (1923 – 2004) stellten in den Sechziger- und Siebzigerjahren ein Modell vieler Welten vor. Der russisch-amerikanische Physiker Andrei Linde stellte – zusammen mit Alexander Vilenkin – 1983 die Theorie auf, es könnte sich dabei um *Bubbles* handeln, „Blasen", die in einem vielfältigen Universum ständig mehr würden.

Von nun an geht's bergab

Unsere eigene Sonne hat die Hälfte ihres Lebenszyklus schon hinter sich. Sie wird noch ein paar Milliarden Jahre scheinen, um dann das zu tun, was wir im Universum für Sterne solcher Masse bereits beobachtet haben: Sie wird sich zu einem Roten Riesen wandeln, dann zu einem

BIG BANGS

Bis 2010 gab es keinen Hinweis darauf, dass es mehrere Big Bangs gegeben haben könnte, dann aber entdeckten die Wissenschaftler Sir Roger Penrose und Vahe Gurzadyan klare konzentrische Kreise in der kosmischen Hintergrundstrahlung. Das lässt annehmen, dass es Regionen mit niedrigerer Temperatur im Vergleich zur Umgebung gibt, die auf einen früheren Big Bang zurückgehen könnten, der sich in der heutigen kosmischen Hintergrundstrahlung niederschlägt.

weißen Zwerg und schließlich ganz erkalten.

Obwohl wir das zweifellos nicht miterleben, wird das Ende des Universums unter Kosmologen heiß diskutiert. Wird es sich weiter ausdehnen, bis es nur noch eine dünne Materiesuppe ist, die sich nicht mehr zu Planeten formen kann? Oder wird es einen Big Crunch („Großes Zusammenkrachen") geben, bei dem alle Materie wieder in einen winzigen Punkt eingesogen wird, um erneut in einen Big Bang auszubrechen? Wenn dem so wäre, könnte das ewig so weitergehen. (Obwohl der Begriff „ewig" in einer Welt, in der Zeit und Raum zu Nichts kollabieren, um dann völlig neu zu entstehen, seinen Sinn verlöre). Beginn und Ende des Universums sind die neuen Grenzen der Wissenschaft, wo Pionierarbeit geleistet wird. Wir versuchen, sie mit Logik und Mathematik zu erkunden – doch selbst hier gibt es experimentelle Anordnungen, die uns weiterhelfen.

KAPITEL 8

PHYSIK für die Zukunft

Als Max Planck 1874 meinte, er wolle Physik studieren, meinte sein Lehrer, das wäre keine gute Idee, da gäbe es nichts mehr zu entdecken. Glücklicherweise hat Planck nicht auf ihn gehört. Heute, fast 150 Jahre später, sind immer noch viele Rätsel ungelöst. Wir können Quantenmechanik und Gravitation nicht in Einklang bringen. Wir wissen nicht, woher der Großteil der Masse unseres Universums kommt. Es gibt Teilchen, die wir nicht messen können, aber irgendwo da draußen vermuten. Wir können nicht erklären, was Energie ist, und wissen nicht, wie das Schicksal unseres Universums aussieht. Ja, wir wissen nicht einmal, ob es einzigartig ist oder nur eines unter vielen. Es gibt also gerade genug Fragen für angehende Physiker, die heute in unseren Klassenzimmern und Hörsälen sitzen.

Physikalische Grundlagenforschung deckt nicht nur die Rätsel der Natur auf, sondern ermöglicht auch technische Anwendungen, die unser Leben verbessern.

Und das Ganze noch mal von vorn

Die Physik im 20. Jahrhundert hat vieles, was vorher über Jahrhunderte galt, neu formuliert. Raum und Zeit wurden zur Raumzeit. Gewissheit machte Platz für Unschärfe und Wahrscheinlichkeit. Teilchen und Wellen wurden zur untrennbaren Dualität und es gibt noch andere, recht bizarre Ideen, die nicht von der Hand zu weisen sind. Die neuen Theorien widerlegten die alten Regeln nicht, sie schrieben sie nur in ein größeres Ganzes ein. Und doch ist noch nicht alles erforscht. Am Ende erwarten wir ein Modell, das alles erklären kann, was wir bislang entdeckt haben, und auch das, was uns noch nicht klar ist.

War's das schon?

Ein großes Rätsel ist im Moment, dass wir uns gut 96 Prozent der im Universum vorhandenen Masse-Energie-Dichte nicht erklären können. Das Universum, das wir sehen können, weil es Licht entweder reflektiert oder ausstrahlt, ist nur ein winziger Teil dessen, was tatsächlich da ist, nämlich höchstens 4 Prozent. Man fand für diesen Sachverhalt den Begriff „Dunkle Materie": Wir wissen, dass die Materie da ist, können sie aber nicht aufspüren. Dass es Dunkle Materie gibt, wurde zuerst 1933 von dem bulgarisch-schweizerischen Astronomen Fritz Zwicky (1898–1974) postuliert.

Zwicky näherte sich den Gravitations-Wechselwirkungen im Coma-Galaxien-haufen mithilfe der Einsteinschen Gleichungen. Er fand heraus, dass die Galaxie das Mehrhundertfache der Masse enthalten musste, die man aufgrund ihrer Helligkeit vermuten konnte. Das ließ sich seiner Ansicht nach nur mit dem Vorhandensein dunkler Materie erklären.

Was aber ist Dunkle Materie? Heute teilt man Dunkle Materie in baryonische und nicht-baryonische Materie ein. Baryonische Materie ist Materie, wie wir sie kennen, aus Protonen, Neutronen und so weiter. Alle sichtbaren Objekte im Universum strahlen Licht aus oder reflektieren es. So weit, so klar, aber das ist ein wichtiges Faktum. Wenn ein Planet in einen Bereich eintaucht, wo es kein Licht gibt, das er reflektieren könnte, oder wenn ein Stern ausbrennt, dann können beide nicht

Ein Ring dunkler Materie, der durch die Kollision zweier Galaxien entstanden ist: ein vom Hubble-Teleskop 2004 aufgenommenes Bild

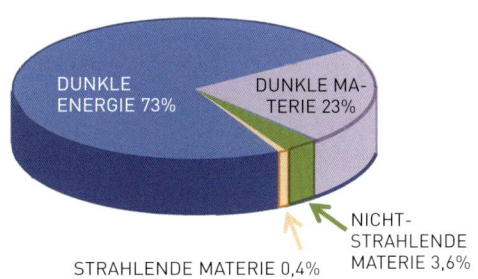

DUNKLE
ENERGIE 73%

DUNKLE MA-
TERIE 23%

NICHT-
STRAHLENDE
MATERIE 3,6%

STRAHLENDE MATERIE 0,4%

mehr gesehen werden. Dunkle baryonische Materie besteht aus unsichtbarer Materie wie kalten Gaswolken, erloschenen Sternen und nicht erhellten Planeten. Diese nennt man *MAssive Compact Halo Objects* (MACHOs). Dass es diese Objekte gibt, kann man aus dem Effekt entnehmen, den sie auf die Gravitation haben und den man in der Milchstraße zum ersten Mal 2000 festgestellt hat.

Doch es gibt nicht genug von diesen MACHOs, um damit die Gravitationseffekte Dunkler Materie zu erklären. Daher nimmt man an, dass der Großteil der Dunklen Materie aus WIMPs besteht (*Weakly Interactive Massive Particles* = schwach interagierende massive Teilchen). Sie sind schwer zu finden, weil sie mit anderen Materieteilchen nicht interagieren. Das könnten zum Beispiel Neutrinos sein (siehe ▶▶ Seite 135), aber selbst damit bleibt noch genug Raum für neue Teilchen wie Axionen oder solche, die noch nicht einmal theoretisch vorhergesagt wurden.

KÜNSTLICHE METEORE

Fritz Zwicky näherte sich der Astronomie auf neue, unkonventionelle Weise. Viele seiner Ideen wurden von den Zeitgenossen verlacht. Im Oktober 1957 ließ der Raumfahrt-Ingenieur ein Metallteilchen von der Aerobee-Rakete abfeuern, das im Mount-Palomar-Observatorium als Meteor sichtbar wurde. Dieses Teilchen soll das Gravitationsfeld der Erde verlassen haben und das erste menschengemachte Teil im Weltraum geworden sein: *Artificial Planet No. Zero*.

Dunkle Energie

Die Existenz der Dunklen Materie war schon ein Schock für die Kosmologen, schlimmer wurde es noch, als die Ergebnisse des *Supernova Cosmology Projects* 1999 ausgewertet wurden. Dabei wurden Supernovae vom Typ 1a untersucht, explodierende Sterne, deren Helligkeit und Masse bekannt ist, sodass ihre Rotverschiebung (*siehe* ▶▶ Seite 191) genau berechnet werden kann. Die Expansion der Supernovae hätte sich verlangsamen sollen, doch es stellte sich heraus, dass sie sogar immer schneller wurden. Das hieß, dass die Expansion des Universums schneller voranschreitet, ein Resultat, das die Vermessung der kosmischen Hintergrundstrahlung nun bestätigt hat. Um dieses Phänomen zu erklären, stellten die Forscher die Theorie von der Dunklen Energie auf.

Selbst mit MACHOs und WIMPs ist das Masse-Energie-Budget des Universums immer noch im Minus. Man schätzt mittlerweile, dass drei Viertel (74 Prozent) der Masse-Energie im Universum Dunkle Energie ausmacht, der größte Teil des Rests ist dann Dunkle Materie. Dunkle Energie soll einen starken negativen Druck ausüben und damit für die beschleunigte Expansion verantwortlich sein. Möglicherweise ist sie homogen, nicht besonders

dicht, aber überall vorhanden, wo wir früher leeren Raum vermuteten. Ein Kandidat für die Dunkle Energie ist die kosmologische Konstante, Einsteins Trick bei den Gleichungen zur allgemeinen Relativität, die für das Problem zuständig war, dass das Universum unter der Einwirkung der Gravitation nicht einfach kollabiert. Einstein ließ später ja von ihr ab, doch mittlerweile wird sie wieder berücksichtigt.

Man geht heute davon aus, dass die kosmologische Konstante eine der Gravitation entgegengerichtete Kraft ist, sodass das Universum nicht in sich zusammenfällt. Dabei soll die Kraft der kosmologischen Konstante ein wenig höher sein als die der Gravitation, doch ob das immer schon so war oder immer so sein wird und ob es sich dabei überhaupt um eine Konstante handelt, ist im Moment Gegenstand heißer Debatten. Nicht alle Kosmologen stehen nämlich hinter dem Modell der kosmologischen Konstante, zum Beispiel die Stringtheoretiker (*siehe* ▶▶ Seite 202). Bislang gibt es weder für das eine, noch für das andere Modell einen unwiderlegbaren Beweis.

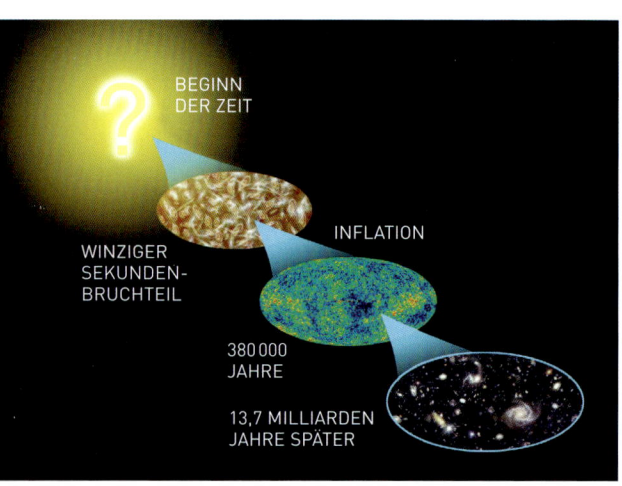

BEGINN DER ZEIT

WINZIGER SEKUNDEN-BRUCHTEIL

INFLATION

380 000 JAHRE

13,7 MILLIARDEN JAHRE SPÄTER

Wohin geht's mit der Materie?

Das Standardmodell der Materie besagt, dass Atome aus subatomaren Teilchen wie Neutronen und Protonen zusammengesetzt sind, die wiederum aus Elementarteilchen wie Quarks (*siehe* ▶▶ Seite 133) bestehen. Noch eine ganze Reihe anderer Teilchen wurden in der Theorie angenommen, jedoch konnte ihre Existenz noch nicht nachgewiesen werden. Möglicherweise existieren sie auch gar nicht. Diese Teilchen experimentell aufzuspüren (und nicht nur mathematisch) ist ungeheuer kostspielig und erfordert eine teure und komplizierte Ausrüstung, da die meisten eine sehr kurze Lebensspanne haben.

Das Higgs-Boson zum Beispiel (das „Gottesteilchen") ist das einzige Elementarteilchen, das im Standardmodell postuliert wurde, aber immer noch nicht gefunden ist. Es soll der Materie Masse verleihen und wurde 1964 von dem theoretischen Physiker Peter Higgs vorhergesagt.

Um das besser verstehen zu können, müssen wir einen Blick auf die Teilchen und die vier grundlegenden Kräfte werfen: Die elektromagnetische Kraft wird von masselosen Photonen vermittelt. Gluonen verbinden Quarks durch die starke Kernkraft. W- und Z-Bosonen sind für die schwache Kernkraft verantwortlich und sind vergleichsweise massereich – etwa das Hundertfache der Masse eines Protons. Das Problem der Physiker ist nun, wie sie

Entwicklung des Universums seit dem Big Bang

> „Das Universum besteht hauptsäch-
> lich aus Dunkler Materie und Dunkler
> Energie und wir wissen bei beidem
> nicht, worum es sich handelt."
> Saul Perlmutter vom *Supernova*
> *Cosmology Project* (1999)

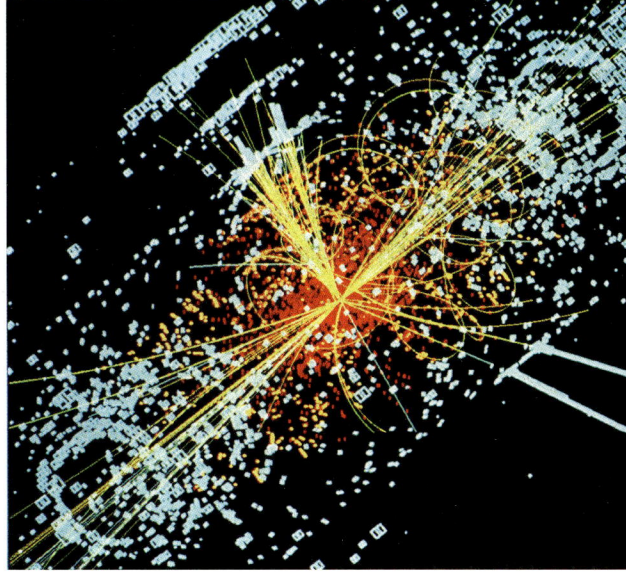

*Simulation der Entstehung und des Zerfalls eines
Higgs-Bosons, das zwei Elektronen und zwei
Hadronen hervorbringt*

mit den Masseunterschieden bei den die vier Kräfte vermittelnden Teilchen umgehen. Das aktuell gültige Modell lässt einige Teilchen durch eine Art „Sirup" gehen, das Higgs-Feld.

Das Higgs-Feld ist eine Art Kraftfeld, in dem sich Materie im Raum bewegt. Manche Quantenteilchen werden davon stärker gebremst als andere. Eben dieses Langsamerwerden verleiht den Teilchen ihre Masse. Photonen werden vom Feld nicht gebremst, daher haben sie nur wenig Masse. W- und Z-Bosonen allerdings gehen langsam durch das Higgs-Feld, daher haben sie viel Masse. Das Higgs-Feld wird durch Austausch von Higgs-Bosonen vermittelt. Wenn die Existenz des Higgs-Bosons bewiesen werden könnte, wäre das Standardmodell komplett und damit richtig.

Wie aber suchen wir nach solch einem Teilchen? Die Physiker arbeiten an riesigen Teilchenbeschleunigern wie dem *Large Hadron Collider* (LHC) am CERN in Genf oder am Tevatron des Fermilab in der Nähe von Chicago. Im Fermilab wurde 1995 das „top"-Quark entdeckt. Diese Maschinen feuern Teilchenströme bei extrem hoher Geschwindigkeit nach beiden Seiten durch eine kreisförmige Röhre, sodass sie aufeinanderprallen. Der LHC ist im Moment der

größte Teilchenbeschleuniger und hat einen Tunnel von 27 Kilometer Länge. Dort arbeitet man elf Monate im Jahr mit Protonenströmen (Protonenmodus) und einen Monat lang mit Blei-Ionen (Bleimodus).

Die Protonenströme werden auf nahezu Lichtgeschwindigkeit beschleunigt. Die Kollisionen finden nicht ständig statt, sondern in Abständen von 25 Nanosekunden. Ein beschleunigtes Proton braucht nur 90 Mikrosekunden, um den Tunnel einmal zu durchqueren – und eine Sekunde für 11 000 Kreisläufe. Das Forschungsprogramm wurde 2010 aufgenommen. Die Physiker nehmen an, dass alle paar Stunden ein Higgs-Boson entsteht, wenn das Standardmodell korrekt ist. Es wird vermutlich noch einige Jahre dauern, bis das Teilchen tatsächlich dingfest gemacht ist.

*Stephen Hawking in der Schwerelosigkeit an Bord
einer umgebauten Boeing 727*

—Wie man das Kind nicht mit— dem Bad ausschüttet

Einstein kämpfte darum, eine vereinheitlichte Theorie aufzustellen, mit der die Gravitation und die Quantenmechanik unter einen Hut gebracht werden konnte, und scheiterte. Anaxagoras hätte von sich übrigens dasselbe behaupten können. Er wollte eine einzige Begründung für die Bewegung und die Zustandsveränderungen von Körpern finden, die allen Wandel in der Welt erklären konnte. Auch er wollte keine abergläubischen oder göttlichen Eingriffe zulassen. Seine Theorie sollte alles logisch erklären. Der kosmische Geist, so meinte er, beobachte, reguliere und überwache die tausend kleinen Veränderungen, die nötig waren, um alles in Ordnung zu halten. Anaxagoras suchte nach einem Gesetz, das den Fluss aller Materie erklären konnte. Es müsse da sein, man habe es nur einfach noch nicht entdeckt. Seine Zeitgenossen fanden diese Aussage wenig befriedigend. Und doch ist sie von den Ansichten Einsteins und

Hawkings gar nicht so verschieden, die glauben, es müsse eine Theorie für alles geben. Am Ende seines Lebens erkannte Einstein, dass er keinen Erfolg haben würde und er dies der Nachwelt würde überlassen müssen. Doch bis heute wurde die Kluft zwischen Quantentheorie und allgemeiner Relativitätstheorie nicht geschlossen – obwohl experimentell bewiesen ist, dass beide in ihrem Rahmen gelten. Das ist für alle Physiker im Augenblick das größte Rätsel.

Ein Ansatz, um diese Kluft zu überwinden, ist die Stringtheorie, die jedoch noch nicht kohärent ausformuliert worden ist. Sie kann nicht überprüft werden und findet auch nicht überall Zustimmung, doch sie bemüht sich, die Ergebnisse der Quanten- und der allgemeinen Relativitätstheorie zu vermitteln, indem sie einen Schritt tiefer geht. In der Stringtheorie besteht alle Materie aus winzigen Fragmenten, den Strings, die entweder offen als „Fädchen" oder geschlossen als „Schleifen" vorliegen und in verschiedenen Dimensionen vibrieren. Der Unterschied zwischen den Teilchen rührt nicht von deren Zusammensetzung her, die für alle Teilchen gleich ist, sondern von ihrem jeweiligen Schwingungsmodus. Diese Schwingungen finden nicht nur in den drei uns bekannten Dimensionen des Raumes und der Zeit statt. Strings schwingen vielmehr in zehn Dimensionen. Diese können aufgerollt sein oder nur kurze Zeit existent, und das könnte der Grund dafür sein, dass wir sie nicht wahrnehmen. Die Stringtheorie ist hoch spekulativ und selbst ihre Vertreter haben davon ganz verschiedene Versionen im Kopf.

Die M-Theorie wiederum ist eine Weiterentwicklung der Stringtheorie. Damit betritt die theoretische Physik ganz neue Dimensionen – nämlich eine elfte Dimension, die den zehn bislang erforderlichen (damit die Theorie aufgeht) hinzugefügt wird. Sie kennt außer den vibrierenden Strings noch punktförmige Teilchen,

> *„Die M-Theorie ist die vereinheitlichte Theorie, die Einstein immer zu finden hoffte … falls die Theorie durch Beobachtung bestätigt werden sollte, wird sie das erfolgreiche Ende einer Suche sein, die vor mehr als 3000 Jahren begann. Dann hätten wir den Großen Entwurf tatsächlich offengelegt."*
>
> Stephen Hawking, *Der Große Entwurf*
> (2010)

zweidimensionale Membranen, dreidimensionale Formen und mehr Dimensionen, als man sich vorstellen kann (p-Branen, wobei p für eine Zahl zwischen 0 und 9 steht). Die Art und Weise, wie deren innerer Raum gefaltet ist, bestimmt die Eigenschaften, die wir als Naturgesetze kennen – die Gravitation, die Elektronenladung usw. In der M-Theorie sind zahllose Universen mit jeweils eigenen Naturgesetzen möglich (bis zu 10 500). Die M-Theorie ist ebenfalls nicht ausformuliert, man ist sich im Moment nicht einmal einig, ob es sich um eine Theorie handelt. Und wofür das M steht, ist auch nicht ganz klar. Was Anaxagoras *nous* nannte vielleicht (engl. *mind*) und Einstein die Große Vereinheitlichte Theorie? Doch auch mit der M-Theorie sind wir der Antwort keinen Schritt näher gekommen. Daher ist für Physiker immer noch viel zu tun.

Der Sternenhaufen Messier 13, der von Halley beobachtet wurde: „Das ist nur ein winziger Fleck, doch man sieht ihn mit bloßem Auge, wenn der Himmel klar ist und der Mond nicht scheint."

REGISTER

205